【张宇数学教育系列丛书】 时代云图 SHI DAI YUN TU

全国高校 线性代数

期末考试过关必备与高分指南

张宇 主编

张宇数学教育系列丛书编辑委员会

（按姓氏拼音排序）

蔡燧林 陈常伟 陈静静 崔巧莲 高昆轮 郭二芳
胡金德 贾建厂 兰杰 廖家斌 刘露 柳青 田宝玉
王娜 王秀军 王玉东 吴萍 徐兵 严守权 亦一（笔名）
于吉霞 曾凡（笔名） 张乐 张婷婷 张心琦 张亚楠
张宇 赵乐 赵修坤 郑利娜 朱杰

中国政法大学出版社

2017・北京

图书在版编目（CIP）数据

全国高校·线性代数期末考试过关必备与高分指南/张宇主编. —北京：中国政法大学出版社，2017.2
ISBN 978-7-5620-7381-9

Ⅰ. ①全… Ⅱ. ①张… Ⅲ. ①线性代数－高等学校－教学参考资料 Ⅳ. ①O151.2

中国版本图书馆 CIP 数据核字(2017)第 038547 号

出版者　中国政法大学出版社
地　址　北京市海淀区西土城路 25 号
邮寄地址　北京 100088 信箱 8034 分箱　邮编 100088
网　址　http://www.cuplpress.com（网络实名：中国政法大学出版社）
电　话　010-58908285(总编室) 58908433（编辑部）58908334(邮购部)
承　印　三河市鑫鑫科达彩色印刷包装有限公司
开　本　787mm×1092mm　1/16
印　张　9
字　数　225 千字
版　次　2017 年 2 月第 1 版
印　次　2017 年 2 月第 1 次印刷
定　价　25.00 元

Preface 前言

本书的编写,主要针对两类人群:**一是全国各高校参加校线性代数期末考试的理工学、经济学、管理学等各学科的学生;二是参加全国硕士研究生招生考试中考数学的考生**.也可供参加各类大学数学竞赛的考生参考.

本书有如下特色:

一、命题的通用性

本书命制的考试试题适用于参加学校期末考试的全国各高校各专业的学生,也适用于考研基础阶段复习测评的学生.全国各高校命制的线性代数期末考试题虽然各有特色,但均以教育部大学数学课程指导委员会编写的教学大纲为依据,以教育部全国硕士研究生招生考试数学考试大纲为参考.把握住这个关键,本书调研了全国众多高校(包括重点高校和普通高校)的线性代数教材(包括工科生普遍使用的同济大学数学系编写的《线性代数(第五版、第六版)》)和期末考试题,命制出具有通用性的考试试卷,供校内考生在考试前集中精力,高效复习,顺利过关,勇争高分,也供考研学生在基础阶段全面复习,打牢基础,测试水平.

二、考点的预测性

本书专门设置了全国高校考试通用的必考点预测,这种考点的预测、精讲,有利于备考学生迅速抓住期末考试的命题点、得大分的点.考虑到很多学生因各种原因,未能胸有成竹地通过考试甚至取得高分,而时间又极其有限,本书有针对性地梳理出考前必须掌握的重要知识点,可以让考生在短时间内迅速把握要领,理清思路,从而通过考试并取得优异的成绩.同时,这些点也是考研基础复习阶段考生必备的重要知识,考生需要对这些必考点反复操练、琢磨,达到熟稔于心的程度.

三、使用的便捷性

本书编者团队是一批全国著名的数学命题与教学专家,深谙命题规律和考生实际状况,**作为主编,我和我的编者团队会在网络直播平台(比如:斗鱼房间 1012132,宇哥与你面对面)不定期地免费为使用本书的学生进行本书知识点和考卷的讲解答疑**,有助于考生迅速把握考试内容,顺利过关,考出高分甚至满分.

本书编写过程中,参考了下列资料或著作:

教育部大学数学课程指导委员会编写的教学大纲

教育部《全国硕士研究生招生考试数学考试大纲》

《张宇线性代数 9 讲》

感谢在调研中众多高校同事、研究生、本科生给予的帮助和支持,他们不仅提供了宝贵的试题,而且还对本书提出了不少好的意见和建议,作者表示由衷感谢.不妥之处,作者不以水平、时间有限为遁词,诚心接受各位的批评指正.

张宇

2017 年春节 于北京

张宇数学教育系列丛书详细说明

书名	主要内容	适用阶段
张宇带你学系列 (高等数学(上、下册)、线性代数、概率论与数理统计,共4册)	体现了本科教学要求与考研要求的差异,列出了章节学习的知识体系,给出了所有课后习题的全面解析,精选了不同数量的经典例题.	大一大二学生课后习题复习及考研基础阶段
全国高校期末考试过关必备与高分指南系列 (高等数学(微积分)(上、下册)、线性代数、概率论与数理统计,共4册)	以教育部大学数学课程指导委员会编写的教学大纲为依据,以教育部全国硕士研究生招生考试数学考试大纲为参考,设置了全国高校考试通用的必考点精讲以及考试试题,命题具有通用性.	大一大二学生期末复习及考研基础阶段
张宇高等数学18讲	以考试大纲、历年真题和主流教材为依据,诠释考研数学中高等数学部分的全部考点,配以优秀的例题、习题和全部详细答案.原命题组组长参与.	基础阶段
张宇线性代数9讲	以考试大纲、历年真题和主流教材为依据,诠释考研数学中线性代数部分的全部考点,配以优秀的例题、习题和全部详细答案.原命题人参与.	基础阶段
张宇概率论与数理统计9讲	以考试大纲、历年真题和主流教材为依据,诠释考研数学中概率论与数理统计部分的全部考点,配以优秀的例题、习题和全部详细答案.原命题人参与.	基础阶段
张宇考研数学题源探析经典1000题 (数学一、数学二、数学三)	以考研命题所使用的所有题目源头为依据,精心挑选和编制了1000道左右高仿真练习题,题目与考研无缝接轨,综合性强,由易到难,利于考生复习过程中对知识点逐层加深理解.原命题组组长参与.	基础阶段+强化阶段
张宇考研数学真题大全解 (数学一、数学二、数学三)	囊括考研数学命题以来所有考研真题,给读者提供原汁原味的实考题,有效掌握命题方向及解题思路.原命题组组长参与.	强化阶段
考研数学命题人终极预测8套卷 (数学一、数学二、数学三)	全国唯一一本考研命题人和辅导专家通力合作、全程亲自编写的冲刺模拟卷(上).实战演练,积累经验,查漏补缺,科学预测,并配有部分重点难题讲解视频.原命题组组长与命题成员参与.	冲刺阶段
张宇考研数学最后4套卷 (数学一、数学二、数学三)	全国唯一一本考研命题人和辅导专家通力合作、全程亲自编写的冲刺模拟卷(下).实战演练,积累经验,查漏补缺,科学预测,并配有部分重点难题讲解视频.原命题组组长与命题成员参与.	冲刺阶段

注:主编张宇将在每本书正式出版时在微博发布最新封面,市面上其他任何同名图书均非张宇所写,请考生注意鉴别.出版日期见封四.

以上书籍新浪微博答疑地址:@张宇考研图书交流论坛 http://weibo.com/yuntubook/

张宇新浪微博:@宇哥考研 http://weibo.com/zhangyumaths/

Contents 目录

第一章 行列式

必考点预测

应用行列式的性质和按行(或列)展开定理计算行列式是本章的重点,也是线性代数的一个难点.行列式部分的习题可以编得很难,但这不一定是考点,实际上全国统考近三十年来,独立的、较难的有关行列式的试题尚未考过.当然三、四阶的行列式计算必须熟练掌握,而 n 阶行列式计算适当要求即可.行列式计算的方法较多,技巧性较强,要想掌握得较好,首先必须具体分析所求行列式的特点及元素的规律性,针对其特征,采用适当的方法;其次是要不断总结、积累经验,且应不断提高运算能力.

1. 计算数字型行列式

常用的方法有:(1)化三角形法;(2)展开降阶法;(3)展开递推法;(4)数学归纳法;(5)公式法.

常用公式有:

公式 1 上(下)三角形行列式

$$\begin{vmatrix} a_1 & * & * & * \\ & a_2 & * & * \\ & & \ddots & * \\ & & & a_n \end{vmatrix} = \begin{vmatrix} a_1 & & & \\ * & a_2 & & \\ * & * & \ddots & \\ * & * & * & a_n \end{vmatrix} = a_1 a_2 \cdots a_n.$$

公式 2 关于副对角线的上(下)三角形行列式

$$\begin{vmatrix} * & * & * & a_1 \\ * & * & a_2 & \\ * & \iddots & & \\ a_n & & & \end{vmatrix} = \begin{vmatrix} & & & a_1 \\ & & a_2 & * \\ & \iddots & * & * \\ a_n & * & * & * \end{vmatrix} = (-1)^{\frac{n(n-1)}{2}} a_1 a_2 \cdots a_n.$$

公式 3 范德蒙德行列式

$$\begin{vmatrix} 1 & 1 & \cdots & 1 \\ x_1 & x_2 & \cdots & x_n \\ \vdots & \vdots & & \vdots \\ x_1^{n-1} & x_2^{n-1} & \cdots & x_n^{n-1} \end{vmatrix} = \prod_{1 \leqslant j < i \leqslant n} (x_i - x_j).$$

计算行列式时,根据行列式的特点(例如:行和相等或列和相等、爪形、可化为爪形、三对角等),采用适当的变形方法,可以简化运算.

常用变形方法有:(1)把某一行(列)的倍数加到其余各行(列);(2)把其余各行(列)的倍数加到某一行(列);(3)把上一行(列)的倍数加到下一行(列).

例 1 $\begin{vmatrix} 1 & -c & -b \\ c & 1 & -a \\ b & a & 1 \end{vmatrix} =$ ________.

【答案】 $1+a^2+b^2+c^2$

【解析】 三阶行列式的计算是行列式最基本的运算，本题是含有字母的行列式计算，在元素较简单的情况下，一般直接用对角线法则计算，即有

$$\begin{vmatrix} 1 & -c & -b \\ c & 1 & -a \\ b & a & 1 \end{vmatrix} = 1-abc+abc+a^2+b^2+c^2=1+a^2+b^2+c^2.$$

例 2 计算行列式

$$\begin{vmatrix} -1 & -1 & -1 & -1 \\ -1 & -1 & -1 & 1 \\ -1 & -1 & 1 & 1 \\ -1 & 1 & 1 & 1 \end{vmatrix}.$$

【解析】 本题为数值行列式计算，但数字排列有序，将各行元素依次加上第一行，可化为以副对角线为界的上三角行列式，即可定值.

$$\begin{vmatrix} -1 & -1 & -1 & -1 \\ -1 & -1 & -1 & 1 \\ -1 & -1 & 1 & 1 \\ -1 & 1 & 1 & 1 \end{vmatrix} \xlongequal[i=2,3,4]{r_i+r_1} \begin{vmatrix} -1 & -1 & -1 & -1 \\ -2 & -2 & -2 & 0 \\ -2 & -2 & 0 & 0 \\ -2 & 0 & 0 & 0 \end{vmatrix} = (-1)^{\tau(4321)}(-1)(-2)^3=8.$$

需要注意的是，对于以副对角线为界的三角行列式，其大小虽然同为对角线元素的乘积，但符号应按行列式定义的规则确定.

2. 计算抽象型行列式

抽象型行列式往往要用到后面章节的一些重要结论，例如：

(1) 若 $\boldsymbol{A}$ 为 n 阶矩阵，则 $|k\boldsymbol{A}|=k^n|\boldsymbol{A}|$.

(2) 若 $\boldsymbol{A}$ 为 n 阶矩阵，则 $|\boldsymbol{A}^{\mathrm{T}}|=|\boldsymbol{A}|$，$|\boldsymbol{A}^*|=|\boldsymbol{A}|^{n-1}$.

(3) 若 $\boldsymbol{A}$ 为 n 阶可逆矩阵，则 $|\boldsymbol{A}^{-1}|=|\boldsymbol{A}|^{-1}$.

(4) 若 $\boldsymbol{A},\boldsymbol{B}$ 为 n 阶矩阵，则 $|\boldsymbol{AB}|=|\boldsymbol{A}|\cdot|\boldsymbol{B}|$.

(5) 若 $\boldsymbol{A}$ 为 n 阶矩阵，$\lambda_i(i=1,2,\cdots,n)$ 是 $\boldsymbol{A}$ 的特征值，则 $|\boldsymbol{A}|=\lambda_1\lambda_2\cdots\lambda_n$.

(6) 设 $\boldsymbol{A},\boldsymbol{B}$ 分别为 m 阶、n 阶矩阵，则

$$\begin{vmatrix} \boldsymbol{A} & \boldsymbol{C} \\ \boldsymbol{O} & \boldsymbol{B} \end{vmatrix} = \begin{vmatrix} \boldsymbol{A} & \boldsymbol{O} \\ \boldsymbol{C} & \boldsymbol{B} \end{vmatrix} = |\boldsymbol{A}|\cdot|\boldsymbol{B}|, \begin{vmatrix} \boldsymbol{C} & \boldsymbol{A} \\ \boldsymbol{B} & \boldsymbol{O} \end{vmatrix} = \begin{vmatrix} \boldsymbol{O} & \boldsymbol{A} \\ \boldsymbol{B} & \boldsymbol{C} \end{vmatrix} = (-1)^{mn}|\boldsymbol{A}|\cdot|\boldsymbol{B}|.$$

例 3 设 A 为四阶行列式，$\boldsymbol{A}_i$ 为 A 的第 i 列(或行)元素，则下列行列式与 $2A$ 等值的是(　　).

(A) $|\boldsymbol{A}_4\boldsymbol{A}_3\boldsymbol{A}_2\boldsymbol{A}_1|+|\boldsymbol{A}_3\boldsymbol{A}_4\boldsymbol{A}_1\boldsymbol{A}_2|$　　(B) $|2\boldsymbol{A}_1\boldsymbol{A}_2\boldsymbol{A}_3\boldsymbol{A}_3|$

(C) $|\boldsymbol{A}_1\boldsymbol{A}_2\boldsymbol{A}_3\boldsymbol{A}_4|+|\boldsymbol{A}_1\boldsymbol{A}_4\boldsymbol{A}_3\boldsymbol{A}_2|$　　(D) $|\boldsymbol{A}_1\boldsymbol{A}_2(\boldsymbol{A}_3+\boldsymbol{A}_1)\boldsymbol{A}_4|$

【答案】 (A)

【解析】 在已知行列式的值的条件下，计算将其各列(或行)重排列或置换后的行列式，基本做法是利用性质将变换后的行列式再还原回去. 本题中若要恢复 $|\boldsymbol{A}_4\boldsymbol{A}_3\boldsymbol{A}_2\boldsymbol{A}_1|$ 的位置，则列(或行)需要对换的次数等于列(或行)标排列的逆序数，即 $\tau(4321)=6$，因此，由行列式交换列(行)位置的性质，有 $|\boldsymbol{A}_4\boldsymbol{A}_3\boldsymbol{A}_2\boldsymbol{A}_1|=(-1)^{\tau(4321)}A=A$，类似地，有 $|\boldsymbol{A}_3\boldsymbol{A}_4\boldsymbol{A}_1\boldsymbol{A}_2|=(-1)^{\tau(3412)}A=A$，从而有 $|\boldsymbol{A}_4\boldsymbol{A}_3\boldsymbol{A}_2\boldsymbol{A}_1|+|\boldsymbol{A}_3\boldsymbol{A}_4\boldsymbol{A}_1\boldsymbol{A}_2|=2A$，另由该性质可得，$|2\boldsymbol{A}_1\boldsymbol{A}_2\boldsymbol{A}_3\boldsymbol{A}_3|=0$，$|\boldsymbol{A}_1\boldsymbol{A}_2\boldsymbol{A}_3\boldsymbol{A}_4|+|\boldsymbol{A}_1\boldsymbol{A}_4\boldsymbol{A}_3\boldsymbol{A}_2|=0$，$|\boldsymbol{A}_1\boldsymbol{A}_2(\boldsymbol{A}_3+\boldsymbol{A}_1)\boldsymbol{A}_4|=A$. 故本题应选择(A).

例 4 已知四阶行列式$|\boldsymbol{A}_1\boldsymbol{A}_2\boldsymbol{A}_3\boldsymbol{B}|=a$，$|(\boldsymbol{B}+\boldsymbol{C})\boldsymbol{A}_2\boldsymbol{A}_3\boldsymbol{A}_1|=b$，其中$\boldsymbol{A}_1,\boldsymbol{A}_2,\boldsymbol{A}_3,\boldsymbol{B},\boldsymbol{C}$均为四阶行列式中的某一列，计算$|\boldsymbol{A}_1\boldsymbol{A}_3\boldsymbol{A}_2\boldsymbol{C}|$.

【解析】 本题要计算$|\boldsymbol{A}_1\boldsymbol{A}_3\boldsymbol{A}_2\boldsymbol{C}|$，首先要利用性质将其从$|(\boldsymbol{B}+\boldsymbol{C})\boldsymbol{A}_2\boldsymbol{A}_3\boldsymbol{A}_1|$中剥离出来，然后调整各列排列位置，与条件中行列式结构一致，即可具体给$|\boldsymbol{A}_1\boldsymbol{A}_3\boldsymbol{A}_2\boldsymbol{C}|$定值. 求解步骤如下：

由行列式的性质，$|(\boldsymbol{B}+\boldsymbol{C})\boldsymbol{A}_2\boldsymbol{A}_3\boldsymbol{A}_1|=|\boldsymbol{B}\boldsymbol{A}_2\boldsymbol{A}_3\boldsymbol{A}_1|+|\boldsymbol{C}\boldsymbol{A}_2\boldsymbol{A}_3\boldsymbol{A}_1|$，其中

$$|\boldsymbol{B}\boldsymbol{A}_2\boldsymbol{A}_3\boldsymbol{A}_1|\xlongequal{c_1\leftrightarrow c_4}-|\boldsymbol{A}_1\boldsymbol{A}_2\boldsymbol{A}_3\boldsymbol{B}|=-a,$$

$$|\boldsymbol{C}\boldsymbol{A}_2\boldsymbol{A}_3\boldsymbol{A}_1|\xlongequal[c_2\leftrightarrow c_3]{c_1\leftrightarrow c_4}|\boldsymbol{A}_1\boldsymbol{A}_3\boldsymbol{A}_2\boldsymbol{C}|,$$

从而有
$$-a+|\boldsymbol{A}_1\boldsymbol{A}_3\boldsymbol{A}_2\boldsymbol{C}|=b,$$

即
$$|\boldsymbol{A}_1\boldsymbol{A}_3\boldsymbol{A}_2\boldsymbol{C}|=a+b.$$

过关测试卷

得分______

一、选择题:1～8小题,每小题4分,共32分.下列每题给出的四个选项中,只有一个选项符合题目要求.

(1) 排列 $123ijk689$ 是偶排列,那么 i,j,k 分别为(　　).

(A) $i=4,j=5,k=7$　　(B) $i=4,j=7,k=5$

(C) $i=7,j=4,k=5$　　(D) $i=5,j=7,k=4$

(2) 下列行列式中等于零的有(　　).

(A) $\begin{vmatrix} 1 & 2 & 3 \\ -1 & 0 & 3 \\ 2 & 2 & 5 \end{vmatrix}$　　(B) $\begin{vmatrix} 1 & 2 & 3 \\ -1 & 0 & 2 \\ 2 & 2 & 3 \end{vmatrix}$

(C) $\begin{vmatrix} 1 & 2 & 3 \\ 0 & -4 & 0 \\ -2 & -7 & -6 \end{vmatrix}$　　(D) $\begin{vmatrix} 2 & 0 & 0 \\ 0 & 0 & 1 \\ 0 & -2 & 3 \end{vmatrix}$

(3) $\begin{vmatrix} 1 & 3 & 9 & 27 \\ 1 & -1 & 1 & -1 \\ 2 & 4 & 8 & 16 \\ 1 & -2 & 4 & -8 \end{vmatrix} =$ (　　).

(A)240　　(B)480　　(C) -240　　(D) -480

(4) 多项式 $f(x)=\begin{vmatrix} x & 2x & -x & 1 \\ 2 & 1 & 0 & 0 \\ 1 & 0 & -1 & 0 \\ -2 & 0 & 0 & 2 \end{vmatrix}$ 的常数项是(　　).

(A)1　　(B) -2　　(C)3　　(D)4

(5) 若 n 阶行列式 $D_n=\begin{vmatrix} 0 & 0 & \cdots & 0 & 1 \\ 0 & 0 & \cdots & 1 & 0 \\ \vdots & \vdots & & \vdots & \vdots \\ 0 & 1 & \cdots & 0 & 0 \\ 1 & 0 & \cdots & 0 & 0 \end{vmatrix} < 0$,则 n 为(　　).

(A) 任意正整数　　(B) 奇数

(C) 偶数　　(D) $4k-1$ 或 $4k-2,k=1,2,\cdots$

(6) 若 $D=\begin{vmatrix} a_{11} & a_{12} & a_{13} \\ a_{21} & a_{22} & a_{23} \\ a_{31} & a_{32} & a_{33} \end{vmatrix}=d\neq 0$,则 $D_1=\begin{vmatrix} -a_{11} & 3a_{11}-2a_{12} & 4a_{13}-a_{12} \\ -a_{21} & 3a_{21}-2a_{22} & 4a_{23}-a_{22} \\ -a_{31} & 3a_{31}-2a_{32} & 4a_{33}-a_{32} \end{vmatrix}=$ (　　).

(A) $8d$　　(B) $4d$　　(C) $2d$　　(D) d

(7) 设 $D=\begin{vmatrix} a_{11} & \cdots & a_{1k} & 0 & \cdots & 0 \\ \vdots & & \vdots & \vdots & & \vdots \\ a_{k1} & \cdots & a_{kk} & 0 & \cdots & 0 \\ 0 & \cdots & 0 & b_{11} & \cdots & b_{1m} \\ \vdots & & \vdots & \vdots & & \vdots \\ 0 & \cdots & 0 & b_{m1} & \cdots & b_{mm} \end{vmatrix}$, $D_1=\begin{vmatrix} 0 & \cdots & 0 & a_{11} & \cdots & a_{1k} \\ \vdots & & \vdots & \vdots & & \vdots \\ 0 & \cdots & 0 & a_{k1} & \cdots & a_{kk} \\ b_{11} & \cdots & b_{1m} & 0 & \cdots & 0 \\ \vdots & & \vdots & \vdots & & \vdots \\ b_{m1} & \cdots & b_{mm} & 0 & \cdots & 0 \end{vmatrix}$, 若 $D \neq D_1$,

则(　　).

(A) k, m 均为奇数　　(B) k, m 均为偶数

(C) k 为奇数, m 为偶数　　(D) k 为偶数, m 为奇数

(8) 设 $D=\begin{vmatrix} a_{11} & a_{12} & a_{13} \\ a_{21} & a_{22} & a_{23} \\ a_{31} & a_{32} & a_{33} \end{vmatrix}$, A_{ij} 为 D 的 (i,j) 元的代数余子式,则 $A_{31}+2A_{32}+3A_{33}=$(　　).

(A) $\begin{vmatrix} a_{11} & a_{12} & a_{13} \\ a_{21} & a_{22} & a_{23} \\ 1 & 2 & 3 \end{vmatrix}$　　(B) $\begin{vmatrix} a_{11} & a_{12} & a_{13} \\ a_{21} & a_{22} & a_{23} \\ 1 & -2 & 3 \end{vmatrix}$

(C) $\begin{vmatrix} a_{11} & a_{12} & 1 \\ a_{21} & a_{22} & 2 \\ a_{31} & a_{32} & 3 \end{vmatrix}$　　(D) $\begin{vmatrix} a_{11} & a_{12} & 1 \\ a_{21} & a_{22} & -2 \\ a_{31} & a_{32} & 3 \end{vmatrix}$

二、填空题: 9 ～ 14 小题,每小题 4 分,共 24 分.

(9) $\begin{vmatrix} 32\,153 & 32\,053 \\ 72\,284 & 72\,184 \end{vmatrix}=$______.

(10) $\begin{vmatrix} 1 & 2 & 3 \\ 1 & 4 & 9 \\ 1 & 8 & 27 \end{vmatrix}=$______.

(11) $\begin{vmatrix} a_1 & 0 & 0 & b_1 \\ 0 & a_2 & b_2 & 0 \\ 0 & b_3 & a_3 & 0 \\ b_4 & 0 & 0 & a_4 \end{vmatrix}=$______.

(12) $\begin{vmatrix} -a_1 & 0 & 0 & 1 \\ a_1 & -a_2 & 0 & 1 \\ 0 & a_2 & -a_3 & 1 \\ 0 & 0 & a_3 & 1 \end{vmatrix}=$______.

(13) 设 A 为四阶行列式,其中共含 13 个零元素,则 $A=$______.

(14) 设函数多项式 $f(x)=\begin{vmatrix} x & 1 & 2 & 3 \\ 2 & x+1 & -1 & 4 \\ 0 & 2 & x & 4 \\ 5 & 1 & 0 & x-1 \end{vmatrix}$, 则 $f(x)$ 的四阶导数 $f^{(4)}(x)=$______.

三、解答题:15 ～ 23 小题,共 94 分. 解答应写出文字说明、证明过程或演算步骤.

(15)(本题满分 10 分)

计算行列式

$$D_5 = \begin{vmatrix} a_{11} & a_{12} & 0 & 0 & 0 \\ a_{21} & a_{22} & 0 & 0 & 0 \\ a_{31} & a_{32} & 0 & 0 & 0 \\ a_{41} & a_{42} & a_{43} & a_{44} & a_{45} \\ a_{51} & a_{52} & a_{53} & a_{54} & a_{55} \end{vmatrix}.$$

(16)(本题满分 10 分)

计算行列式

$$\begin{vmatrix} 1 & 1 & 1 & 1+x \\ 1 & 1 & 1-x & 1 \\ 1 & 1+y & 1 & 1 \\ 1-y & 1 & 1 & 1 \end{vmatrix}.$$

(17)(本题满分 10 分)

证明行列式

$$\begin{vmatrix} a-b-c & 2a & 2a \\ 2b & b-c-a & 2b \\ 2c & 2c & c-a-b \end{vmatrix} = (a+b+c)^3.$$

(18)(本题满分 10 分)

计算行列式

$$D_5 = \begin{vmatrix} 0 & 0 & 0 & x & y \\ 0 & 0 & x & y & 0 \\ 0 & x & y & 0 & 0 \\ x & y & 0 & 0 & 0 \\ y & 0 & 0 & 0 & x \end{vmatrix}.$$

(19)(本题满分 10 分)

已知方程 $\begin{vmatrix} \lambda-2 & 0 & 0 \\ -3 & \lambda-1 & a \\ 2 & a & \lambda-1 \end{vmatrix} = 0$ 有二重根,求满足条件的常数 a 及方程的根.

(20)(本题满分 11 分)

证明

$$\begin{vmatrix} y+z & z+x & x+y \\ x+y & y+z & z+x \\ z+x & x+y & y+z \end{vmatrix} = 2\begin{vmatrix} x & y & z \\ z & x & y \\ y & z & x \end{vmatrix}.$$

(21)(本题满分 11 分)

计算行列式

$$D_5 = \begin{vmatrix} a-b & b & 0 & 0 & 0 \\ -a & a-b & b & 0 & 0 \\ 0 & -a & a-b & b & 0 \\ 0 & 0 & -a & a-b & b \\ 0 & 0 & 0 & -a & a-b \end{vmatrix}.$$

(22)(本题满分 11 分)

计算 n 阶行列式

$$\begin{vmatrix} a_1-b & a_2 & \cdots & a_n \\ a_1 & a_2-b & \cdots & a_n \\ \vdots & \vdots & & \vdots \\ a_1 & a_2 & \cdots & a_n-b \end{vmatrix}.$$

(23)(本题满分 11 分)

设

$$D_{n+1}=\begin{vmatrix} a & -1 & 0 & \cdots & 0 \\ ax & a & -1 & \cdots & 0 \\ ax^2 & ax & a & \cdots & 0 \\ \vdots & \vdots & \vdots & & \vdots \\ ax^n & ax^{n-1} & ax^{n-2} & \cdots & a \end{vmatrix},$$

用递推法计算 D_{n+1}.

第二章 矩阵及其运算

必考点预测

1. 逆矩阵相关问题

(1) 求逆矩阵的基本方法有：

① 定义法：寻求一个与 $\boldsymbol{A}$ 同阶的方阵 $\boldsymbol{B}$，使得 $\boldsymbol{AB}=\boldsymbol{E}$ 或 $\boldsymbol{BA}=\boldsymbol{E}$，$\boldsymbol{B}$ 即为 $\boldsymbol{A}$ 的逆矩阵. 此法一般适用于抽象的矩阵求逆.

② 公式法：$\boldsymbol{A}^{-1}=\dfrac{\boldsymbol{A}^*}{|\boldsymbol{A}|}$.

当 $\boldsymbol{A}$ 的阶数大于3时，计算 $\boldsymbol{A}^*$ 十分复杂，故此法一般适用于阶数不大于3的矩阵. 特别地，当阶数为2时，有

$$\begin{pmatrix}a & b\\ c & d\end{pmatrix}^{-1}=\frac{1}{ad-bc}\begin{pmatrix}d & -b\\ -c & a\end{pmatrix}(\text{其中 } ad-bc\neq 0).$$

③ 初等变换法：

$$(\boldsymbol{A}\,\vdots\,\boldsymbol{E})\xrightarrow{\text{初等行变换}}(\boldsymbol{E}\,\vdots\,\boldsymbol{A}^{-1}),$$

$$\begin{bmatrix}\boldsymbol{A}\\ \text{---}\\ \boldsymbol{E}\end{bmatrix}\xrightarrow{\text{初等列变换}}\begin{bmatrix}\boldsymbol{E}\\ \text{---}\\ \boldsymbol{A}^{-1}\end{bmatrix}.$$

当 $\boldsymbol{A}$ 的阶数大于3时，一般用初等变换法求逆.

④ 分块矩阵法：当 $\boldsymbol{A},\boldsymbol{B}$ 均可逆时，有

$$\begin{pmatrix}\boldsymbol{A} & \boldsymbol{O}\\ \boldsymbol{O} & \boldsymbol{B}\end{pmatrix}^{-1}=\begin{pmatrix}\boldsymbol{A}^{-1} & \boldsymbol{O}\\ \boldsymbol{O} & \boldsymbol{B}^{-1}\end{pmatrix},\begin{pmatrix}\boldsymbol{O} & \boldsymbol{A}\\ \boldsymbol{B} & \boldsymbol{O}\end{pmatrix}^{-1}=\begin{pmatrix}\boldsymbol{O} & \boldsymbol{B}^{-1}\\ \boldsymbol{A}^{-1} & \boldsymbol{O}\end{pmatrix}.$$

(2) 证明矩阵可逆的方法有：

① 定义法：寻求一个与 $\boldsymbol{A}$ 同阶的方阵 $\boldsymbol{B}$，使得 $\boldsymbol{AB}=\boldsymbol{E}$(或 $\boldsymbol{BA}=\boldsymbol{E}$)，即可证明 $\boldsymbol{A}$ 可逆，且 $\boldsymbol{B}$ 就是 $\boldsymbol{A}$ 的逆矩阵.

② 若 $|\boldsymbol{A}|\neq 0$，则 $\boldsymbol{A}$ 可逆.

③ 证明 $R(\boldsymbol{A})=n$($\boldsymbol{A}$ 为 n 阶方阵).

④ 证明 $\boldsymbol{A}$ 的行(或列) 向量组线性无关.

⑤ 证明方程组 $\boldsymbol{Ax}=\boldsymbol{0}$ 只有零解.

⑥ 证明对任意 $\boldsymbol{b}$，$\boldsymbol{Ax}=\boldsymbol{b}$ 总有唯一解.

⑦ 若 0 不是 $\boldsymbol{A}$ 的特征值，则 $\boldsymbol{A}$ 可逆.

⑧ 反证法.

例 1 已知 $\boldsymbol{A},\boldsymbol{B}$ 为同阶可逆矩阵，则(　　).

(A) $(\boldsymbol{A}+\boldsymbol{B})^{-1}=\boldsymbol{A}^{-1}+\boldsymbol{B}^{-1}$　　(B) $(\boldsymbol{AB})^{-1}=\boldsymbol{A}^{-1}\boldsymbol{B}^{-1}$

(C) $(\boldsymbol{A}^n)^{-1}=(\boldsymbol{A}^{-1})^n$　　(D) $(2\boldsymbol{A})^{-1}=2\boldsymbol{A}^{-1}$

【答案】 (C)

【解析】 矩阵的逆运算是重要的矩阵运算之一.应熟练掌握其运算性质.首先,两个可逆矩阵的和 $\boldsymbol{A}+\boldsymbol{B}$ 未必可逆,即使 $\boldsymbol{A}+\boldsymbol{B}$ 可逆也不满足等式 $(\boldsymbol{A}+\boldsymbol{B})^{-1}=\boldsymbol{A}^{-1}+\boldsymbol{B}^{-1}$.同样的,$(\boldsymbol{AB})^{-1}=\boldsymbol{B}^{-1}\boldsymbol{A}^{-1}$,$2\boldsymbol{A}^{-1}(2\boldsymbol{A})=4\boldsymbol{A}^{-1}\boldsymbol{A}\neq\boldsymbol{E}$,知选项(A),(B),(D)均不正确,由排除法,故本题应选择(C).事实上,由 $(\boldsymbol{A}^{-1})^n\boldsymbol{A}^n=(\boldsymbol{A}^{-1}\boldsymbol{A})^n=\boldsymbol{E}^n=\boldsymbol{E}$,知 $(\boldsymbol{A}^n)^{-1}=(\boldsymbol{A}^{-1})^n$.

例 2 设 $\boldsymbol{A}=\begin{bmatrix}1&-1&1\\2&3&-2\\-1&0&4\end{bmatrix}$,$\boldsymbol{C}=\begin{bmatrix}0&-2&1\\1&2&1\\3&-3&2\end{bmatrix}$,$\boldsymbol{ABC}=\boldsymbol{E}$,求 $\boldsymbol{B}^{-1}$.

【解析】 由 $\boldsymbol{ABC}=\boldsymbol{E}$,有 $|\boldsymbol{A}||\boldsymbol{B}||\boldsymbol{C}|=|\boldsymbol{E}|=1\neq0$,从而知 $\boldsymbol{A},\boldsymbol{B},\boldsymbol{C}$ 可逆,方程两边左乘 $\boldsymbol{A}^{-1}$,右乘 $\boldsymbol{C}^{-1}$,得 $\boldsymbol{B}=\boldsymbol{A}^{-1}\boldsymbol{C}^{-1}$,两边再求逆,即得

$$\begin{aligned}\boldsymbol{B}^{-1}&=(\boldsymbol{A}^{-1}\boldsymbol{C}^{-1})^{-1}=(\boldsymbol{C}^{-1})^{-1}(\boldsymbol{A}^{-1})^{-1}=\boldsymbol{CA}\\&=\begin{bmatrix}0&-2&1\\1&2&1\\3&-3&2\end{bmatrix}\begin{bmatrix}1&-1&1\\2&3&-2\\-1&0&4\end{bmatrix}=\begin{bmatrix}-5&-6&8\\4&5&1\\-5&-12&17\end{bmatrix}.\end{aligned}$$

从求解过程看,先对算式简化,直到 $\boldsymbol{B}^{-1}=\boldsymbol{CA}$ 后再代入数值计算,十分必要.另外,验证 $\boldsymbol{A},\boldsymbol{B},\boldsymbol{C}$ 可逆,这是运算的前提,是不可缺少的步骤.最后一点,题中矩阵 $\boldsymbol{A},\boldsymbol{C}$ 的左右位置很容易产生错误.

2. 求矩阵的幂

计算某些特殊的 n 阶矩阵 $\boldsymbol{A}$ 的方幂,主要有下列五种情形:

(1) 若 $R(\boldsymbol{A})=1$,则 $\boldsymbol{A}$ 可分解为一个列向量与一个行向量的乘积,再利用矩阵乘法的结合律就可求出 $\boldsymbol{A}^n$.

(2) 若 $\boldsymbol{A}$ 可以分解成两个矩阵之和:$\boldsymbol{A}=\boldsymbol{B}+\boldsymbol{C}$,且 $\boldsymbol{BC}=\boldsymbol{CB}$,则

$$\boldsymbol{A}^n=(\boldsymbol{B}+\boldsymbol{C})^n=\mathrm{C}_n^0\boldsymbol{B}^n\boldsymbol{C}^0+\mathrm{C}_n^1\boldsymbol{B}^{n-1}\boldsymbol{C}+\cdots+\mathrm{C}_n^n\boldsymbol{B}^0\boldsymbol{C}^n.$$

当 $\boldsymbol{B},\boldsymbol{C}$ 之中有一个较低的方幂为 $\boldsymbol{O}$ 时,此方法可行.

(3) 若 $\boldsymbol{A}$ 可相似对角化,即存在可逆矩阵 $\boldsymbol{P}$,使得 $\boldsymbol{P}^{-1}\boldsymbol{AP}=\boldsymbol{\Lambda}$,其中 $\boldsymbol{\Lambda}$ 是以 $\boldsymbol{A}$ 的特征值为主对角线元素的对角矩阵,则

$$\boldsymbol{A}=\boldsymbol{P\Lambda P}^{-1},\boldsymbol{A}^n=\boldsymbol{P\Lambda}^n\boldsymbol{P}^{-1}.$$

(4) 若 $\boldsymbol{A}$ 能分块为 $\begin{pmatrix}\boldsymbol{B}&\boldsymbol{O}\\\boldsymbol{O}&\boldsymbol{C}\end{pmatrix}$,则 $\boldsymbol{A}^n=\begin{bmatrix}\boldsymbol{B}^n&\boldsymbol{O}\\\boldsymbol{O}&\boldsymbol{C}^n\end{bmatrix}$.

(5) 通过计算 $\boldsymbol{A}^2,\boldsymbol{A}^3$,找出规律后,用数学归纳法证明.

例 3 设 $\boldsymbol{A},\boldsymbol{\Lambda},\boldsymbol{P}$ 为四阶矩阵,其中 $\boldsymbol{P}$ 可逆,$\boldsymbol{\Lambda}=\begin{bmatrix}-1&0&0&0\\0&1&0&0\\0&0&-1&0\\0&0&0&1\end{bmatrix}$,$\boldsymbol{A}=\boldsymbol{P}^{-1}\boldsymbol{\Lambda P}$,则 $\boldsymbol{A}^{10}=$ ________.

【答案】 $\boldsymbol{E}$

【解析】 形如 $\boldsymbol{A}=\boldsymbol{P}^{-1}\boldsymbol{\Lambda P}$ 的矩阵是一种较为特殊的结构形式,常用在矩阵的幂运算中.根据乘法运算的结合律,有

$$\begin{aligned}\boldsymbol{A}^m&=(\boldsymbol{P}^{-1}\boldsymbol{\Lambda P})(\boldsymbol{P}^{-1}\boldsymbol{\Lambda P})\cdots(\boldsymbol{P}^{-1}\boldsymbol{\Lambda P})\\&=\boldsymbol{P}^{-1}\boldsymbol{\Lambda}(\boldsymbol{PP}^{-1})\boldsymbol{\Lambda}(\boldsymbol{PP}^{-1})\boldsymbol{\Lambda}\cdots(\boldsymbol{PP}^{-1})\boldsymbol{\Lambda P}=\boldsymbol{P}^{-1}\underbrace{\boldsymbol{\Lambda\Lambda}\cdots\boldsymbol{\Lambda}}_{m\text{个}}\boldsymbol{P},\end{aligned}$$

即有公式：
$$A^m = P^{-1}\Lambda^m P.$$
于是本题求 A 的 10 次幂，可以转化为先求对角矩阵 Λ 的 10 次幂，再左乘 P^{-1} 右乘 P.
又因对角矩阵的 10 次幂等于由其对角线元素的 10 次幂构造的对角矩阵，即有
$$\Lambda^{10} = \begin{pmatrix} (-1)^{10} & 0 & 0 & 0 \\ 0 & 1^{10} & 0 & 0 \\ 0 & 0 & (-1)^{10} & 0 \\ 0 & 0 & 0 & 1^{10} \end{pmatrix} = E,$$
因此
$$A^{10} = P^{-1}\Lambda^{10}P = P^{-1}P = E.$$

例 4 已知 $\alpha=(1,2,3)$，$\beta=\left(1,\frac{1}{2},\frac{1}{3}\right)$，$A=\alpha^T\beta$，若 A 满足方程 $A^3-2\lambda A^2-\lambda^2 A=O$，求解其中 λ 的取值.

【解析】 由两个非零行(列)向量乘积构造的矩阵具有许多的特殊性质，因此，经常出现在许多代数问题之中.本题主要应用的是此类矩阵幂的性质.

对于非零行矩阵 $\alpha=(1,2,3)$，$\beta=\left(1,\frac{1}{2},\frac{1}{3}\right)$，根据矩阵乘法的定义，若将 α 的转置左乘 β，得到的是 3×3 的矩阵，即
$$A=\alpha^T\beta=\begin{pmatrix} 1 & \frac{1}{2} & \frac{1}{3} \\ 2 & 1 & \frac{2}{3} \\ 3 & \frac{3}{2} & 1 \end{pmatrix},$$
若将 α^T 与 β 交换后得到的 $\beta\alpha^T$ 是 1×1 的矩阵，即常数 3，于是，利用矩阵乘法的结合律，对于正整数 k，有
$$\begin{aligned} A^k &= (\alpha^T\beta)(\alpha^T\beta)\cdots(\alpha^T\beta)=\alpha^T\underbrace{(\beta\alpha^T)(\beta\alpha^T)\cdots(\beta\alpha^T)}_{k-1\text{个}}\beta \\ &= (\beta\alpha^T)^{k-1}\alpha^T\beta=3^{k-1}A, \end{aligned}$$
从而有 $A^3=3^2A$，$A^2=3A$，因此得方程
$$9A-6\lambda A-\lambda^2A=(9-6\lambda-\lambda^2)A=O,$$
由于 $A\neq O$，因此，必有 $9-6\lambda-\lambda^2=0$，求解该代数方程，得 $\lambda=-3\pm3\sqrt{2}$.
一般地，对于任意两个同结构的非零行(列)向量 α,β 乘积构造的矩阵 $A=\alpha^T\beta$，总有公式
$$A^k=(\beta\alpha^T)^{k-1}A=a^{k-1}A\text{，其中常数 } a=\beta\alpha^T.$$
今后凡是遇到此类矩阵的幂，都应利用该性质降幂次.

3. 伴随矩阵相关问题

涉及伴随矩阵的计算或证明的问题，一般是从公式 $AA^*=A^*A=|A|E$ 着手分析，应会证明由这个公式衍生出的公式，如：
$$(A^*)^{-1}=(A^{-1})^*=\frac{1}{|A|}A,\ (kA)^*=k^{n-1}A^*,\ |A^*|=|A|^{n-1},$$
$$(A^*)^*=|A|^{n-2}A,\ (AB)^*=B^*A^*.$$
涉及 A^* 的秩，牢记如下结论：$R(A^*)=\begin{cases} n, & R(A)=n, \\ 1, & R(A)=n-1, \\ 0, & R(A)<n-1. \end{cases}$

例 5 设 A^* 为 n 阶矩阵 A 的伴随矩阵,则(　　).

(A)$A^* = |A|A^{-1}$　　　　(B)$|A^*| = 1$

(C)$|A^*| = |A|^n$　　　　(D)$|A^*| = |A|^{n-1}$

【答案】 (D)

【解析】 若 A^* 为 n 阶矩阵 A 的伴随矩阵,许多同学会联想到公式 $A^* = |A|A^{-1}$,这是不对的,因为矩阵 A 未必可逆,涉及伴随矩阵的更为一般的公式应是

$$AA^* = A^*A = |A|E,$$

进而有

$$|A||A^*| = ||A|E| = |A|^n.$$

于是,若 $|A| \neq 0$,则 $|A^*| = |A|^{n-1}$,若 $|A| = 0$,则也必有 $|A^*| = 0$,$|A^*| = |A|^{n-1}$,否则,由 $|A^*| \neq 0$,有 $A^*A = |A|E = O$,从而推出 $A = O$,$A^* = O$,与 $|A^*| \neq 0$ 矛盾. 因此,等式 $|A^*| = |A|^{n-1}$ 总成立. 故本题应选择(D).

例 6 设 $A = \begin{pmatrix} 1 & -1 & 1 \\ 0 & 3 & -2 \\ -1 & 0 & 4 \end{pmatrix}$,$B = \begin{pmatrix} 1 & 7 & -1 \\ 0 & 3 & 0 \\ -3 & -2 & 4 \end{pmatrix}$,化简并计算 $A^2(BA)^*(AB^{-1})^{-1}$.

【解析】 由 $|A| = \begin{vmatrix} 1 & -1 & 1 \\ 0 & 3 & -2 \\ -1 & 0 & 4 \end{vmatrix} = 13$,$|B| = \begin{vmatrix} 1 & 7 & -1 \\ 0 & 3 & 0 \\ -3 & -2 & 4 \end{vmatrix} = 3$,知 A,B 可逆,且

$A^* = |A|A^{-1} = 13A^{-1}$,$B^* = |B|B^{-1} = 3B^{-1}$,于是

$$\begin{aligned} A^2(BA)^*(AB^{-1})^{-1} &= A^2A^*B^*(B^{-1})^{-1}A^{-1} \\ &= A^2|A|A^{-1}(B^*B)A^{-1} = |A|A|B|A^{-1} \\ &= |A||B|E = 39E. \end{aligned}$$

【说明】 本题求解过程表明,矩阵的数值运算,应该在代数层面,尽可能采用所掌握的运算性质对算式进行化简,直至最简形式时方可代入数值计算,这样做,往往可以避免很多繁杂运算过程,减少出错的概率. 另外,表示运算结果时,往往有人忘记式中的单位矩阵,直接表示为 39,这是错误的,作任何矩阵的运算,结果仍然是同结构的矩阵.

4. 分块矩阵问题

(1) 概念:用一组横线和竖线将矩阵 A 分割成若干个小矩阵,每个小矩阵成为 A 的子块,这种以子块为元素的形式上的矩阵称为分块矩阵.

矩阵分块的作用有:

① 降低矩阵的阶数,简化矩阵的运算;

② 利用矩阵分块(尤其是按行分块和按列分块),进行理论推导,许多重要的定理和结论都是用这种方法推导出来的.

(2) 运算.

$$设 A = \begin{pmatrix} A_{11} & A_{12} \\ A_{21} & A_{22} \end{pmatrix},B = \begin{pmatrix} B_{11} & B_{12} \\ B_{21} & B_{22} \end{pmatrix}.$$

在运算可行的条件下,分块矩阵的运算类似普通的数字矩阵.

$$A + B = \begin{pmatrix} A_{11} + B_{11} & A_{12} + B_{12} \\ A_{21} + B_{21} & A_{22} + B_{22} \end{pmatrix};\lambda A = \begin{pmatrix} \lambda A_{11} & \lambda A_{12} \\ \lambda A_{21} & \lambda A_{22} \end{pmatrix};$$

$$\boldsymbol{AB}=\begin{bmatrix}\boldsymbol{A}_{11}\boldsymbol{B}_{11}+\boldsymbol{A}_{12}\boldsymbol{B}_{21} & \boldsymbol{A}_{11}\boldsymbol{B}_{12}+\boldsymbol{A}_{12}\boldsymbol{B}_{22}\\ \boldsymbol{A}_{21}\boldsymbol{B}_{11}+\boldsymbol{A}_{22}\boldsymbol{B}_{21} & \boldsymbol{A}_{21}\boldsymbol{B}_{12}+\boldsymbol{A}_{22}\boldsymbol{B}_{22}\end{bmatrix};\boldsymbol{A}^{\mathrm{T}}=\begin{bmatrix}\boldsymbol{A}_{11}^{\mathrm{T}} & \boldsymbol{A}_{21}^{\mathrm{T}}\\ \boldsymbol{A}_{12}^{\mathrm{T}} & \boldsymbol{A}_{22}^{\mathrm{T}}\end{bmatrix}.$$

分块矩阵的运算含有两级运算：分块矩阵间的运算和子块间的运算，分块方法必须使得这两级运算都有意义. 对于分块矩阵的加法，要求两个矩阵的分块方法相同；对于分块矩阵的乘法，要求左矩阵列的分块方法和右矩阵行的分块方法一致.

(3) 分块对角阵.

设 $\boldsymbol{A}_1,\boldsymbol{A}_2,\cdots,\boldsymbol{A}_r$ 均为方阵，则称矩阵 $\boldsymbol{A}=\begin{bmatrix}\boldsymbol{A}_1 & & & \\ & \boldsymbol{A}_2 & & \\ & & \ddots & \\ & & & \boldsymbol{A}_r\end{bmatrix}$ 为分块对角阵.

分块对角阵具有如下性质：

① $\boldsymbol{A}^n=\begin{bmatrix}\boldsymbol{A}_1^n & & & \\ & \boldsymbol{A}_2^n & & \\ & & \ddots & \\ & & & \boldsymbol{A}_r^n\end{bmatrix}$；

② $|\boldsymbol{A}|=|\boldsymbol{A}_1||\boldsymbol{A}_2|\cdots|\boldsymbol{A}_r|$；

③ 若 $\boldsymbol{A}_1,\boldsymbol{A}_2,\cdots,\boldsymbol{A}_r$ 都可逆，则 $\boldsymbol{A}$ 可逆，且 $\boldsymbol{A}^{-1}=\begin{bmatrix}\boldsymbol{A}_1^{-1} & & & \\ & \boldsymbol{A}_2^{-1} & & \\ & & \ddots & \\ & & & \boldsymbol{A}_r^{-1}\end{bmatrix}$.

例 7 设 $\boldsymbol{A}_1=\begin{pmatrix}2 & 1\\ 5 & 3\end{pmatrix},\boldsymbol{A}_2=\begin{pmatrix}-3 & 5\\ 2 & -3\end{pmatrix}$，证明 $\boldsymbol{A}=\begin{pmatrix}\boldsymbol{O} & \boldsymbol{A}_1\\ \boldsymbol{A}_2 & \boldsymbol{O}\end{pmatrix}$ 可逆，并利用分块矩阵方法计算 $\boldsymbol{A}^{-1}$.

【解析】 计算分块矩阵的逆矩阵，求解如下：

首先，由 $|\boldsymbol{A}_1|=\begin{vmatrix}2 & 1\\ 5 & 3\end{vmatrix}=1,|\boldsymbol{A}_2|=\begin{vmatrix}-3 & 5\\ 2 & -3\end{vmatrix}=-1,|\boldsymbol{A}|=\begin{vmatrix}\boldsymbol{O} & \boldsymbol{A}_1\\ \boldsymbol{A}_2 & \boldsymbol{O}\end{vmatrix}=(-1)^{2\times 2}|\boldsymbol{A}_1||\boldsymbol{A}_2|=-1$，知 $\boldsymbol{A}$ 可逆. 下面求 $\boldsymbol{A}^{-1}$：

由逆矩阵的定义，可设定方程并求解方程得到.

设 $\boldsymbol{A}^{-1}=\begin{pmatrix}\boldsymbol{X}_{11} & \boldsymbol{X}_{12}\\ \boldsymbol{X}_{21} & \boldsymbol{X}_{22}\end{pmatrix}$，其中 $\boldsymbol{X}_{ij}\,(i,j=1,2)$ 为二阶矩阵，从而有

$$\boldsymbol{A}^{-1}\boldsymbol{A}=\begin{pmatrix}\boldsymbol{X}_{11} & \boldsymbol{X}_{12}\\ \boldsymbol{X}_{21} & \boldsymbol{X}_{22}\end{pmatrix}\begin{pmatrix}\boldsymbol{O} & \boldsymbol{A}_1\\ \boldsymbol{A}_2 & \boldsymbol{O}\end{pmatrix}=\begin{pmatrix}\boldsymbol{X}_{12}\boldsymbol{A}_2 & \boldsymbol{X}_{11}\boldsymbol{A}_1\\ \boldsymbol{X}_{22}\boldsymbol{A}_2 & \boldsymbol{X}_{21}\boldsymbol{A}_1\end{pmatrix}=\begin{pmatrix}\boldsymbol{E} & \boldsymbol{O}\\ \boldsymbol{O} & \boldsymbol{E}\end{pmatrix},$$

得 $\boldsymbol{X}_{12}\boldsymbol{A}_2=\boldsymbol{E},\boldsymbol{X}_{11}\boldsymbol{A}_1=\boldsymbol{O},\boldsymbol{X}_{22}\boldsymbol{A}_2=\boldsymbol{O},\boldsymbol{X}_{21}\boldsymbol{A}_1=\boldsymbol{E}$，解得 $\boldsymbol{X}_{12}=\boldsymbol{A}_2^{-1},\boldsymbol{X}_{11}=\boldsymbol{O},\boldsymbol{X}_{22}=\boldsymbol{O},\boldsymbol{X}_{21}=\boldsymbol{A}_1^{-1}$，

因此
$$\boldsymbol{A}^{-1}=\begin{pmatrix}\boldsymbol{O} & \boldsymbol{A}_2^{-1}\\ \boldsymbol{A}_1^{-1} & \boldsymbol{O}\end{pmatrix}=\begin{bmatrix}0 & 0 & 3 & 5\\ 0 & 0 & 2 & 3\\ 3 & -1 & 0 & 0\\ -5 & 2 & 0 & 0\end{bmatrix},$$

其中 $\boldsymbol{A}_1^{-1}=\dfrac{1}{|\boldsymbol{A}_1|}\begin{pmatrix}3 & -1\\ -5 & 2\end{pmatrix}=\begin{pmatrix}3 & -1\\ -5 & 2\end{pmatrix},\boldsymbol{A}_2^{-1}=\dfrac{1}{|\boldsymbol{A}_2|}\begin{pmatrix}-3 & -5\\ -2 & -3\end{pmatrix}=\begin{pmatrix}3 & 5\\ 2 & 3\end{pmatrix}$.

【说明】 设定分块矩阵时，要保证每个分块与 A 的分块可进行矩阵乘法的运算，并在相乘时，放对左右位置. 计算二阶矩阵的逆矩阵，可直接由伴随矩阵法给出. 本题的结果可作公式使用，即对于可逆矩阵 A_m, B_n，有

$$\begin{pmatrix} O & A \\ B & O \end{pmatrix}^{-1} = \begin{pmatrix} O & B^{-1} \\ A^{-1} & O \end{pmatrix}.$$

例 8 设 A,B 均为二阶矩阵，若 $|A| = 2$，$|B| = 3$，则分块矩阵 $\begin{pmatrix} O & A \\ B & O \end{pmatrix}$ 的伴随矩阵为(　　).

(A) $\begin{pmatrix} O & 3B^* \\ 2A^* & O \end{pmatrix}$　　(B) $\begin{pmatrix} O & 2B^* \\ 3A^* & O \end{pmatrix}$

(C) $\begin{pmatrix} O & 3A^* \\ 2B^* & O \end{pmatrix}$　　(D) $\begin{pmatrix} O & 2A^* \\ 3B^* & O \end{pmatrix}$

【解析】 记 $C = \begin{pmatrix} O & A \\ B & O \end{pmatrix}$，则 $C^{-1} = \frac{1}{|C|}C^*$，即

$$C^* = |C|C^{-1} = (-1)^{2\times 2}|A||B|\begin{pmatrix} O & B^{-1} \\ A^{-1} & O \end{pmatrix} = |A||B|\begin{pmatrix} O & \frac{1}{|B|}B^* \\ \frac{1}{|A|}A^* & O \end{pmatrix}$$

$$= \begin{pmatrix} O & |A|B^* \\ |B|A^* & O \end{pmatrix} = \begin{pmatrix} O & 2B^* \\ 3A^* & O \end{pmatrix}.$$

故选择(B).

5. 矩阵方程

含有未知矩阵的等式称为矩阵方程. 矩阵方程的基本形式有三类：

$$AX = C, XA = C, AXB = C,$$

若 A,B 可逆，其解分别是

$$X = A^{-1}C, X = CA^{-1}, X = A^{-1}CB^{-1};$$

若 A 不可逆，则先设未知数，再列方程，用高斯消元法化为阶梯形方程组，然后对每列常数项分别求解.

例 9 设 $A = \begin{pmatrix} 5 & 3 \\ 0 & 1 \end{pmatrix}$，$B = \begin{pmatrix} 1 & 0 \\ 3 & 3 \end{pmatrix}$，$C = \begin{pmatrix} 1 & 1 \\ -1 & -1 \end{pmatrix}$，且已知 $aA + bB - cC = E$，a,b,c 为实数. 求 a,b,c.

【解析】 矩阵的数乘和加法运算所构造的方程称为矩阵的线性方程，求解矩阵方程中的待定常数，一般都要在矩阵运算的基础上，化为线性方程组求解. 由

$$aA + bB - cC = a\begin{pmatrix} 5 & 3 \\ 0 & 1 \end{pmatrix} + b\begin{pmatrix} 1 & 0 \\ 3 & 3 \end{pmatrix} - c\begin{pmatrix} 1 & 1 \\ -1 & -1 \end{pmatrix}$$

$$= \begin{pmatrix} 5a + b - c & 3a - c \\ 3b + c & a + 3b + c \end{pmatrix} = \begin{pmatrix} 1 & 0 \\ 0 & 1 \end{pmatrix},$$

可得线性方程组 $\begin{cases} 5a + b - c = 1, \\ 3a - c = 0, \\ 3b + c = 0, \\ a + 3b + c = 1, \end{cases}$ 解得 $a = 1, b = -1, c = 3$.

例 10 设

$$A = \begin{bmatrix} 2 & 2 & 3 \\ 1 & -1 & 0 \\ -1 & 2 & 1 \end{bmatrix}, B = \begin{bmatrix} 1 & 2 \\ 1 & -1 \\ 1 & 7 \end{bmatrix},$$

（Ⅰ）判断 $\boldsymbol{A}$ 是否可逆；若可逆，求 $\boldsymbol{A}^{-1}$；

（Ⅱ）求解矩阵方程 $\boldsymbol{AX}=\boldsymbol{B}$.

【解析】 本题是以计算为主的求解矩阵方程的问题. 求解如下：

（Ⅰ）由 $|\boldsymbol{A}|=\begin{vmatrix}2&2&3\\1&-1&0\\-1&2&1\end{vmatrix}=\begin{vmatrix}5&-4&0\\1&-1&0\\-1&2&1\end{vmatrix}=\begin{vmatrix}5&-4\\1&-1\end{vmatrix}=-1\neq0$，知 $\boldsymbol{A}$ 可逆.

又
$$A_{11}=\begin{vmatrix}-1&0\\2&1\end{vmatrix}=-1,A_{12}=-\begin{vmatrix}1&0\\-1&1\end{vmatrix}=-1,A_{13}=\begin{vmatrix}1&-1\\-1&2\end{vmatrix}=1,$$
$$A_{21}=-\begin{vmatrix}2&3\\2&1\end{vmatrix}=4,A_{22}=\begin{vmatrix}2&3\\-1&1\end{vmatrix}=5,A_{23}=-\begin{vmatrix}2&2\\-1&2\end{vmatrix}=-6,$$
$$A_{31}=\begin{vmatrix}2&3\\-1&0\end{vmatrix}=3,A_{32}=-\begin{vmatrix}2&3\\1&0\end{vmatrix}=3,A_{33}=\begin{vmatrix}2&2\\1&-1\end{vmatrix}=-4,$$

得
$$\boldsymbol{A}^{-1}=\frac{1}{|\boldsymbol{A}|}\boldsymbol{A}^*=\begin{pmatrix}1&-4&-3\\1&-5&-3\\-1&6&4\end{pmatrix}.$$

（Ⅱ）利用逆矩阵. 由（Ⅰ），知
$$\boldsymbol{X}=\boldsymbol{A}^{-1}\boldsymbol{B}=\begin{pmatrix}1&-4&-3\\1&-5&-3\\-1&6&4\end{pmatrix}\begin{pmatrix}1&2\\1&-1\\1&7\end{pmatrix}=\begin{pmatrix}-6&-15\\-7&-14\\9&20\end{pmatrix}.$$

过关测试卷

得分______

一、选择题:1~8 小题,每小题 4 分,共 32 分. 下列每题给出的四个选项中,只有一个选项符合题目要求.

(1)设 $\boldsymbol{A},\boldsymbol{B}$ 为 n 阶三角矩阵,则下列运算结果仍为三角矩阵的是(   ).

(A)$\boldsymbol{A}\pm\boldsymbol{B}$ (B)$\boldsymbol{AB}$

(C)$\boldsymbol{A}^3$ (D)$\boldsymbol{A}^{\mathrm{T}}+\boldsymbol{B}$

(2)设 $\boldsymbol{A}=(a_{ij})$ 为 $m\times n$ 矩阵,$\boldsymbol{B}=(1,1,\cdots,1)^{\mathrm{T}}$ 为 $n\times 1$ 的列矩阵,则 $\boldsymbol{AB}=$(   ).

(A)$\left(\sum\limits_{j=1}^{n}a_{1j},\sum\limits_{j=1}^{n}a_{2j},\cdots,\sum\limits_{j=1}^{n}a_{mj}\right)^{\mathrm{T}}$ (B)$\sum\limits_{j=1}^{n}\left(\sum\limits_{i=1}^{m}a_{ij}\right)$

(C)$\left(\sum\limits_{i=1}^{m}a_{i1},\sum\limits_{i=1}^{m}a_{i2},\cdots,\sum\limits_{i=1}^{m}a_{in}\right)^{\mathrm{T}}$ (D)$\boldsymbol{A}$

(3)设 $\boldsymbol{A}$ 为 $m\times n$ 矩阵,$\boldsymbol{E}$ 为 m 阶单位矩阵,则下列结论错误的是(   ).

(A)$\boldsymbol{A}^{\mathrm{T}}\boldsymbol{A}$ 是对称矩阵 (B)$\boldsymbol{AA}^{\mathrm{T}}$ 是对称矩阵

(C)$\boldsymbol{A}^{\mathrm{T}}\boldsymbol{A}+\boldsymbol{AA}^{\mathrm{T}}$ 是对称矩阵 (D)$\boldsymbol{E}+\boldsymbol{AA}^{\mathrm{T}}$ 是对称矩阵

(4)设 $\boldsymbol{A}$ 为 n 阶可逆方阵,k 为非零常数,则有(   ).

(A)$(k\boldsymbol{A})^{-1}=k\boldsymbol{A}^{-1}$ (B)$(k\boldsymbol{A})^{\mathrm{T}}=k\boldsymbol{A}^{\mathrm{T}}$

(C)$|k\boldsymbol{A}|=k|\boldsymbol{A}|$ (D)$(k\boldsymbol{A})^*=k\boldsymbol{A}^*$

(5)设 $\boldsymbol{A}$ 为对角矩阵,$\boldsymbol{B},\boldsymbol{P}$ 为同阶矩阵,且 $\boldsymbol{P}$ 可逆,下列结论正确的是(   ).

(A)若 $\boldsymbol{A}\neq\boldsymbol{O}$,则 $\boldsymbol{A}^m\neq\boldsymbol{O}$ (B)若 $\boldsymbol{B}\neq\boldsymbol{O}$,则 $\boldsymbol{B}^m\neq\boldsymbol{O}$

(C)$\boldsymbol{AB}=\boldsymbol{BA}$ (D)若 $\boldsymbol{A}=\boldsymbol{P}^{-1}\boldsymbol{BP}$,则 $|\boldsymbol{A}|>0$ 时,$|\boldsymbol{B}|<0$

(6)设 $\boldsymbol{A}$ 为可逆矩阵,则 $[(\boldsymbol{A}^{-1})^{\mathrm{T}}]^{-1}=$(   ).

(A)$\boldsymbol{A}$ (B)$\boldsymbol{A}^{\mathrm{T}}$ (C)$\boldsymbol{A}^{-1}$ (D)$(\boldsymbol{A}^{-1})^{\mathrm{T}}$

(7)设 $\boldsymbol{A}$ 为 n 阶矩阵,且 $|\boldsymbol{A}|=1$,则 $(\boldsymbol{A}^*)^*=$(   ).

(A)$\boldsymbol{A}^{-1}$ (B)$-\boldsymbol{A}$ (C)$\boldsymbol{A}$ (D)$\boldsymbol{A}^2$

(8)若非齐次线性方程组

$$\begin{cases}kx_1+x_2+x_3=1,\\x_1+kx_2=3,\\3x_1+x_2+x_3=1\end{cases}$$

有唯一解,则(   ).

(A)$k=0$ 或 $k=3$ (B)$k\neq 0$

(C)$k\neq 3$ (D)$k\neq 0$ 且 $k\neq 3$

二、填空题:9~14 小题,每小题 4 分,共 24 分.

(9)设 $\begin{pmatrix}k&1&1\\3&0&1\\0&2&-1\end{pmatrix}\begin{pmatrix}3\\k\\-3\end{pmatrix}=\begin{pmatrix}k\\6\\5\end{pmatrix}$,则 $k=$________.

(10)设 $\boldsymbol{A}=\begin{pmatrix}a_1&b_1&c_1\\a_2&b_2&c_2\end{pmatrix}$,$\boldsymbol{C}=\begin{pmatrix}2a_1+b_1+3c_1&a_1+2c_1\\2a_2+b_2+3c_2&a_2+2c_2\end{pmatrix}$,且 $\boldsymbol{AB}=\boldsymbol{C}$,则 $\boldsymbol{B}=$________.

(11)设$\boldsymbol{A}=\begin{pmatrix}1&3\\2&4\end{pmatrix}$,则$(\boldsymbol{A}^*)^{-1}=$________.

(12)设$\boldsymbol{A}$为实对称矩阵,若$\boldsymbol{A}^2=\boldsymbol{O}$,则$\boldsymbol{A}=$________.

(13)设三阶矩阵$\boldsymbol{A}$的伴随矩阵为$\boldsymbol{A}^*$,且$|\boldsymbol{A}|=\frac{1}{2}$,则$|\boldsymbol{A}^{-1}+2\boldsymbol{A}^*|=$________.

(14)线性方程组

$$\begin{cases}x_1+x_2-x_3=1,\\2x_1+3x_2+x_3=2,\\4x_1+9x_2-x_3=4\end{cases}$$

的解是________.

三、解答题:15~23小题,共94分.解答应写出文字说明、证明过程或演算步骤.

(15)(本题满分10分)

设$\boldsymbol{A}=\begin{pmatrix}3&4\\-1&-2\end{pmatrix}$,$\boldsymbol{B}=\begin{pmatrix}1&1\\-3&-2\end{pmatrix}$,计算$\boldsymbol{AB}$,$\boldsymbol{BA}$,$\boldsymbol{A}^2-\boldsymbol{B}^2$.

(16)(本题满分10分)

求与$\begin{pmatrix}1&1\\0&1\end{pmatrix}$可交换的一切矩阵.

(17)(本题满分 10 分)

设 $\boldsymbol{A}$ 为四阶矩阵,满足等式 $(\boldsymbol{A}-\boldsymbol{E})^2=\boldsymbol{O}$,证明 $\boldsymbol{A}$ 可逆,并给出 $\boldsymbol{A}^{-1}$.

(18)(本题满分 10 分)

设 $\boldsymbol{A}^{-1}=\begin{pmatrix}1 & -2 & 2\\ 0 & 1 & 3\\ 3 & -1 & 4\end{pmatrix}$,求 $(\boldsymbol{A}^*)^{-1}$.

(19)(本题满分 10 分)

设 $\boldsymbol{A},\boldsymbol{B},\boldsymbol{C},\boldsymbol{D}$ 为 n 阶矩阵,若 $\boldsymbol{ABCD}=\boldsymbol{E}$,证明:

(Ⅰ)$\boldsymbol{A},\boldsymbol{B},\boldsymbol{C},\boldsymbol{D}$ 均为可逆矩阵;

(Ⅱ)$\boldsymbol{BCDA}=\boldsymbol{CDAB}=\boldsymbol{E}$.

(20)(本题满分 11 分)

设 $\boldsymbol{A}_1=\begin{pmatrix}2&4\\1&2\end{pmatrix}$,$\boldsymbol{A}_2=\begin{pmatrix}1&2\\0&1\end{pmatrix}$,$\boldsymbol{A}=\begin{bmatrix}\boldsymbol{A}_1&\boldsymbol{O}\\\boldsymbol{O}&\boldsymbol{A}_2\end{bmatrix}$,计算 $\boldsymbol{A}_1^5,\boldsymbol{A}_2^5,\boldsymbol{A}^5$.

(21)(本题满分 11 分)

设 $\boldsymbol{A},\boldsymbol{B}$ 均为三阶矩阵,$\boldsymbol{E}$ 为三阶单位矩阵,已知 $\boldsymbol{AB}=2\boldsymbol{A}+\boldsymbol{B}$,$\boldsymbol{B}=\begin{pmatrix}2&0&2\\0&4&0\\2&0&2\end{pmatrix}$,求 $\boldsymbol{A}-\boldsymbol{E}$.

(22)(本题满分 11 分)

设 $\boldsymbol{A},\boldsymbol{B}$ 为 n 阶矩阵,$\boldsymbol{E}$ 为 n 阶单位矩阵.

(Ⅰ)计算$\begin{pmatrix}\boldsymbol{E} & \boldsymbol{E}\\ \boldsymbol{O} & \boldsymbol{E}\end{pmatrix}\begin{pmatrix}\boldsymbol{A} & \boldsymbol{B}\\ \boldsymbol{B} & \boldsymbol{A}\end{pmatrix}\begin{pmatrix}\boldsymbol{E} & -\boldsymbol{E}\\ \boldsymbol{O} & \boldsymbol{E}\end{pmatrix}$;

(Ⅱ)利用(Ⅰ)的结果证明

$$\begin{vmatrix}\boldsymbol{A} & \boldsymbol{B}\\ \boldsymbol{B} & \boldsymbol{A}\end{vmatrix}=|\boldsymbol{A}+\boldsymbol{B}|\,|\boldsymbol{A}-\boldsymbol{B}|.$$

(23)(本题满分 11 分)

已知线性方程组

$$\begin{cases}x_1+2x_2+x_3=1,\\ 2x_1+3x_2+(a+2)x_3=3,\\ x_1+ax_2-2x_3=0.\end{cases}$$

问:a 满足什么条件时,方程组有唯一解?并给出唯一解.

第三章 矩阵的初等变换与线性方程组

必考点预测

1. 矩阵的初等变换

对矩阵 $\boldsymbol{A}$ 作一次初等行(或列)变换,相当于用相应的初等矩阵左乘(或右乘)$\boldsymbol{A}$. 矩阵的初等变换在线性代数的有关计算中有重要应用,如求秩、求解线性方程组、二次型的标准化等,都要用到矩阵的初等变换. 在复习时,对这些应用及有关原理要熟练掌握.

例 1 设 $\boldsymbol{A}$ 是三阶方阵,将 $\boldsymbol{A}$ 的第一列与第二列交换得 $\boldsymbol{B}$,再把 $\boldsymbol{B}$ 的第二列加到第三列得 $\boldsymbol{C}$,则满足 $\boldsymbol{AQ}=\boldsymbol{C}$ 的可逆矩阵 $\boldsymbol{Q}$ 为(　　).

(A) $\begin{pmatrix}0&1&0\\1&0&0\\1&0&1\end{pmatrix}$　　(B) $\begin{pmatrix}0&1&0\\1&0&1\\0&0&1\end{pmatrix}$

(C) $\begin{pmatrix}0&1&0\\1&0&0\\0&1&1\end{pmatrix}$　　(D) $\begin{pmatrix}0&1&1\\1&0&0\\0&0&1\end{pmatrix}$

【答案】 (D)

【解析】 在矩阵的初等变换与矩阵乘以同种初等矩阵的运算之间进行转换,是线性代数中经常会遇到的一种基本运算类型. 本题求解的重点是,如何将对矩阵的初等变换过程转换为该矩阵与同种变换的初等矩阵的乘积形式. 具体求解如下:

依题设,$\boldsymbol{AE}(1,2)=\boldsymbol{B}$,$\boldsymbol{BE}(2,3(1))=\boldsymbol{C}$,即有 $\boldsymbol{AE}(1,2)\boldsymbol{E}(2,3(1))=\boldsymbol{C}$.

记 $\boldsymbol{Q}=\boldsymbol{E}(1,2)\boldsymbol{E}(2,3(1))=\begin{pmatrix}0&1&0\\1&0&0\\0&0&1\end{pmatrix}\begin{pmatrix}1&0&0\\0&1&1\\0&0&1\end{pmatrix}=\begin{pmatrix}0&1&1\\1&0&0\\0&0&1\end{pmatrix}$,由于初等矩阵可逆,因此,$\boldsymbol{Q}$ 可逆,且 $\boldsymbol{AQ}=\boldsymbol{C}$,故本题应选择(D).

从求解过程看,要保证推导正确,要用对初等矩阵的符号,一般来说,对于初等矩阵 $\boldsymbol{E}(i,j)$,$\boldsymbol{E}(i(k))$ 的理解不会产生分歧,但 $\boldsymbol{E}(i,j(k))$ 在左乘矩阵和右乘矩阵时含义是不同的,应注意把握.

例 2 $(\boldsymbol{E}(1,2))^2\begin{pmatrix}1&2&3\\4&5&6\\7&8&9\end{pmatrix}(\boldsymbol{E}(1,2))^3=$ ________.

【答案】 $\begin{pmatrix}2&1&3\\5&4&6\\8&7&9\end{pmatrix}$

【解析】 本题重点考查的是初等矩阵的幂,及矩阵左乘(右乘)初等矩阵与矩阵的初等变换的关系.

首先,对于初等矩阵 $\boldsymbol{E}(i,j)$ 的幂,有以下公式:

$$(\boldsymbol{E}(i,j))^n=\begin{cases}\boldsymbol{E}, & \text{当 } n \text{ 为偶数时},\\ \boldsymbol{E}(i,j), & \text{当 } n \text{ 为奇数时}.\end{cases}$$

因此,$(\boldsymbol{E}(1,2))^2=\boldsymbol{E}$,$(\boldsymbol{E}(1,2))^3=\boldsymbol{E}(1,2)$. 又矩阵右乘 $\boldsymbol{E}(1,2)$,等价于将该矩阵的第一列与第二列互换,即有

$$(\boldsymbol{E}(1,2))^2\begin{pmatrix}1&2&3\\4&5&6\\7&8&9\end{pmatrix}(\boldsymbol{E}(1,2))^3=\begin{pmatrix}1&2&3\\4&5&6\\7&8&9\end{pmatrix}\boldsymbol{E}(1,2)=\begin{pmatrix}2&1&3\\5&4&6\\8&7&9\end{pmatrix}.$$

2. 矩阵秩的问题

(1) 概念.

矩阵的非零子式的最高阶数称为矩阵的秩.

由定义知,若 n 阶矩阵 $\boldsymbol{A}$ 的秩 $R(\boldsymbol{A})=r$,则 $\boldsymbol{A}$ 中至少有一个 r 阶子式不为零,$\boldsymbol{A}$ 的 $r+1,r+2,\cdots,n$ 阶子式全为零.

(2) 性质.

① 设 $\boldsymbol{A}$ 是 $m\times n$ 矩阵,则 $R(\boldsymbol{A})\leqslant m$,$R(\boldsymbol{A})\leqslant n$;

② $R(\boldsymbol{A}^{\mathrm{T}})=R(\boldsymbol{A})$;

③ 若 $\boldsymbol{A}$ 为 n 阶矩阵,则当 $R(\boldsymbol{A})=n$ 时,$R(\boldsymbol{A}^*)=n$;当 $R(\boldsymbol{A})=n-1$ 时,$R(\boldsymbol{A}^*)=1$;当 $R(\boldsymbol{A})<n-1$ 时,$R(\boldsymbol{A}^*)=0$;

④ $R(\boldsymbol{A}+\boldsymbol{B})\leqslant R(\boldsymbol{A})+R(\boldsymbol{B})$;

⑤ $R(\boldsymbol{AB})\leqslant R(\boldsymbol{A})$,$R(\boldsymbol{AB})\leqslant R(\boldsymbol{B})$;

⑥ 若 $\boldsymbol{A}$ 可逆,则 $R(\boldsymbol{AB})=R(\boldsymbol{B})$,若 $\boldsymbol{B}$ 可逆,则 $R(\boldsymbol{AB})=R(\boldsymbol{A})$;

⑦ 设 $\boldsymbol{A}$ 是 $m\times n$ 矩阵,$\boldsymbol{B}$ 是 $n\times s$ 矩阵,且 $\boldsymbol{AB}=\boldsymbol{O}$,则 $R(\boldsymbol{A})+R(\boldsymbol{B})\leqslant n$.

(3) 定理.

定理 1 初等变换不改变矩阵的秩.

定理 2 阶梯矩阵的秩等于它的非零行数.

(4) 具体求法.

① 初等变换法:用初等变换化为阶梯矩阵.

② 夹逼法:利用关于秩的不等式,证明 $R(\boldsymbol{A})\leqslant r$,$R(\boldsymbol{A})\geqslant r$,则 $R(\boldsymbol{A})=r$.

例 3 设 $\boldsymbol{A}$ 是 4×3 矩阵,且 $\boldsymbol{A}$ 的秩 $R(\boldsymbol{A})=2$,而 $\boldsymbol{B}=\begin{pmatrix}1&0&2\\0&2&0\\-1&0&3\end{pmatrix}$,$R(\boldsymbol{AB})=$________.

【答案】 2

【解析】 由于矩阵可逆的充要条件是该矩阵可表示为若干初等矩阵的乘积,因此,若矩阵 $\boldsymbol{A}$ 右乘可逆矩阵,相当于对 $\boldsymbol{A}$ 作若干次初等列变换,结果不会改变 $\boldsymbol{A}$ 的秩. 在 $\boldsymbol{A}$ 未知的情况下,要能给出 $\boldsymbol{AB}$ 的秩,关键是考查 $\boldsymbol{B}$ 的可逆性. 由

$$|\boldsymbol{B}|=\begin{vmatrix}1&0&2\\0&2&0\\-1&0&3\end{vmatrix}=10\neq0,$$

知 $\boldsymbol{B}$ 可逆,从而确定 $R(\boldsymbol{AB})=R(\boldsymbol{A})=2$.

例 4 设

$$A=\begin{pmatrix}1&1&1&-1\\1&3&x&1\\2&0&3&-4\\3&5&y&-1\end{pmatrix},$$

已知 $R(A)=2$,求 x,y 的值.

【解析】 已知矩阵的秩定常数,未必通过对整个矩阵的初等变换来确定,而是要具体针对题目的特点选择更为适当的处理方法. 就本题而言,由 $R(A)=2$,可以确定该矩阵的所有三阶子式为零. 这样可以分别选取各自仅含一个待定常数并且便于计算的三阶子式定值. 为此,由三阶子式

$$\begin{vmatrix}1&1&1\\1&3&x\\2&0&3\end{vmatrix}=\begin{vmatrix}1&1&1\\0&2&x-1\\0&-2&1\end{vmatrix}$$

$$=\begin{vmatrix}1&1&1\\0&2&x-1\\0&0&x\end{vmatrix}=2x=0,$$

得 $x=0$.

由

$$\begin{vmatrix}1&1&1\\2&0&3\\3&5&y\end{vmatrix}=\begin{vmatrix}1&1&1\\2&0&3\\-2&0&y-5\end{vmatrix}$$

$$=-[2(y-5)+6]=0,$$

得 $y=2$.

3. 线性方程组解的讨论

设 A 为 $m\times n$ 矩阵,当 $R(A)=r<n$ 时,方程组 $Ax=0$ 有非零解. 求解非零解的具体步骤为:

(1) 对系数矩阵 A 作初等行变换,化为行阶梯形矩阵.

(2) 在每个阶梯上选出一列,剩下的 $n-R(A)$ 列对应的变量就是自由变量.

(3) 依次对自由变量中的一个赋值为 1,其余赋值为 0,代入阶梯形方程组中求解,得到 $n-R(A)$ 个解,设为 $\zeta_1,\zeta_2,\cdots,\zeta_{n-R(A)}$,即为基础解系. $Ax=0$ 的通解为

$$k_1\zeta_1+k_2\zeta_2+\cdots+k_{n-R(A)}\zeta_{n-R(A)},$$

其中 $k_1,k_2,\cdots,k_{n-R(A)}$ 为任意常数.

当 $R(A)=R(A\,\vdots\,b)<n$ 时,方程组 $Ax=b$ 有无穷多解.

设 η 为 $Ax=b$ 的一个特解,则 $Ax=b$ 的通解为

$$k_1\zeta_1+k_2\zeta_2+\cdots+k_{n-R(A)}\zeta_{n-R(A)}+\eta,$$

其中 $k_1,k_2,\cdots,k_{n-R(A)}$ 为任意常数.

当系数矩阵 A 为方阵,且行列式 $|A|\neq 0$ 时,方程组 $Ax=b$ 有唯一解,可用克拉默法则求出其唯一解.

例 5 设 A 为 $m\times n$ 的矩阵,秩 $R(A)=r$,则线性方程组 $Ax=0$ 有非零解的充要条件是(　　).

(A) $m<n$　　(B) $r<m<n$

(C) $r<m$　　(D) $r<n$

【答案】 (D)

【解析】 齐次线性方程组 $\boldsymbol{A}\boldsymbol{x}=\boldsymbol{0}$ 有无非零解是齐次线性方程组讨论的首要问题，它的关键词就是考查是否有 $R(\boldsymbol{A})<n$. 具体要把握好三个参数，一是线性方程组的方程个数，即系数矩阵的行标 m；二是线性方程组的未知数的个数，即系数矩阵的列标 n；三是线性方程组系数矩阵的秩 r，即经消元后剩下的相互独立的方程的个数.

当 $m<n$ 时，未知数的个数多于方程个数，因此，存在自由未知量，方程组必定有非零解；

当 $m\geqslant n$ 时，其中的方程数在消元后实际方程数仍然可能小于 n，方程组仍然可能有非零解.

因此，$m<n$ 是方程组有非零解的充分条件，可见真正能决定方程组有非零解的关键因素是方程组的独立方程个数与未知数个数的关系，所以选项(B)，(C) 也不是方程组有非零解的充要条件，故本题应选择(D).

例 6 设线性方程组

$$\begin{cases}x_1+x_2+ax_3=4,\\-x_1+ax_2+x_3=a^2,\\x_1-x_2+2x_3=-4.\end{cases}$$

讨论方程组在 a 取何值时，

(Ⅰ) 有唯一解；

(Ⅱ) 无解；

(Ⅲ) 有无穷多解，并在无穷多解时求解方程组.

【解析】 **法 1** 从系数行列式入手，由系数行列式

$$D=\begin{vmatrix}1&1&a\\-1&a&1\\1&-1&2\end{vmatrix}=(a+1)(4-a)=0,$$

解得 $a=-1$ 或 $a=4$.

(Ⅰ) 当 $a\neq-1$ 且 $a\neq4$ 时，方程组有唯一解；

(Ⅱ) 当 $a=-1$ 时，对方程组的增广矩阵作初等行变换，有

$$\overline{\boldsymbol{A}}=\begin{pmatrix}1&1&-1&4\\-1&-1&1&1\\1&-1&2&-4\end{pmatrix}\overset{r}{\sim}\begin{pmatrix}1&1&-1&4\\0&-2&3&-8\\0&0&0&5\end{pmatrix},$$

知 $R(\overline{\boldsymbol{A}})\neq R(\boldsymbol{A})$，方程组无解；

(Ⅲ) 当 $a=4$ 时，对方程组的增广矩阵作初等行变换，有

$$\overline{\boldsymbol{A}}=\begin{pmatrix}1&1&4&4\\-1&4&1&16\\1&-1&2&-4\end{pmatrix}\overset{r}{\sim}\begin{pmatrix}1&1&4&4\\0&5&5&20\\0&-2&-2&-8\end{pmatrix}$$

$$\overset{r}{\sim}\begin{pmatrix}1&0&3&0\\0&1&1&4\\0&0&0&0\end{pmatrix},$$

知 $R(\overline{\boldsymbol{A}})=R(\boldsymbol{A})=2$，方程组有无穷多解. 此时，原方程组的同解方程组为

$$\begin{cases}x_1=-3x_3,\\x_2=4-x_3,\end{cases}$$

取 $x_3=c$，得方程组通解为 $x_1=-3c,x_2=4-c,x_3=c$，其中 c 为任意常数.

法 2 从对方程组的增广矩阵作初等行变换入手，即有

$$\overline{\mathbf{A}}=\begin{pmatrix}1&1&a&4\\-1&a&1&a^2\\1&-1&2&-4\end{pmatrix}\overset{r}{\sim}\begin{pmatrix}1&1&a&4\\0&a+1&a+1&a^2+4\\0&-2&2-a&-8\end{pmatrix}$$

$$\overset{r}{\sim}\begin{pmatrix}1&1&a&4\\0&-2&2-a&-8\\0&0&(a+1)(4-a)/2&a^2-4a\end{pmatrix},$$

于是

(Ⅰ) 当 $a\neq-1$ 且 $a\neq 4$ 时，$R(\overline{\mathbf{A}})=R(\mathbf{A})=3$，方程组有唯一解；

(Ⅱ) 当 $a=-1$ 时，$R(\overline{\mathbf{A}})=3\neq R(\mathbf{A})=2$，方程组无解；

(Ⅲ) 当 $a=4$ 时，$R(\overline{\mathbf{A}})=R(\mathbf{A})=2<3$，方程组有无穷多解，方程组求解同法 1.

过关测试卷

得分______

一、选择题：1～8小题，每小题4分，共32分. 下列每题给出的四个选项中，只有一个选项符合题目要求.

(1) 若 $\boldsymbol{A}=(\boldsymbol{E}(1,2))^2\boldsymbol{E}(2,3(1))$，其中 $\boldsymbol{E}(1,2)$，$\boldsymbol{E}(2,3(1))$ 为四阶初等矩阵，则 $\boldsymbol{A}^{-1}=$（　　）.

(A) $\boldsymbol{E}(2,3(1))$　　(B) $\boldsymbol{E}(2,3(-1))$

(C) $\boldsymbol{E}(1,2)$　　(D) $\boldsymbol{E}$

(2) $\boldsymbol{A}$ 为三阶矩阵，将 $\boldsymbol{A}$ 的第二列加到第一列得矩阵 $\boldsymbol{B}$，再交换 $\boldsymbol{B}$ 的第二行与第三行得单位矩阵，记

$$\boldsymbol{P}_1=\begin{pmatrix}1&0&0\\1&1&0\\0&0&1\end{pmatrix},\boldsymbol{P}_2=\begin{pmatrix}1&0&0\\0&0&1\\0&1&0\end{pmatrix},$$

则 $\boldsymbol{A}^{-1}=$（　　）.

(A) $\boldsymbol{P}_1\boldsymbol{P}_2$　　(B) $\boldsymbol{P}_1^{-1}\boldsymbol{P}_2$　　(C) $\boldsymbol{P}_2\boldsymbol{P}_1$　　(D) $\boldsymbol{P}_2\boldsymbol{P}_1^{-1}$

(3) 设 n 阶矩阵 $\boldsymbol{A}$ 与 $\boldsymbol{B}$ 等价，下列命题错误的是（　　）.

(A) 存在可逆矩阵 $\boldsymbol{P}$ 和 $\boldsymbol{Q}$，使得 $\boldsymbol{PAQ}=\boldsymbol{B}$

(B) 若 $\boldsymbol{A}$ 与 $\boldsymbol{E}$ 等价，则 $\boldsymbol{B}$ 可逆

(C) 若 $|\boldsymbol{A}|\neq 0$，则存在可逆矩阵 $\boldsymbol{P}$，使得 $\boldsymbol{PB}=\boldsymbol{E}$

(D) 若 $|\boldsymbol{A}|>0$，则 $|\boldsymbol{B}|>0$

(4) 设三阶矩阵 $\boldsymbol{A}=\begin{pmatrix}a&1&1\\1&a&1\\1&1&a\end{pmatrix}$，若 $\boldsymbol{A}$ 的秩为 2，则有（　　）.

(A) $a=1$ 或 $a=-2$　　(B) $a=1$ 或 $a\neq-2$

(C) $a=-2$　　(D) $a\neq 1$ 且 $a\neq-2$

(5) 设 $\boldsymbol{A}$ 为方阵，现有条件：① 线性方程组 $\boldsymbol{Ax}=\boldsymbol{0}$ 仅有零解；② $\boldsymbol{A}$ 可表示为若干初等矩阵的乘积；③ $\boldsymbol{A}$ 为非零矩阵；④ 设 $|\boldsymbol{A}|>0$；⑤ $\boldsymbol{A}$ 为满秩矩阵. 其中可确定 $\boldsymbol{A}$ 为可逆矩阵的充分必要条件的是（　　）.

(A) ①，②，③　　(B) ①，②，④

(C) ①，②，⑤　　(D) ③，④，⑤

(6) 设有三条直线 $l_1: a_1x+b_1y=c_1$；$l_2: a_2x+b_2y=c_2$；$l_3: a_3x+b_3y=c_3$，其中 $a_i,b_i,c_i\neq 0(i=1,2,3)$，记 $\boldsymbol{A}=\begin{pmatrix}a_1&b_1\\a_2&b_2\\a_3&b_3\end{pmatrix}$，则 $R(\boldsymbol{A})=2$ 是三条直线相交于一点的（　　）.

(A) 充分必要条件　　(B) 充分而非必要条件

(C) 必要而非充分条件　　(D) 既非必要也非充分条件

(7) 非齐次线性方程组 $\boldsymbol{Ax}=\boldsymbol{b}$ 中未知量个数为 n，方程个数为 m，系数矩阵 $\boldsymbol{A}$ 的秩为 r，则（　　）.

(A) $r=m$ 时，方程组 $\boldsymbol{Ax}=\boldsymbol{b}$ 有解　　(B) $r=n$ 时，方程组 $\boldsymbol{Ax}=\boldsymbol{b}$ 有唯一解

(C) $m=n$ 时，方程组 $\boldsymbol{Ax}=\boldsymbol{b}$ 有唯一解　　(D) $r<n$ 时，方程组 $\boldsymbol{Ax}=\boldsymbol{b}$ 有无穷多解

(8) 若非齐次线性方程组 $\boldsymbol{Ax}=\boldsymbol{b}$ 有两个互不相等的解,则方程组(　　).

(A) $\boldsymbol{Ax}=\boldsymbol{b}$ 有有限个互不相同的解　　(B) $\boldsymbol{Ax}=\boldsymbol{b}$ 必有无穷多解

(C) $\boldsymbol{Ax}=\boldsymbol{0}$ 有唯一解　　(D) 两解之和仍为 $\boldsymbol{Ax}=\boldsymbol{b}$ 的解

二、填空题:9 ~ 14 小题,每小题 4 分,共 24 分.

(9) $(\boldsymbol{E}(2(k)))^3\begin{pmatrix}1&3&6\\2&5&8\\4&7&9\end{pmatrix}(\boldsymbol{E}(2,1(-2)))^2=$ ________.

(10) 设 $\boldsymbol{A}$ 为 5×4 矩阵,已知 $\boldsymbol{A}$ 有一个三阶子式大于零,且方程组 $\boldsymbol{Ax}=\boldsymbol{0}$ 有非零解,则 $\boldsymbol{A}$ 经初等变换可化为标准形________.

(11) 设 $\boldsymbol{A}$ 为四阶方阵,$\boldsymbol{A}^*$ 为其伴随矩阵,若 $R(\boldsymbol{A})=2$,则 $\boldsymbol{A}^*=$ ________.

(12) 设 $\boldsymbol{A}$ 为 $m\times n$ 矩阵,$\boldsymbol{B}$ 为 n 阶方阵,若 $\boldsymbol{AB}=\boldsymbol{O}$ 且 $R(\boldsymbol{B})=n$,则 $R(\boldsymbol{A})=$ ________.

(13) 设线性方程组

$$\begin{cases}x_1+x_2+ax_3=0,\\x_1+2x_2+x_3=0,\\x_1-x_2+ax_3=0\end{cases}$$

与方程 $x_1-2x_2+3x_3=1$ 有公共解,则 $a=$ ________.

(14) 已知非齐次线性方程组 $\boldsymbol{Ax}=\boldsymbol{b}$ 的增广矩阵 $(\boldsymbol{A}\,\vdots\,\boldsymbol{b})$ 经过初等行变换化为

$$\left(\begin{array}{ccc:c}1&-2&3&-1\\0&-1&2&2\\0&0&\lambda(\lambda-1)&(\lambda-1)(\lambda-2)\end{array}\right),$$

则若要该方程组有解,λ 应取值为________.

三、解答题:15 ~ 23 小题,共 94 分.解答应写出文字说明、证明过程或演算步骤.

(15)(本题满分 10 分)

用初等变换法求矩阵 $\boldsymbol{A}=\begin{pmatrix}1&3&7&2&-1\\-3&1&5&2&0\\2&9&22&6&-4\\1&2&7&-4&-15\end{pmatrix}$ 的秩.

(16)(本题满分 10 分)

已知$\boldsymbol{E}(2(3))\boldsymbol{A}\boldsymbol{E}(1,2)\boldsymbol{E}(1,3(-1))=\begin{pmatrix}1&0&1\\2&1&4\\-3&2&5\end{pmatrix}$,其中$\boldsymbol{E}(2(3))$,$\boldsymbol{E}(1,2)$,$\boldsymbol{E}(1,3(-1))$均为三阶初等矩阵,求矩阵$\boldsymbol{A}$.

(17)(本题满分 10 分)

设$\boldsymbol{A}$为四阶可逆矩阵,若将矩阵$\boldsymbol{A}$的第二、三列交换位置,再将第四列乘-2加至第二列,得到矩阵$\boldsymbol{B}$,求$\boldsymbol{B}^{-1}\boldsymbol{A}$.

(18)(本题满分 10 分)

齐次线性方程组$\begin{cases}\lambda x_1+x_2+\lambda^2x_3=0,\\x_1+\lambda x_2+x_3=0,\\x_1+x_2+\lambda x_3=0\end{cases}$的系数矩阵记为$\boldsymbol{A}$,若存在三阶矩阵$\boldsymbol{B}\neq\boldsymbol{O}$,使得$\boldsymbol{AB}=\boldsymbol{O}$. 试确定满足条件的常数$\lambda$的取值,并证明此时有$|\boldsymbol{B}|=0$.

(19)(本题满分 10 分)

求解矩阵方程$\begin{pmatrix} 2 & 1 \\ 3 & 2 \end{pmatrix}\boldsymbol{X}=\begin{pmatrix} 1 & 2 & -1 \\ 2 & 0 & 3 \end{pmatrix}$.

(20)(本题满分 11 分)

设$\boldsymbol{A}$为n阶方阵,$\boldsymbol{A}^*$ 为其伴随矩阵,证明:若$R(\boldsymbol{A})=n-1$,则$R(\boldsymbol{A}^*)=1$.

(21)(本题满分 11 分)

设$\boldsymbol{A}=\begin{pmatrix} 1 & -1 & 0 \\ 2 & 1 & 1 \\ 1 & -4 & -1 \end{pmatrix}$,$\boldsymbol{B}$为同阶可逆矩阵,证明方程组$\boldsymbol{BAx}=\boldsymbol{0}$与$\boldsymbol{Ax}=\boldsymbol{0}$同解,并求解方程组$\boldsymbol{BAx}=\boldsymbol{0}$.

(22)(本题满分 11 分)

设 $\boldsymbol{A}=\begin{pmatrix}1 & -2 & 3 & -4\\ 0 & 1 & -1 & 1\\ 1 & 2 & 0 & -3\end{pmatrix}$, $\boldsymbol{b}=\begin{pmatrix}-1\\ 1\\ 3\end{pmatrix}$. 求方程组 $\boldsymbol{Ax}=\boldsymbol{b}$ 的全部解.

(23)(本题满分 11 分)

设线性方程组

$$(\mathrm{I})\begin{cases}x_1+x_2+\lambda x_3=1,\\ x_1+\lambda x_2+x_3=\lambda^2,\end{cases}\quad (\mathrm{II})\ x_1-x_2+2x_3=-4.$$

问 λ 取何值时,两方程组有公共解,在有无穷多公共解的情况下,给出公共解.

第四章 向量组的线性相关性

编者按：按照本科教学大纲，参加校期末考试的读者，要求掌握本章全部内容。按照考研大纲，数学一要求掌握本章全部内容，数学二、数学三不要求掌握向量空间。期末测试卷同样按上述原则命题，不再重复注明。

必考点预测

1. 向量组的线性相关性判定

(1) 定义法. 对于给定向量组 $\boldsymbol{\alpha}_1,\cdots,\boldsymbol{\alpha}_s$，设 $k_1\boldsymbol{\alpha}_1+\cdots+k_s\boldsymbol{\alpha}_s=\mathbf{0}$，若上式当且仅当 $k_1=\cdots=k_s=0$ 时才成立，则 $\boldsymbol{\alpha}_1,\cdots,\boldsymbol{\alpha}_s$ 线性无关；否则，若存在不全为 0 的数 $k_1,\cdots,k_s$ 使上式成立，则 $\boldsymbol{\alpha}_1,\cdots,\boldsymbol{\alpha}_s$ 线性相关.

(2) 利用矩阵的秩判别. 把向量组的向量作为矩阵的行（或列）得矩阵 $\boldsymbol{A}_{m\times n}$，通过初等变换求出矩阵的秩. 设 $R(\boldsymbol{A}_{m\times n})=r$，若 $r=m$（或 $r<m$），则 $\boldsymbol{A}$ 的行向量组线性无关（或线性相关）；若 $r=n$（或 $r<n$），则 $\boldsymbol{A}$ 的列向量组线性无关（或线性相关）.

(3) 利用行列式判别. 这种方法只适用于向量的个数与维数相等的情形. 把向量组的向量作为矩阵的行（或列）得到方阵 $\boldsymbol{A}_{n\times n}$，若 $|\boldsymbol{A}|=0$，则 $\boldsymbol{A}$ 的行向量组和列向量组均线性相关；若 $|\boldsymbol{A}|\neq 0$，则 $\boldsymbol{A}$ 的行向量组和列向量组均线性无关.

(4) 利用一些重要结论：

① 若 $\boldsymbol{\alpha}_1,\cdots,\boldsymbol{\alpha}_s$ 线性无关，则它的任一个部分组必线性无关.

② 若 $\boldsymbol{\alpha}_1,\cdots,\boldsymbol{\alpha}_s$ 线性相关，则包含 $\boldsymbol{\alpha}_1,\cdots,\boldsymbol{\alpha}_s$ 的任一个向量组均线性相关.

③ 设 $\boldsymbol{\alpha}_1,\boldsymbol{\alpha}_2,\cdots,\boldsymbol{\alpha}_s$ 是 m 维列向量，$\boldsymbol{\beta}_1,\boldsymbol{\beta}_2,\cdots,\boldsymbol{\beta}_s$ 是 n 维列向量，令

$$\boldsymbol{\gamma}_1=\begin{pmatrix}\boldsymbol{\alpha}_1\\ \boldsymbol{\beta}_1\end{pmatrix},\boldsymbol{\gamma}_2=\begin{pmatrix}\boldsymbol{\alpha}_2\\ \boldsymbol{\beta}_2\end{pmatrix},\cdots,\boldsymbol{\gamma}_s=\begin{pmatrix}\boldsymbol{\alpha}_s\\ \boldsymbol{\beta}_s\end{pmatrix},$$

如果 $\boldsymbol{\alpha}_1,\boldsymbol{\alpha}_2,\cdots,\boldsymbol{\alpha}_s$ 线性无关，则 $\boldsymbol{\gamma}_1,\boldsymbol{\gamma}_2,\cdots,\boldsymbol{\gamma}_s$ 线性无关；反之，若 $\boldsymbol{\gamma}_1,\boldsymbol{\gamma}_2,\cdots,\boldsymbol{\gamma}_s$ 线性相关，则 $\boldsymbol{\alpha}_1,\boldsymbol{\alpha}_2,\cdots,\boldsymbol{\alpha}_s$ 线性相关.

④ 两两正交的非零向量组必线性无关.

⑤$n+1$ 个 n 维向量组必线性相关.

例 1 向量组 $\boldsymbol{\alpha}_1,\boldsymbol{\alpha}_2,\cdots,\boldsymbol{\alpha}_s\,(s\geqslant 2)$ 线性相关的充分必要条件是(　　).

(A) 存在一组数 $k_1,k_2,\cdots,k_s$，使得 $k_1\boldsymbol{\alpha}_1+k_2\boldsymbol{\alpha}_2+\cdots+k_s\boldsymbol{\alpha}_s=\mathbf{0}$ 成立

(B) $\boldsymbol{\alpha}_1,\boldsymbol{\alpha}_2,\cdots,\boldsymbol{\alpha}_s$ 中至少有两个向量成比例

(C) $\boldsymbol{\alpha}_1,\boldsymbol{\alpha}_2,\cdots,\boldsymbol{\alpha}_s$ 中至少有一个向量被其余 $s-1$ 个向量线性表示

(D) $\boldsymbol{\alpha}_1,\boldsymbol{\alpha}_2,\cdots,\boldsymbol{\alpha}_s$ 中任意一个部分向量组线性相关

【答案】 (C)

【解析】 判断向量组的线性相关性有多个角度，其中能作为其充分必要条件的主要有：① 向量

组线性相关的定义，存在一组不全为零的数 $k_1,k_2,\cdots,k_s$，使得 $k_1\boldsymbol{\alpha}_1+k_2\boldsymbol{\alpha}_2+\cdots+k_s\boldsymbol{\alpha}_s=\mathbf{0}$ 成立；② 从秩的角度，$R(\boldsymbol{\alpha}_1,\boldsymbol{\alpha}_2,\cdots,\boldsymbol{\alpha}_s)<s$；③ 从向量组内向量之间的线性组合关系角度，向量组内至少有一个向量可以被其余向量线性表示；④ 从向量组 $\boldsymbol{\alpha}_1,\boldsymbol{\alpha}_2,\cdots,\boldsymbol{\alpha}_s$ 对应的齐次线性方程组解的角度，即线性方程组 $k_1\boldsymbol{\alpha}_1+k_2\boldsymbol{\alpha}_2+\cdots+k_s\boldsymbol{\alpha}_s=\mathbf{0}$ 必有无穷多解. 对照比较，选项(A) 中缺关键词“不全为零”，选项(B)，(D) 仅为充分条件，均不合题意，选项(C) 与 ③ 表述一致，故本题应选择(C).

例 2 若向量组 $\boldsymbol{\alpha}_1=(1,1,2)^{\mathrm{T}},\boldsymbol{\alpha}_2=(1,a,3)^{\mathrm{T}},\boldsymbol{\alpha}_3=(2,0,1)^{\mathrm{T}},\boldsymbol{\alpha}_4=(a,2,1)^{\mathrm{T}}$ 线性相关，则 a 等于________.

【答案】 任意常数

【解析】 由向量组的线性相关性定常数，求解时应把握住向量组的维数和向量的个数这两个数字. 一般地，当向量个数小于向量的维数时，可以将向量组组成矩阵，通过初等变换定值，或由线性相关性的定义式对对应方程组求解并讨论定值；当向量个数等于向量的维数时，可以将向量组组成行列式定值，也可以由线性相关性的定义式对对应方程组求解讨论定值；当向量个数大于向量的维数时，无论待定常数取什么值，向量组都必定相关. 因此，题中向量个数大于维数，向量组必相关，此时 a 可以取任意常数.

2. 向量组的线性表示

(1) 给定一个向量 $\boldsymbol{\beta}=\begin{pmatrix}b_1\\b_2\\\vdots\\b_n\end{pmatrix}$ 及向量组 $\boldsymbol{\alpha}_1=\begin{pmatrix}a_{11}\\a_{12}\\\vdots\\a_{1n}\end{pmatrix},\cdots,\boldsymbol{\alpha}_s=\begin{pmatrix}a_{s1}\\a_{s2}\\\vdots\\a_{sn}\end{pmatrix}$，判断 $\boldsymbol{\beta}$ 是否可由 $\boldsymbol{\alpha}_1,\cdots,\boldsymbol{\alpha}_s$ 线性表示，可转化为讨论非齐次线性方程组 $x_1\boldsymbol{\alpha}_1+\cdots+x_s\boldsymbol{\alpha}_s=\boldsymbol{\beta}$ 是否有解的问题.

将上式写成方程组：

$$\begin{cases}a_{11}x_1+a_{21}x_2+\cdots+a_{s1}x_s=b_1,\\a_{12}x_1+a_{22}x_2+\cdots+a_{s2}x_s=b_2,\\\cdots\cdots\\a_{1n}x_1+a_{2n}x_2+\cdots+a_{sn}x_s=b_n,\end{cases}$$

若此方程组无解，则 $\boldsymbol{\beta}$ 不能由 $\boldsymbol{\alpha}_1,\cdots,\boldsymbol{\alpha}_s$ 线性表示；若此方程组有解，则 $\boldsymbol{\beta}$ 能由 $\boldsymbol{\alpha}_1,\cdots,\boldsymbol{\alpha}_s$ 线性表示.

(2) 若 $\boldsymbol{\alpha}_1,\cdots,\boldsymbol{\alpha}_s$ 线性无关，而 $\boldsymbol{\beta},\boldsymbol{\alpha}_1,\cdots,\boldsymbol{\alpha}_s$ 线性相关，则 $\boldsymbol{\beta}$ 可由 $\boldsymbol{\alpha}_1,\cdots,\boldsymbol{\alpha}_s$ 线性表示，且表达式唯一.

(3) 若 $R(\boldsymbol{\alpha}_1,\cdots,\boldsymbol{\alpha}_s,\boldsymbol{\beta})=R(\boldsymbol{\alpha}_1,\cdots,\boldsymbol{\alpha}_s)$，则 $\boldsymbol{\beta}$ 可由 $\boldsymbol{\alpha}_1,\cdots,\boldsymbol{\alpha}_s$ 线性表示；若 $R(\boldsymbol{\alpha}_1,\cdots,\boldsymbol{\alpha}_s,\boldsymbol{\beta})\neq R(\boldsymbol{\alpha}_1,\cdots,\boldsymbol{\alpha}_s)$，则 $\boldsymbol{\beta}$ 不能由 $\boldsymbol{\alpha}_1,\cdots,\boldsymbol{\alpha}_s$ 线性表示.

例 3 设向量组 $\boldsymbol{\alpha}_1=(2,0,1,1),\boldsymbol{\alpha}_2=(-1,-1,-1,-1),\boldsymbol{\alpha}_3=(1,-1,0,0),\boldsymbol{\alpha}_4=(0,-2,-1,-1)$，判断该向量组是否线性相关，若相关，找出一个极大无关组，并将其余向量由该极大无关组线性表示.

【解析】 本题是要在判断 $\boldsymbol{\alpha}_1,\boldsymbol{\alpha}_2,\boldsymbol{\alpha}_3,\boldsymbol{\alpha}_4$ 线性相关的情况下，找出其中一个极大无关组，并将其余向量表示为极大无关组的线性组合. 处理这类问题有多种方法，下面采用的方法可以将判别、求秩和极大无关组、对其余向量的线性表达式一步到位. 求解如下：

将 $\boldsymbol{\alpha}_1,\boldsymbol{\alpha}_2,\boldsymbol{\alpha}_3,\boldsymbol{\alpha}_4$ 按矩阵行向量组排列. 并施以初等行变换，有

$$\begin{pmatrix}\boldsymbol{\alpha}_1\\\boldsymbol{\alpha}_2\\\boldsymbol{\alpha}_3\\\boldsymbol{\alpha}_4\end{pmatrix}=\begin{pmatrix}2&0&1&1\\-1&-1&-1&-1\\1&-1&0&0\\0&-2&-1&-1\end{pmatrix}\overset{r}{\sim}\begin{pmatrix}1&-1&0&0\\2&0&1&1\\-1&-1&-1&-1\\0&-2&-1&-1\end{pmatrix}=\begin{pmatrix}\boldsymbol{\alpha}_3\\\boldsymbol{\alpha}_1\\\boldsymbol{\alpha}_2\\\boldsymbol{\alpha}_4\end{pmatrix}$$

$$\overset{r}{\sim}\begin{pmatrix}1&-1&0&0\\0&2&1&1\\0&-2&-1&-1\\0&-2&-1&-1\end{pmatrix}=\begin{pmatrix}\boldsymbol{\alpha}_3\\\boldsymbol{\alpha}_1-2\boldsymbol{\alpha}_3\\\boldsymbol{\alpha}_2+\boldsymbol{\alpha}_3\\\boldsymbol{\alpha}_4\end{pmatrix}\overset{r}{\sim}\begin{pmatrix}1&-1&0&0\\0&2&1&1\\0&0&0&0\\0&0&0&0\end{pmatrix}=\begin{pmatrix}\boldsymbol{\alpha}_3\\\boldsymbol{\alpha}_1-2\boldsymbol{\alpha}_3\\\boldsymbol{\alpha}_1+\boldsymbol{\alpha}_2-\boldsymbol{\alpha}_3\\\boldsymbol{\alpha}_4+\boldsymbol{\alpha}_1-2\boldsymbol{\alpha}_3\end{pmatrix}$$

容易看到，$R(\boldsymbol{\alpha}_1,\boldsymbol{\alpha}_2,\boldsymbol{\alpha}_3,\boldsymbol{\alpha}_4)=2$，$\boldsymbol{\alpha}_1,\boldsymbol{\alpha}_3$ 是该向量组的一个极大无关组，并有

$$\boldsymbol{\alpha}_2=-\boldsymbol{\alpha}_1+\boldsymbol{\alpha}_3,\boldsymbol{\alpha}_4=-\boldsymbol{\alpha}_1+2\boldsymbol{\alpha}_3.$$

【说明】 题中提供的向量组恰好可以组成方阵，可以由方阵的行列式确定该向量组是否线性相关，但确定不了向量组的秩和极大无关组的选取及向量间的线性表达式，故没有采用. 从求解过程看，极大无关组的选取与构建矩阵的向量排序有关，因此结果不唯一. 事实上向量组内任意两个向量都是一个极大无关组，并可以将其他向量线性表示.

例 4 设向量组 $\boldsymbol{\alpha}_1=(\lambda,1,1)^{\mathrm T}$，$\boldsymbol{\alpha}_2=(1,\lambda,1)^{\mathrm T}$，$\boldsymbol{\alpha}_3=(1,1,\lambda)^{\mathrm T}$，$\boldsymbol{\beta}=(1,1,1)^{\mathrm T}$，则 λ 为何值时，向量 $\boldsymbol{\beta}$ 可以被向量组 $\boldsymbol{\alpha}_1,\boldsymbol{\alpha}_2,\boldsymbol{\alpha}_3$ 线性表出，且表达式唯一，并给出线性表达式.

【解析】 讨论一个向量能否被一个向量组线性表示，通常要从向量组的线性组合的定义式出发，在已知向量组的具体解析式的情况下，可进一步转化为对应非齐次线性方程组解的讨论，在有解情况下，根据解的状态还可以进一步讨论表达式是否唯一的问题. 求解如下：

设一组数 k_1,k_2,k_3，使得 $k_1\boldsymbol{\alpha}_1+k_2\boldsymbol{\alpha}_2+k_3\boldsymbol{\alpha}_3=\boldsymbol{\beta}$，即方程组

$$\begin{cases}\lambda k_1+k_2+k_3=1,\\k_1+\lambda k_2+k_3=1,\\k_1+k_2+\lambda k_3=1,\end{cases}$$

下面讨论方程组解的状态及 $\boldsymbol{\beta}$ 与 $\boldsymbol{\alpha}_1,\boldsymbol{\alpha}_2,\boldsymbol{\alpha}_3$ 的组合关系.

法 1 从行列式入手，由

$$D=\begin{vmatrix}\lambda&1&1\\1&\lambda&1\\1&1&\lambda\end{vmatrix}=(\lambda-1)^2(\lambda+2)=0,$$

解得 $\lambda=1,\lambda=-2$. 知当 $\lambda\neq1$ 且 $\lambda\neq-2$ 时，向量 $\boldsymbol{\beta}$ 可以被向量组 $\boldsymbol{\alpha}_1,\boldsymbol{\alpha}_2,\boldsymbol{\alpha}_3$ 线性表出，且表达式唯一，又由

$$D_1=\begin{vmatrix}1&1&1\\1&\lambda&1\\1&1&\lambda\end{vmatrix}=(\lambda-1)^2,D_2=\begin{vmatrix}\lambda&1&1\\1&1&1\\1&1&\lambda\end{vmatrix}=(\lambda-1)^2,D_3=\begin{vmatrix}\lambda&1&1\\1&\lambda&1\\1&1&1\end{vmatrix}=(\lambda-1)^2,$$

解得 $k_1=k_2=k_3=\dfrac{(\lambda-1)^2}{(\lambda-1)^2(\lambda+2)}=\dfrac{1}{\lambda+2}$，从而有 $\boldsymbol{\beta}=\dfrac{1}{\lambda+2}(\boldsymbol{\alpha}_1+\boldsymbol{\alpha}_2+\boldsymbol{\alpha}_3)$.

法 2 从增广矩阵的初等行变换入手，由

$$\overline{\mathbf{A}}=\left(\begin{array}{ccc:c}\lambda&1&1&1\\1&\lambda&1&1\\1&1&\lambda&1\end{array}\right)\overset{r}{\sim}\left(\begin{array}{ccc:c}1&1&\lambda&1\\0&\lambda-1&1-\lambda&0\\0&0&(1-\lambda)(\lambda+2)&1-\lambda\end{array}\right),$$

知当 $\lambda\neq1$ 且 $\lambda\neq-2$ 时，$R(\overline{\mathbf{A}})=R(\mathbf{A})=3$，方程组有唯一解，即向量 $\boldsymbol{\beta}$ 可以被向量组 $\boldsymbol{\alpha}_1,\boldsymbol{\alpha}_2,\boldsymbol{\alpha}_3$ 线性表出，且表达式唯一，又由原方程组的同解方程组

$$\begin{cases}k_1+k_2+\lambda k_3=1,\\k_2-k_3=0,\\(\lambda+2)k_3=1,\end{cases}$$

解得 $k_1 = k_2 = k_3 = \dfrac{1}{\lambda+2}$，从而有 $\boldsymbol{\beta} = \dfrac{1}{\lambda+2}(\boldsymbol{\alpha}_1+\boldsymbol{\alpha}_2+\boldsymbol{\alpha}_3)$.

3. 秩与极大无关组

(1) 初等行变换法. 用初等行变换求极大线性无关组是最基本的方法，具体步骤为：

① 将向量组中的各向量作为矩阵的各列，记此矩阵为 $\boldsymbol{A}$.

② 对 $\boldsymbol{A}$ 施行初等行变换.

③ 将 $\boldsymbol{A}$ 化为阶梯形，在每个阶梯中取一列，矩阵 $\boldsymbol{A}$ 中对应列构成的向量组即为原向量组的最大线性无关组.

(2) 向量组中含向量个数最多的线性无关部分组就是最大线性无关组，最大线性无关组所含向量的个数即为向量组的秩.

例 5 已知向量组 $\boldsymbol{\alpha}_1=(1,-1,2)^{\mathrm{T}}$，$\boldsymbol{\alpha}_2=(1,a,2)^{\mathrm{T}}$，$\boldsymbol{\alpha}_3=(1,0,2)^{\mathrm{T}}$，则向量组 $\boldsymbol{\alpha}_1,\boldsymbol{\alpha}_2,\boldsymbol{\alpha}_3$ 的秩为(　　).

(A)1　　(B)2

(C)3　　(D) 与 a 的取值有关

【答案】 (B)

【解析】 向量组 $\boldsymbol{\alpha}_1,\boldsymbol{\alpha}_2,\boldsymbol{\alpha}_3$ 的秩即为向量 $\boldsymbol{\alpha}_1,\boldsymbol{\alpha}_2,\boldsymbol{\alpha}_3$ 组成的矩阵 $\boldsymbol{A}=(\boldsymbol{\alpha}_1,\boldsymbol{\alpha}_2,\boldsymbol{\alpha}_3)$ 的秩. 因此，向量组 $\boldsymbol{\alpha}_1,\boldsymbol{\alpha}_2,\boldsymbol{\alpha}_3$ 的秩可以由 $\boldsymbol{A}$ 的子式或初等变换来确定.

法 1 考查 $\boldsymbol{A}$ 的子式，由

$$|\boldsymbol{A}| = \begin{vmatrix} 1 & 1 & 1 \\ -1 & a & 0 \\ 2 & 2 & 2 \end{vmatrix} = 0 \text{ 及矩阵 } \boldsymbol{A} \text{ 中 2 阶子式 } \begin{vmatrix} 1 & 1 \\ -1 & 0 \end{vmatrix} \neq 0 \text{，知 } R(\boldsymbol{A})=2.$$

法 2 对 $\boldsymbol{A}$ 作初等行变换，有

$$\boldsymbol{A} = \begin{pmatrix} 1 & 1 & 1 \\ -1 & a & 0 \\ 2 & 2 & 2 \end{pmatrix} \sim \begin{pmatrix} 1 & 1 & 1 \\ 0 & a+1 & 1 \\ 0 & 0 & 0 \end{pmatrix},$$

知 $R(\boldsymbol{A})=2$，故本题应选择(B).

例 6 向量组 $\boldsymbol{\alpha}_1=(1,1,0)^{\mathrm{T}}$，$\boldsymbol{\alpha}_2=(1,0,-1)^{\mathrm{T}}$，$\boldsymbol{\alpha}_3=(0,1,1)^{\mathrm{T}}$ 的一个极大线性无关组是______.

【答案】 $\boldsymbol{\alpha}_1,\boldsymbol{\alpha}_2$

【解析】 将向量组组成矩阵，若以行(列)向量形式构造，则利用初等行(列)变换，化为行(列)阶梯形矩阵形式，其中非零行(列)所对应的向量构造的部分向量组即为极大无关组. 另外，在构造的向量组为方阵的情况下，可利用行列式和子式，在求秩的基础上给出极大无关组.

设

$$\boldsymbol{A} = (\boldsymbol{\alpha}_1,\boldsymbol{\alpha}_2,\boldsymbol{\alpha}_3)^{\mathrm{T}} = \begin{pmatrix} 1 & 1 & 0 \\ 1 & 0 & -1 \\ 0 & 1 & 1 \end{pmatrix}.$$

法 1 用初等行变换. 由

$$\boldsymbol{A} = \begin{pmatrix} 1 & 1 & 0 \\ 1 & 0 & -1 \\ 0 & 1 & 1 \end{pmatrix} \overset{r}{\sim} \begin{pmatrix} 1 & 1 & 0 \\ 0 & -1 & -1 \\ 0 & 0 & 0 \end{pmatrix},$$

知 $\boldsymbol{\alpha}_1,\boldsymbol{\alpha}_2$ 是向量组的一个极大线性无关组.

法 2　用行列式. 由

$$|\boldsymbol{A}| = \begin{vmatrix} 1 & 1 & 0 \\ 1 & 0 & -1 \\ 0 & 1 & 1 \end{vmatrix} = 0 \text{ 且} \begin{vmatrix} 1 & 1 \\ 1 & 0 \end{vmatrix} \neq 0,$$

知 $R(\boldsymbol{A}) = 2$,故 $\boldsymbol{\alpha}_1,\boldsymbol{\alpha}_2$ 是向量组的一个极大线性无关组.

【说明】　一个向量组的极大无关组不一定唯一,由 $R(\boldsymbol{A}) = 2$ 容易看到该向量组的极大无关组还可以是 $\boldsymbol{\alpha}_2,\boldsymbol{\alpha}_3$ 或 $\boldsymbol{\alpha}_1,\boldsymbol{\alpha}_3$.

4. 矩阵等价与向量组等价

设矩阵 $\boldsymbol{A} = (\boldsymbol{\alpha}_1,\boldsymbol{\alpha}_2,\cdots,\boldsymbol{\alpha}_s)$ 与 $\boldsymbol{B} = (\boldsymbol{\beta}_1,\boldsymbol{\beta}_2,\cdots,\boldsymbol{\beta}_s)$ 为同型矩阵,则矩阵 $\boldsymbol{A}$ 与 $\boldsymbol{B}$ 等价当且仅当 $R(\boldsymbol{A}) = R(\boldsymbol{B})$. 向量组等价是指这两个向量组可以互相线性表示.

当矩阵 $\boldsymbol{A}$ 与 $\boldsymbol{B}$ 等价时,向量组 $\boldsymbol{\alpha}_1,\boldsymbol{\alpha}_2,\cdots,\boldsymbol{\alpha}_s$ 与 $\boldsymbol{\beta}_1,\boldsymbol{\beta}_2,\cdots,\boldsymbol{\beta}_s$ 的秩相等,但不一定能互相线性表示,故两向量组不一定等价. 例如:$\boldsymbol{A} = \begin{pmatrix} 1 & 0 \\ 0 & 1 \\ 0 & 0 \end{pmatrix}$,$\boldsymbol{B} = \begin{pmatrix} 1 & 0 \\ 0 & 0 \\ 0 & 1 \end{pmatrix}$,由于 $R(\boldsymbol{A}) = R(\boldsymbol{B}) = 2$,故矩阵 $\boldsymbol{A}$ 与 $\boldsymbol{B}$ 等价,但 $\begin{pmatrix} 1 \\ 0 \\ 0 \end{pmatrix}$,$\begin{pmatrix} 0 \\ 1 \\ 0 \end{pmatrix}$ 与 $\begin{pmatrix} 1 \\ 0 \\ 0 \end{pmatrix}$,$\begin{pmatrix} 0 \\ 0 \\ 1 \end{pmatrix}$ 不能互相线性表示,故不等价.

当向量组 $\boldsymbol{\alpha}_1,\boldsymbol{\alpha}_2,\cdots,\boldsymbol{\alpha}_s$ 与 $\boldsymbol{\beta}_1,\boldsymbol{\beta}_2,\cdots,\boldsymbol{\beta}_s$ 等价时,一定有

$$R(\boldsymbol{\alpha}_1,\boldsymbol{\alpha}_2,\cdots,\boldsymbol{\alpha}_s) = R(\boldsymbol{\beta}_1,\boldsymbol{\beta}_2,\cdots,\boldsymbol{\beta}_s),$$

故 $R(\boldsymbol{A}) = R(\boldsymbol{B})$,因而 $\boldsymbol{A}$ 与 $\boldsymbol{B}$ 等价.

向量组与其最大线性无关组可互相线性表示,故向量组与其最大线性无关组等价.

例 7　证明向量组 $\boldsymbol{\alpha},\boldsymbol{\beta},\boldsymbol{\alpha}+\boldsymbol{\beta}$ 与 $\boldsymbol{\alpha},\boldsymbol{\beta}$ 等价.

【解析】　两向量组等价就是两向量组可以互相线性表示,因此,证明两向量组等价这是一个双向的证明过程,证明如下:

由于向量组 $\boldsymbol{\alpha},\boldsymbol{\beta}$ 是向量组 $\boldsymbol{\alpha},\boldsymbol{\beta},\boldsymbol{\alpha}+\boldsymbol{\beta}$ 的部分向量组,因此,$\boldsymbol{\alpha},\boldsymbol{\beta}$ 必能被向量组 $\boldsymbol{\alpha},\boldsymbol{\beta},\boldsymbol{\alpha}+\boldsymbol{\beta}$ 线性表示.

再证向量组 $\boldsymbol{\alpha},\boldsymbol{\beta},\boldsymbol{\alpha}+\boldsymbol{\beta}$ 可以被向量组 $\boldsymbol{\alpha},\boldsymbol{\beta}$ 线性表示. 由

$$\boldsymbol{\alpha} = 1\cdot\boldsymbol{\alpha}+0\cdot\boldsymbol{\beta},\boldsymbol{\beta} = 0\cdot\boldsymbol{\alpha}+1\cdot\boldsymbol{\beta},\boldsymbol{\alpha}+\boldsymbol{\beta} = 1\cdot\boldsymbol{\alpha}+1\cdot\boldsymbol{\beta},$$

知 $\boldsymbol{\alpha},\boldsymbol{\beta},\boldsymbol{\alpha}+\boldsymbol{\beta}$ 必能被向量组 $\boldsymbol{\alpha},\boldsymbol{\beta}$ 线性表示.

综上讨论,向量组 $\boldsymbol{\alpha},\boldsymbol{\beta},\boldsymbol{\alpha}+\boldsymbol{\beta}$ 与向量组 $\boldsymbol{\alpha},\boldsymbol{\beta}$ 可以互相表示,即相互等价.

例 8　已知列向量组 $\boldsymbol{\alpha}_1,\boldsymbol{\alpha}_2,\boldsymbol{\alpha}_3$ 线性无关,$\boldsymbol{\beta}_1 = -\boldsymbol{\alpha}_1+\boldsymbol{\alpha}_2$,$\boldsymbol{\beta}_2 = 2\boldsymbol{\alpha}_1+2\boldsymbol{\alpha}_3$,$\boldsymbol{\beta}_3 = 2\boldsymbol{\alpha}_2+t\boldsymbol{\alpha}_3$,记 $\boldsymbol{A} = (\boldsymbol{\alpha}_1,\boldsymbol{\alpha}_2,\boldsymbol{\alpha}_3)$,$\boldsymbol{B} = (\boldsymbol{\beta}_1,\boldsymbol{\beta}_2,\boldsymbol{\beta}_3)$.

(Ⅰ) 求矩阵 $\boldsymbol{C}$,使得 $\boldsymbol{B} = \boldsymbol{AC}$;

(Ⅱ) t 为何值时,$\boldsymbol{\beta}_1,\boldsymbol{\beta}_2,\boldsymbol{\beta}_3$ 也线性无关,此时 $\boldsymbol{\alpha}_1,\boldsymbol{\alpha}_2,\boldsymbol{\alpha}_3$ 与 $\boldsymbol{\beta}_1,\boldsymbol{\beta}_2,\boldsymbol{\beta}_3$ 是否等价.

【解析】　本题再次出现将两向量组的线性组合关系转换为由转换矩阵连接的两矩阵间的运算形式,也说明这种方法在解决两向量组线性关系问题上的重要性. 本题求解如下:

(Ⅰ) 依题设,$\boldsymbol{\beta}_1 = -\boldsymbol{\alpha}_1+\boldsymbol{\alpha}_2$,$\boldsymbol{\beta}_2 = 2\boldsymbol{\alpha}_1+2\boldsymbol{\alpha}_3$,$\boldsymbol{\beta}_3 = 2\boldsymbol{\alpha}_2+t\boldsymbol{\alpha}_3$,从而有

$$\boldsymbol{B} = (\boldsymbol{\beta}_1,\boldsymbol{\beta}_2,\boldsymbol{\beta}_3) = (\boldsymbol{\alpha}_1,\boldsymbol{\alpha}_2,\boldsymbol{\alpha}_3)\begin{pmatrix} -1 & 2 & 0 \\ 1 & 0 & 2 \\ 0 & 2 & t \end{pmatrix} = \boldsymbol{A}\begin{pmatrix} -1 & 2 & 0 \\ 1 & 0 & 2 \\ 0 & 2 & t \end{pmatrix},$$

得
$$C=\begin{pmatrix}-1&2&0\\1&0&2\\0&2&t\end{pmatrix}.$$

(Ⅱ)由$|C|=\begin{vmatrix}-1&2&0\\1&0&2\\0&2&t\end{vmatrix}=4-2t$,知$t\neq 2$时,矩阵$C$可逆,又向量组$\boldsymbol{\alpha}_1,\boldsymbol{\alpha}_2,\boldsymbol{\alpha}_3$线性无关,从而有$|A|\neq 0$,于是有$|B|=|AC|=|A||C|\neq 0$,即$\boldsymbol{\beta}_1,\boldsymbol{\beta}_2,\boldsymbol{\beta}_3$也线性无关.

因为矩阵C可逆,设$C^{-1}=(c_{ij})$,所以有
$$A=BC^{-1}=(c_{11}\boldsymbol{\beta}_1+c_{21}\boldsymbol{\beta}_2+c_{31}\boldsymbol{\beta}_3,c_{12}\boldsymbol{\beta}_1+c_{22}\boldsymbol{\beta}_2+c_{32}\boldsymbol{\beta}_3,c_{13}\boldsymbol{\beta}_1+c_{23}\boldsymbol{\beta}_2+c_{33}\boldsymbol{\beta}_3),$$
即向量组$\boldsymbol{\alpha}_1,\boldsymbol{\alpha}_2,\boldsymbol{\alpha}_3$也可以被向量组$\boldsymbol{\beta}_1,\boldsymbol{\beta}_2,\boldsymbol{\beta}_3$线性表示,此时$\boldsymbol{\alpha}_1,\boldsymbol{\alpha}_2,\boldsymbol{\alpha}_3$与$\boldsymbol{\beta}_1,\boldsymbol{\beta}_2,\boldsymbol{\beta}_3$等价.

5. 有关基础解系问题

一个向量组$\boldsymbol{\alpha}_1,\boldsymbol{\alpha}_2,\cdots,\boldsymbol{\alpha}_t$是方程组$A_{m\times n}x=0$的基础解系,需要满足以下三个条件:

(1)$\boldsymbol{\alpha}_1,\boldsymbol{\alpha}_2,\cdots,\boldsymbol{\alpha}_t$均是$A_{m\times n}x=0$的解;

(2)$\boldsymbol{\alpha}_1,\boldsymbol{\alpha}_2,\cdots,\boldsymbol{\alpha}_t$线性无关;

(3)方程组的任一解均可由$\boldsymbol{\alpha}_1,\boldsymbol{\alpha}_2,\cdots,\boldsymbol{\alpha}_t$线性表示,或满足$t=n-R(A)$.

例 9 设$Ax=b$为三元非齐次线性方程组,$R(A)=2$,且$\boldsymbol{\xi}_1=(1,2,-1)^{\mathrm T}$,$\boldsymbol{\xi}_2=(3,1,2)^{\mathrm T}$是方程组的两个特解,则该方程组的全部解为(　　).

(A)$C(\boldsymbol{\xi}_1-\boldsymbol{\xi}_2)+\dfrac{\boldsymbol{\xi}_1+\boldsymbol{\xi}_2}{2}$　　(B)$C(\boldsymbol{\xi}_1+\boldsymbol{\xi}_2)+\dfrac{\boldsymbol{\xi}_1-\boldsymbol{\xi}_2}{2}$

(C)$C(\boldsymbol{\xi}_1-\boldsymbol{\xi}_2)+\boldsymbol{\xi}_1+\boldsymbol{\xi}_2$　　(D)$C_1\boldsymbol{\xi}_1+C_2\boldsymbol{\xi}_2$

【答案】 (A)

【解析】 本题主要讨论非齐次线性方程组$Ax=b$解的结构.首先抓住系数矩阵的秩,构造通解表达式的第一个构件——导出组的基础解系及其线性组合.由$R(A)=2$可知,方程组的导出组$Ax=0$的基础解系由$3-2=1$个线性无关的解向量构成,可利用线性方程组解的性质,由$\boldsymbol{\xi}_1-\boldsymbol{\xi}_2$表示.通解表达式的另一个构件——原方程组的特解,可以用$\boldsymbol{\xi}_1$或$\boldsymbol{\xi}_2$或它们的线性组合$k_1\boldsymbol{\xi}_1+k_2\boldsymbol{\xi}_2$(其中$k_1+k_2=1$)表示.因此,判断选项(A)中的解的结构符合结论,故本题应选择(A).

例 10 设线性方程组
$$\begin{cases}x_1-5x_2+2x_3-3x_4=11,\\-3x_1+x_2-4x_3+2x_4=-5,\\-x_1-9x_2-4x_4=17,\\5x_1+3x_2+6x_3-x_4=-1.\end{cases}$$

(Ⅰ)给出导出组的一个基础解系;

(Ⅱ)求出该线性方程组的一个特解并给出其全部解.

【解析】 本题是一个典型的以数值计算为主的非齐次线性方程组求解的问题.由题易知,该方程组有无穷多解,这种情况下,虽然方程组的系数矩阵为方阵,但用行列式求解是无效的,因此,应以矩阵的初等行变换为主要手段.求解如下:

(Ⅰ)由
$$\overline{A}=\left(\begin{array}{cccc:c}1&-5&2&-3&11\\-3&1&-4&2&-5\\-1&-9&0&-4&17\\5&3&6&-1&-1\end{array}\right)\overset{r}{\sim}\left(\begin{array}{cccc:c}1&-5&2&-3&11\\0&-14&2&-7&28\\0&-14&2&-7&28\\0&28&-4&14&-56\end{array}\right)$$

$$\overset{r}{\sim}\left(\begin{array}{cccc:c}1 & 9 & 0 & 4 & -17\\ 0 & -7 & 1 & -3.5 & 14\\ 0 & 0 & 0 & 0 & 0\\ 0 & 0 & 0 & 0 & 0\end{array}\right)$$

知 $R(\overline{\mathbf{A}})=R(\mathbf{A})=2$,方程组有无穷多解,且其导出组的基础解系由两个线性无关解向量构成.方程组的同解方程组为

$$\begin{cases}x_1=-17-9x_2-4x_4,\\ x_3=14+7x_2+3.5x_4,\end{cases}$$

取自由未知量为 x_2,x_4,依次取值 1,0; 0,2 代入同解方程组的导出组,得导出组的一个基础解系

$$\boldsymbol{\xi}_1=(-9,1,7,0)^{\mathrm{T}},\boldsymbol{\xi}_2=(-8,0,7,2)^{\mathrm{T}}.$$

(Ⅱ)取 $x_2=x_4=0$ 代入同解方程组得该线性方程组的一个特解 $\boldsymbol{\xi}_0=(-17,0,14,0)^{\mathrm{T}}$.于是线性方程组的全部解可表示为:

$$c_1\boldsymbol{\xi}_1+c_2\boldsymbol{\xi}_2+\boldsymbol{\xi}_0=c_1(-9,1,7,0)^{\mathrm{T}}+c_2(-8,0,7,2)^{\mathrm{T}}+(-17,0,14,0)^{\mathrm{T}},$$

其中 c_1,c_2 为任意常数.

过关测试卷

得分______

一、选择题:1～8小题,每小题4分,共32分.下列每题给出的四个选项中,只有一个选项符合题目要求.

(1) 设 $\boldsymbol{\alpha}_1=\begin{pmatrix}1\\3\\-2\end{pmatrix},\boldsymbol{\alpha}_2=\begin{pmatrix}0\\1\\3\end{pmatrix},\boldsymbol{\alpha}_3=\begin{pmatrix}1\\-1\\t\end{pmatrix},\boldsymbol{\alpha}_4=\begin{pmatrix}-1\\1\\-2\end{pmatrix}$,若向量组 $\boldsymbol{\alpha}_1,\boldsymbol{\alpha}_2,\boldsymbol{\alpha}_3,\boldsymbol{\alpha}_4$ 线性相关,则 t 必为(　　).

(A)2　　(B)5

(C)-14　　(D) 任意实数

(2) 向量组 $\boldsymbol{\alpha}_1,\boldsymbol{\alpha}_2,\cdots,\boldsymbol{\alpha}_s\ (s\geqslant 2)$ 线性无关的充分条件是(　　).

(A) 存在一组数 $k_1=k_2=\cdots=k_s=0$,使得 $k_1\boldsymbol{\alpha}_1+k_2\boldsymbol{\alpha}_2+\cdots+k_s\boldsymbol{\alpha}_s=\mathbf{0}$ 成立

(B)$\boldsymbol{\alpha}_1,\boldsymbol{\alpha}_2,\cdots,\boldsymbol{\alpha}_s$ 中不含零向量

(C) 当 $k_1,k_2,\cdots,k_s$ 不全为零时,总有 $k_1\boldsymbol{\alpha}_1+k_2\boldsymbol{\alpha}_2+\cdots+k_s\boldsymbol{\alpha}_s\neq\mathbf{0}$

(D) 向量组 $\boldsymbol{\alpha}_1,\boldsymbol{\alpha}_2,\cdots,\boldsymbol{\alpha}_s$ 中向量两两线性无关

(3) 设 $\boldsymbol{\alpha}_1,\boldsymbol{\alpha}_2,\cdots,\boldsymbol{\alpha}_s,\boldsymbol{\beta}$ 为 n 维向量,则下列结论正确的是(　　).

(A) 若 $\boldsymbol{\beta}$ 不能被向量组 $\boldsymbol{\alpha}_1,\boldsymbol{\alpha}_2,\cdots,\boldsymbol{\alpha}_s$ 线性表示,则 $\boldsymbol{\alpha}_1,\boldsymbol{\alpha}_2,\cdots,\boldsymbol{\alpha}_s,\boldsymbol{\beta}$ 必线性无关

(B) 若向量组 $\boldsymbol{\alpha}_1,\boldsymbol{\alpha}_2,\cdots,\boldsymbol{\alpha}_s,\boldsymbol{\beta}$ 线性相关,则 $\boldsymbol{\beta}$ 可以被向量组 $\boldsymbol{\alpha}_1,\boldsymbol{\alpha}_2,\cdots,\boldsymbol{\alpha}_s$ 线性表示

(C) $\boldsymbol{\beta}$ 可以被向量组 $\boldsymbol{\alpha}_1,\boldsymbol{\alpha}_2,\cdots,\boldsymbol{\alpha}_s$ 的部分向量线性表示,则 $\boldsymbol{\beta}$ 可以被 $\boldsymbol{\alpha}_1,\boldsymbol{\alpha}_2,\cdots,\boldsymbol{\alpha}_s$ 线性表示

(D) $\boldsymbol{\beta}$ 可以被向量组 $\boldsymbol{\alpha}_1,\boldsymbol{\alpha}_2,\cdots,\boldsymbol{\alpha}_s$ 线性表示,则 $\boldsymbol{\beta}$ 可以被其任何一个部分向量组线性表示

(4) 设 n 维列向量组 $\boldsymbol{\alpha}_1,\boldsymbol{\alpha}_2,\cdots,\boldsymbol{\alpha}_r$ 与同维列向量组 $\boldsymbol{\beta}_1,\boldsymbol{\beta}_2,\cdots,\boldsymbol{\beta}_s$ 等价,则(　　).

(A)$r=s$

(B)$R(\boldsymbol{\alpha}_1,\boldsymbol{\alpha}_2,\cdots,\boldsymbol{\alpha}_r)=R(\boldsymbol{\beta}_1,\boldsymbol{\beta}_2,\cdots,\boldsymbol{\beta}_s)$

(C) 两向量组有相同的线性相关性

(D) 矩阵$(\boldsymbol{\alpha}_1,\boldsymbol{\alpha}_2,\cdots,\boldsymbol{\alpha}_r)$与$(\boldsymbol{\beta}_1,\boldsymbol{\beta}_2,\cdots,\boldsymbol{\beta}_s)$等价

(5) 已知向量组 $\boldsymbol{\alpha}_1=(1,1,0)^{\mathrm{T}},\boldsymbol{\alpha}_2=(1,k,0)^{\mathrm{T}},\boldsymbol{\alpha}_3=(1,0,2)^{\mathrm{T}}$ 线性无关,则 $k\neq$(　　).

(A)1　　(B)-1　　(C)2　　(D)-2

(6) 设 $\boldsymbol{A}=\begin{pmatrix}1&1&1&1\\2&0&2&0\\0&a&0&a\\1&-1&-1&1\end{pmatrix}$,则线性方程组 $\boldsymbol{Ax}=\mathbf{0}$ 的解空间的维数是(　　).

(A) 3　　(B) 2

(C) 1　　(D) 与常数 a 的取值有关

(7) 设 n 元线性方程组 $\boldsymbol{Ax}=\mathbf{0}$ 和 $\boldsymbol{Bx}=\mathbf{0}$,则 $R(\boldsymbol{A})=R(\boldsymbol{B})$ 是两线性方程组同解的(　　).

(A) 充分必要条件　　(B) 充分而非必要条件

(C) 必要而非充分条件　　(D) 既非必要也非充分条件

(8) 若非齐次线性方程组 $\boldsymbol{Ax}=\boldsymbol{b}$ 有两个互不相等的解 $\boldsymbol{\xi}_1,\boldsymbol{\xi}_2$,则方程组(　　).

(A)$\boldsymbol{Ax}=\boldsymbol{b}$ 必有无穷多解

(B)$\boldsymbol{Ax}=\boldsymbol{b}$ 的解不唯一,但未必有无穷多解

(C)$\boldsymbol{Ax}=\boldsymbol{0}$ 有一个基础解系 $\boldsymbol{\xi}_1,\boldsymbol{\xi}_2$

(D)$\boldsymbol{Ax}=\boldsymbol{0}$ 的基础解系至少由两个线性无关解向量组成

二、填空题:9 ~ 14 小题,每小题 4 分,共 24 分.

(9) 设三阶矩阵 $\boldsymbol{A}=\begin{pmatrix}1&2&-2\\2&1&2\\3&0&4\end{pmatrix}$,$\boldsymbol{\alpha}=(a,1,1)^{\mathrm{T}}$,已知 $\boldsymbol{A\alpha}$ 与 $\boldsymbol{\alpha}$ 线性相关,则 $a=$ ________.

(10) 设向量组 $\boldsymbol{\alpha}_1=(1,1,3,1)$,$\boldsymbol{\alpha}_2=(2,2,2,1)$,$\boldsymbol{\alpha}_3=(1,1,1,t)$,$\boldsymbol{A}$ 是以 $\boldsymbol{\alpha}_1,\boldsymbol{\alpha}_2,\boldsymbol{\alpha}_3$ 为行向量构成的矩阵,若 $\boldsymbol{A}$ 为行满秩矩阵,则 t ________.

(11) 设 $\boldsymbol{A}$ 为 n 阶矩阵,列向量组 $\boldsymbol{\alpha}_1,\boldsymbol{\alpha}_2,\cdots,\boldsymbol{\alpha}_n$ 线性无关,则 $\boldsymbol{A\alpha}_1,\boldsymbol{A\alpha}_2,\cdots,\boldsymbol{A\alpha}_n$ 线性无关的充分必要条件是________.

(12) 设 n 阶矩阵 $\boldsymbol{A}$ 的各行元素之和为零,且 $\boldsymbol{A}$ 的秩为 $n-1$,则线性方程组 $\boldsymbol{Ax}=\boldsymbol{0}$ 的通解为________.

(13) 已知 $\boldsymbol{\alpha}_1,\boldsymbol{\alpha}_2,\boldsymbol{\alpha}_3$ 是线性方程组 $\boldsymbol{Ax}=\boldsymbol{0}$ 的一个基础解系,若向量组 $\boldsymbol{\beta}_1=2\boldsymbol{\alpha}_2-\boldsymbol{\alpha}_3$,$\boldsymbol{\beta}_2=\boldsymbol{\alpha}_1-\boldsymbol{\alpha}_2+\boldsymbol{\alpha}_3$,$\boldsymbol{\beta}_3=\boldsymbol{\alpha}_1+t\boldsymbol{\alpha}_2$ 同为该方程组的一个基础解系,则 t ________.

(14) 若两个 n 元线性方程组 $\boldsymbol{Ax}=\boldsymbol{0}$ 和 $\boldsymbol{Bx}=\boldsymbol{0}$ 有非零公共解,则矩阵 $\begin{pmatrix}\boldsymbol{A}\\\boldsymbol{B}\end{pmatrix}$ 的秩应满足的条件是________.

三、解答题:15 ~ 23 小题,共 94 分.解答应写出文字说明、证明过程或演算步骤.

(15)(本题满分 10 分)

设向量组 $\boldsymbol{\alpha}_1=\begin{pmatrix}a_1\\a_2\\a_3\end{pmatrix}$,$\boldsymbol{\alpha}_2=\begin{pmatrix}b_1\\b_2\\b_3\end{pmatrix}$,$\boldsymbol{\alpha}_3=\begin{pmatrix}c_1\\c_2\\c_3\end{pmatrix}$,若三条直线

$$\begin{cases}a_1x+b_1y=c_1,\\a_2x+b_2y=c_2,\\a_3x+b_3y=c_3\end{cases}(a_i^2+b_i^2\neq 0,i=1,2,3)$$

相交于一点,则向量 $\boldsymbol{\alpha}_1,\boldsymbol{\alpha}_2,\boldsymbol{\alpha}_3$ 间应有什么样的线性关系?说明理由.

(16)(本题满分 10 分)

设 $\boldsymbol{\alpha}_1,\boldsymbol{\alpha}_2,\boldsymbol{\alpha}_3,\boldsymbol{\alpha}_4$ 为四维列向量组,矩阵 $\boldsymbol{A}=(\boldsymbol{\alpha}_1,\boldsymbol{\alpha}_2,\boldsymbol{\alpha}_3,\boldsymbol{\alpha}_4)$,若 $\boldsymbol{A}$ 经初等行变换化为

$$\boldsymbol{A}=(\boldsymbol{\alpha}_1,\boldsymbol{\alpha}_2,\boldsymbol{\alpha}_3,\boldsymbol{\alpha}_4)\overset{r}{\sim}\begin{pmatrix}1&-2&3&0\\0&3&-1&2\\0&0&0&3\\0&0&0&0\end{pmatrix},$$

试判断向量 $\boldsymbol{\alpha}_4$ 能否被向量组 $\boldsymbol{\alpha}_1,\boldsymbol{\alpha}_2,\boldsymbol{\alpha}_3$ 线性表示,说明理由.

(17)(本题满分 10 分)

已知列向量组 $\boldsymbol{\alpha}_1,\boldsymbol{\alpha}_2,\boldsymbol{\alpha}_3,\boldsymbol{\alpha}_4$ 是线性方程组 $\boldsymbol{Ax}=\boldsymbol{0}$ 的一个基础解系,若$\boldsymbol{\beta}_1=\boldsymbol{\alpha}_1+t\boldsymbol{\alpha}_2,\boldsymbol{\beta}_2=\boldsymbol{\alpha}_2+t\boldsymbol{\alpha}_3,\boldsymbol{\beta}_3=\boldsymbol{\alpha}_3+t\boldsymbol{\alpha}_4,\boldsymbol{\beta}_4=\boldsymbol{\alpha}_4+t\boldsymbol{\alpha}_1$,讨论 t 满足什么条件时,$\boldsymbol{\beta}_1,\boldsymbol{\beta}_2,\boldsymbol{\beta}_3,\boldsymbol{\beta}_4$ 也是方程组 $\boldsymbol{Ax}=\boldsymbol{0}$ 的一个基础解系.

(18)(本题满分 10 分)

设 $\boldsymbol{\alpha},\boldsymbol{\beta}$ 为 n 维非零列向量,且线性相关,$\boldsymbol{\alpha}^{\mathrm{T}}\boldsymbol{\alpha}=2$,若$(\boldsymbol{\alpha}\boldsymbol{\beta}^{\mathrm{T}})^2=2\boldsymbol{\beta}\boldsymbol{\alpha}^{\mathrm{T}}$,试具体给出两向量间的线性关系.

(19)(本题满分 10 分)

已知向量组$\boldsymbol{\alpha}_1=\begin{pmatrix}a_{11}\\a_{12}\\a_{13}\end{pmatrix},\boldsymbol{\alpha}_2=\begin{pmatrix}a_{21}\\a_{22}\\a_{23}\end{pmatrix},\boldsymbol{\alpha}_3=\begin{pmatrix}a_{31}\\a_{32}\\a_{33}\end{pmatrix}$线性无关,证明:对任意实数$a,b,c$,向量组$\boldsymbol{\beta}_1=\begin{pmatrix}a_{11}\\a_{12}\\a_{13}\\a\end{pmatrix},\boldsymbol{\beta}_2=\begin{pmatrix}a_{21}\\a_{22}\\a_{23}\\b\end{pmatrix},\boldsymbol{\beta}_3=\begin{pmatrix}a_{31}\\a_{32}\\a_{33}\\c\end{pmatrix}$也线性无关.

(20)(本题满分 11 分)

设向量组$\boldsymbol{\alpha}_1=(1,1,1,1)^{\mathrm{T}},\boldsymbol{\alpha}_2=(1,-1,2,3)^{\mathrm{T}},\boldsymbol{\alpha}_3=(1,1,4,9)^{\mathrm{T}},\boldsymbol{\alpha}_4=(1,-1,8,27)^{\mathrm{T}}$,证明:任意一个四维列向量均可以被该向量组线性表示,且表达式唯一.

(21)(本题满分 11 分)

设$\boldsymbol{\alpha}_i=(a_{i1},a_{i2},\cdots,a_{in})^{\mathrm{T}}(i=1,2,\cdots,s;s<n)$为$n$维列向量,且$\boldsymbol{\alpha}_1,\boldsymbol{\alpha}_2,\cdots,\boldsymbol{\alpha}_s$线性无关,已知$\boldsymbol{\beta}$是线性方程组

$$\begin{cases}a_{11}x_1+a_{12}x_2+\cdots+a_{1n}x_n=0,\\a_{21}x_1+a_{22}x_2+\cdots+a_{2n}x_4=0,\\\qquad\cdots\cdots\\a_{s1}x_1+a_{s2}x_2+\cdots+a_{sn}x_n=0\end{cases}$$

的非零解,试判断向量组$\boldsymbol{\alpha}_1,\boldsymbol{\alpha}_2,\cdots,\boldsymbol{\alpha}_s,\boldsymbol{\beta}$的线性相关性.

(22)(本题满分 11 分)

设 $\boldsymbol{A}$ 为三阶方阵,$\boldsymbol{A}^*$ 为其伴随矩阵,且 $\boldsymbol{A}^* = \begin{pmatrix} 1 & 2 & -2 \\ -1 & -2 & 2 \\ 3 & 6 & -6 \end{pmatrix}$,

(Ⅰ)试确定矩阵 $\boldsymbol{A}^*$ 和 $\boldsymbol{A}$ 的秩;

(Ⅱ)讨论线性方程组 $\boldsymbol{Ax} = \boldsymbol{0}$ 的基础解系由多少个线性无关解向量构成?并给出该方程组的通解.

(23)(本题满分 11 分)

设线性方程组

$$\begin{cases} x_1 + 2x_2 + x_3 - 3x_4 = 1, \\ 2x_1 + x_2 + x_3 + x_4 = 4 + \lambda, \\ x_1 + x_2 + 2x_3 + 2x_4 = 2, \\ 2x_1 + 3x_2 - 5x_3 - 17x_4 = 5. \end{cases}$$

(Ⅰ)λ 为何值时,方程组有解?

(Ⅱ)在有解的情况下,给出导出组的一个基础解系;

(Ⅲ)求出方程组的全部解.

第五章 相似矩阵及二次型

必考点预测

1. 矩阵特征值与特征向量

(1) 定义.

设 $\boldsymbol{A}$ 为 n 阶矩阵,若存在非零向量 $\boldsymbol{x}$,使得 $\boldsymbol{Ax}=\lambda\boldsymbol{x}$,则称 λ 为矩阵 $\boldsymbol{A}$ 的特征值,$\boldsymbol{x}$ 为 $\boldsymbol{A}$ 的对应特征值 λ 的特征向量.

存在非零向量 $\boldsymbol{x}$,使得 $\boldsymbol{Ax}=\lambda\boldsymbol{x}\Leftrightarrow$ 齐次方程组 $\boldsymbol{Ax}=\lambda\boldsymbol{x}$ 即 $(\lambda\boldsymbol{E}-\boldsymbol{A})\boldsymbol{x}=\boldsymbol{0}$ 有非零解

$$\Leftrightarrow|\lambda\boldsymbol{E}-\boldsymbol{A}|=0.$$

方程 $|\lambda\boldsymbol{E}-\boldsymbol{A}|=0$ 称为 $\boldsymbol{A}$ 的特征方程,多项式 $|\lambda\boldsymbol{E}-\boldsymbol{A}|$ 称为 $\boldsymbol{A}$ 的特征多项式.

矩阵 $\boldsymbol{A}$ 的特征值 λ 是特征方程 $|\lambda\boldsymbol{E}-\boldsymbol{A}|=0$ 的根,$\boldsymbol{A}$ 的对应特征值 λ 的特征向量是齐次方程组 $(\lambda\boldsymbol{E}-\boldsymbol{A})\boldsymbol{x}=\boldsymbol{0}$ 的非零解.

由定义可得如下结论:

① 若 n 阶矩阵 $\boldsymbol{A}$ 的各行元素之和均为 c,则 c 是 $\boldsymbol{A}$ 的一个特征值,$\boldsymbol{\alpha}=(1,1,\cdots,1)^{\mathrm{T}}$ 是 $\boldsymbol{A}$ 的对应 c 的一个特征向量.

② 设 $\boldsymbol{A}$ 为 n 阶矩阵,$\boldsymbol{\alpha}$ 是齐次方程组 $\boldsymbol{Ax}=\boldsymbol{0}$ 的非零解,则 $\boldsymbol{\alpha}$ 是 $\boldsymbol{A}$ 的对应于特征值 $\lambda=0$ 的特征向量.

(2) 性质.

① 矩阵的不同特征值对应的特征向量线性无关,特别地,实对称矩阵的不同特征值对应的特征向量正交.

② 设 n 阶矩阵 $\boldsymbol{A}$ 的特征值为 $\lambda_1,\lambda_2,\cdots,\lambda_n$,则特征值之和 $\sum\limits_{i=1}^{n}\lambda_i=\sum\limits_{i=1}^{n}a_{ii}=\mathrm{tr}(\boldsymbol{A})$(称为矩阵 $\boldsymbol{A}$ 的迹),特征值之积 $\prod\limits_{i=1}^{n}\lambda_i=|\boldsymbol{A}|$.

(3) 求法.

对于抽象矩阵,通常利用定义和性质求特征值和特征向量.

例 1 设 $\boldsymbol{A}=\begin{pmatrix}1&2&3\\x&y&z\\0&0&1\end{pmatrix}$,且 $\boldsymbol{A}$ 的特征值为 1,2,3. 则有(　　).

(A) $x=2,y=4,z=8$　　(B) $x=-1,y=4,z\in\mathbf{R}$

(C) $x=-2,y=2,z\in\mathbf{R}$　　(D) $x=-1,y=4,z=3$

【答案】 (B)

【解析】 利用矩阵与特征值的关系,即由 $|\boldsymbol{A}|=\lambda_1\lambda_2\cdots\lambda_n$,$\sum\limits_{i=1}^{n}a_{ii}=\sum\limits_{i=1}^{n}\lambda_i$(矩阵的迹)确定矩阵中待定常数,是常用的一种方法. 但当未知常数较多时,则应该采用更为一般的特征多项式 $|\lambda\boldsymbol{E}-\boldsymbol{A}|=$

$(\lambda-\lambda_1)(\lambda-\lambda_2)\cdots(\lambda-\lambda_n)$ 确定. 本题由于未知量较多,采用的是后一种方法,即由

$$|\lambda\boldsymbol{E}-\boldsymbol{A}|=\begin{vmatrix}\lambda-1 & -2 & -3\\ -x & \lambda-y & -z\\ 0 & 0 & \lambda-1\end{vmatrix}=(\lambda-\lambda_1)(\lambda-\lambda_2)(\lambda-\lambda_3),$$

即 $(\lambda-1)[\lambda^2-(1+y)\lambda+y-2x]=(\lambda-1)(\lambda-2)(\lambda-3)=(\lambda-1)(\lambda^2-5\lambda+6).$

比较系数知,$x=-1,y=4,z\in\mathbf{R}$, 故选择(B).

例 2 设 $\boldsymbol{A}=\begin{pmatrix}a & a & a\\ a & a & a\\ a & a & a\end{pmatrix}$,求 $\boldsymbol{A}$ 的特征值和全部特征向量.

【解析】 计算已知矩阵的特征值与特征向量的主要步骤是:首先由特征方程 $|\lambda\boldsymbol{E}-\boldsymbol{A}|=0$ 求出矩阵 $\boldsymbol{A}$ 的特征值 $\lambda_i(i=1,2,\cdots,n)$,然后,对于每个特征值 λ_i,求解齐次线性方程组 $(\lambda_i\boldsymbol{E}-\boldsymbol{A})\boldsymbol{x}=\boldsymbol{0}$,得基础解系,并用其线性组合表示对应特征值的全部特征向量,同时要注明组合系数是不同时为零的任意常数. 本题求解如下:

若 $a=0$,则 $\boldsymbol{A}$ 为零矩阵,其特征值为零(三重根),对应特征向量为任意一个线性无关的三维向量组 $\boldsymbol{\xi}_1,\boldsymbol{\xi}_2,\boldsymbol{\xi}_3$,$\boldsymbol{A}$ 的全部特征向量即为线性组合 $c_1\boldsymbol{\xi}_1+c_2\boldsymbol{\xi}_2+c_3\boldsymbol{\xi}_3$,其中 c_1,c_2,c_3 为不同时为零的任意常数.

若 $a\neq 0$,由

$$|\lambda\boldsymbol{E}-\boldsymbol{A}|=\begin{vmatrix}\lambda-a & -a & -a\\ -a & \lambda-a & -a\\ -a & -a & \lambda-a\end{vmatrix}=\lambda^2(\lambda-3a)=0,$$

解得特征值为 $\lambda=0$(二重),$\lambda=3a$.

当 $\lambda=3a$ 时,求解方程组 $(3a\boldsymbol{E}-\boldsymbol{A})\boldsymbol{x}=\boldsymbol{0}$,由其同解方程组

$$\begin{cases}2x_1-x_2-x_3=0,\\ x_1-2x_2+x_3=0,\end{cases}$$

得一个基础解系 $\boldsymbol{\xi}=(1,1,1)^{\mathrm{T}}$,因此,矩阵 $\boldsymbol{A}$ 对应于 $\lambda=3a$ 的全部特征向量为 $c\boldsymbol{\xi}$,c 为任意非零常数.

当 $\lambda=0$ 时,求解方程组 $(0\cdot\boldsymbol{E}-\boldsymbol{A})\boldsymbol{x}=-\boldsymbol{A}\boldsymbol{x}=\boldsymbol{0}$,由其同解方程 $x_1+x_2+x_3=0$,得一个基础解系 $\boldsymbol{\xi}_1=(-1,1,0)^{\mathrm{T}},\boldsymbol{\xi}_2=(-1,0,1)^{\mathrm{T}}$,因此,矩阵 $\boldsymbol{A}$ 对应于 $\lambda=0$ 的全部特征向量为 $c_1\boldsymbol{\xi}_1+c_2\boldsymbol{\xi}_2$,其中 c_1,c_2 为不同时为零的任意常数.

2. 相似矩阵

(1) 定义.

设 $\boldsymbol{A},\boldsymbol{B}$ 为 n 阶矩阵,若存在可逆矩阵 $\boldsymbol{P}$,使得 $\boldsymbol{P}^{-1}\boldsymbol{A}\boldsymbol{P}=\boldsymbol{B}$,则称矩阵 $\boldsymbol{A}$ 与 $\boldsymbol{B}$ 相似,并称 $\boldsymbol{P}$ 为将 $\boldsymbol{A}$ 化为 $\boldsymbol{B}$ 的相似变换矩阵.

由相似矩阵的定义可得如下重要结论:

① 矩阵 $\boldsymbol{A}$ 与 $\boldsymbol{B}$ 相似 $\Rightarrow$ 矩阵 $\boldsymbol{A}$ 与 $\boldsymbol{B}$ 的多项式 $f(\boldsymbol{A})$ 与 $f(\boldsymbol{B})$ 相似.

② 设 $\boldsymbol{P}=(\boldsymbol{\alpha}_1,\boldsymbol{\alpha}_2,\boldsymbol{\alpha}_3)$ 可逆或者三维列向量组 $\boldsymbol{\alpha}_1,\boldsymbol{\alpha}_2,\boldsymbol{\alpha}_3$ 线性无关,则

$$\begin{aligned}\boldsymbol{P}^{-1}\boldsymbol{A}\boldsymbol{P}=\boldsymbol{B}&\Leftrightarrow\boldsymbol{A}\boldsymbol{P}=\boldsymbol{P}\boldsymbol{B}\\ &\Leftrightarrow\boldsymbol{A}(\boldsymbol{\alpha}_1,\boldsymbol{\alpha}_2,\boldsymbol{\alpha}_3)=(\boldsymbol{A}\boldsymbol{\alpha}_1,\boldsymbol{A}\boldsymbol{\alpha}_2,\boldsymbol{A}\boldsymbol{\alpha}_3)=(\boldsymbol{\alpha}_1,\boldsymbol{\alpha}_2,\boldsymbol{\alpha}_3)\boldsymbol{B}\\ &\Leftrightarrow\boldsymbol{A}\boldsymbol{\alpha}_1,\boldsymbol{A}\boldsymbol{\alpha}_2,\boldsymbol{A}\boldsymbol{\alpha}_3\text{ 可由 }\boldsymbol{\alpha}_1,\boldsymbol{\alpha}_2,\boldsymbol{\alpha}_3\text{ 线性表示},\boldsymbol{B}\text{ 为系数矩阵.}\end{aligned}$$

(2) 性质.

若矩阵 $\boldsymbol{A}$ 与 $\boldsymbol{B}$ 相似，则

①$\boldsymbol{A}$ 与 $\boldsymbol{B}$ 有相同的特征多项式，从而有相同的特征值；

②$\boldsymbol{A}$ 与 $\boldsymbol{B}$ 有相同的行列式；

③$\boldsymbol{A}$ 与 $\boldsymbol{B}$ 有相同的秩；

④$\boldsymbol{A}$ 与 $\boldsymbol{B}$ 有相同的迹.

$\boldsymbol{P}^{-1}\boldsymbol{AP}=\boldsymbol{B}\Rightarrow$ 若 $\boldsymbol{\alpha}$ 是 $\boldsymbol{A}$ 的对应特征值 λ 的特征向量，则 $\boldsymbol{P}^{-1}\boldsymbol{\alpha}$ 是 $\boldsymbol{B}$ 的对应特征值 λ 的特征向量；若 $\boldsymbol{\alpha}$ 是 $\boldsymbol{B}$ 的对应特征值 λ 的特征向量，则 $\boldsymbol{P\alpha}$ 是 $\boldsymbol{A}$ 的对应特征值 λ 的特征向量.

例 3 矩阵 $\boldsymbol{A}=\begin{pmatrix}1&0&0\\0&1&0\\0&0&2\end{pmatrix}$ 与下列矩阵中相似的是(　　).

(A) $\begin{pmatrix}1&1&0\\0&2&1\\0&0&1\end{pmatrix}$　(B) $\begin{pmatrix}1&1&0\\0&1&0\\0&0&2\end{pmatrix}$　(C) $\begin{pmatrix}1&0&1\\0&1&0\\0&0&2\end{pmatrix}$　(D) $\begin{pmatrix}1&0&1\\0&2&1\\0&0&1\end{pmatrix}$

【答案】 (C)

【解析】 本题是要判别与对角矩阵相似的矩阵，虽然(A)，(B)，(C)，(D) 四个选项都与矩阵 $\boldsymbol{A}$ 有相同的特征值 1(二重)，但关键还要判断这些矩阵是否能对角化，而对角化的关键要看二重根 1 对应的齐次线性方程组 $(\boldsymbol{E}-\boldsymbol{A})\boldsymbol{x}=\boldsymbol{0}$ 的基础解系是否含两个线性无关解向量，即 $R(\boldsymbol{E}-\boldsymbol{A})$ 是否为 1，经计算，选项(A)，(B)，(C)，(D) 中的 $R(\boldsymbol{E}-\boldsymbol{A})$ 依次为 2，2，1，2，知仅选项(C) 满足题意，故本题应选择(C).

例 4 若矩阵 $\boldsymbol{A}=\begin{pmatrix}2&-2&0\\-2&1&-2\\0&-2&0\end{pmatrix}$ 与 $\boldsymbol{B}=\begin{pmatrix}-2&0&0\\0&1&0\\0&0&a\end{pmatrix}$ 相似，则 $a=$ ______.

【答案】 4

【解析】 本题考查的是相似矩阵的性质，即两矩阵相似，必有相同的特征值，并由此定常数. 注意到题中矩阵 $\boldsymbol{B}$ 为对角矩阵，其对角线元素 $-2,1,a$ 即为该矩阵的特征值. 也即矩阵 $\boldsymbol{A}$ 的特征值. 又根据矩阵的迹即矩阵特征值和的性质，有 $2+1+0=-2+1+a$，解得 $a=4$.

3. 矩阵相似对角化

(1) 矩阵相似对角化.

定理 1(充要条件) n 阶矩阵 $\boldsymbol{A}$ 可相似对角化的充要条件是 $\boldsymbol{A}$ 有 n 个线性无关的特征向量.

定理 2(充要条件) n 阶矩阵 $\boldsymbol{A}$ 可相似对角化的充要条件是 $\boldsymbol{A}$ 的每个重特征值对应的线性无关的特征向量的个数等于它的重数.

定理 3(充分条件) 若 n 阶矩阵 $\boldsymbol{A}$ 有 n 个不同的特征值，则 $\boldsymbol{A}$ 可相似对角化.

(2) 矩阵相似对角化的步骤.

① 求 $\boldsymbol{A}$ 的特征值 $\lambda_1,\lambda_2,\cdots,\lambda_n$；

② 对于 $\boldsymbol{A}$ 的每个特征值 λ_i，求出对应的线性无关的特征向量(齐次方程组 $(\lambda_i\boldsymbol{E}-\boldsymbol{A})\boldsymbol{x}=\boldsymbol{0}$ 的基础解系)；

③ 利用上一步求出的 $\boldsymbol{A}$ 的 n 个线性无关的特征向量 $\boldsymbol{p}_1,\boldsymbol{p}_2,\cdots,\boldsymbol{p}_n$，构造可逆矩阵 $\boldsymbol{P}=(\boldsymbol{p}_1,\boldsymbol{p}_2,\cdots,\boldsymbol{p}_n)$，则 $\boldsymbol{P}^{-1}\boldsymbol{AP}=\boldsymbol{\Lambda}=\begin{pmatrix}\lambda_1&&&\\&\lambda_2&&\\&&\ddots&\\&&&\lambda_n\end{pmatrix}$.

例 5 设 $A=\begin{pmatrix} a & b \\ c & d \end{pmatrix}$ 为实矩阵,在下列条件中:

①$|A|<0$,②$b=c$,③$a=d$,④$R(A)=1$,

能确定 A 可对角化的是( ).

(A)①,② (B)②,③ (C)③,④ (D)①,④

【答案】 (A)

【解析】 判断矩阵能否对角化有多个角度和条件,对 n 阶矩阵 A 而言,关键是看矩阵 A 是否有 n 个线性无关的特征向量,或对 A 的 k 重特征根 λ_k,是否有 $R(\lambda_k E-A)=n-k$. 另外,A 能够对角化的充分条件是 A 有 n 个互不相等的特征根或 A 为实对称矩阵. 本题具体分析如下:条件 ①$|A|<0$ 表明 A 的两个特征值异号,必不相等,因此,A 能对角化;条件 ②$b=c$ 表明 A 为实对称矩阵,也能对角化;条件 ③$a=d$ 和条件 ④$R(A)=1$,均不能说明 A 能对角化. 综上分析,选项(A) 正确.

例 6 求 $A=\begin{bmatrix} 4 & 6 & 0 \\ -3 & -5 & 0 \\ -3 & -6 & 1 \end{bmatrix}$ 的特征值、特征向量. 判断 A 能否相似对角化,若能对角化求出可逆矩阵 P,使得 $P^{-1}AP$ 为对角矩阵.

【解析】 本题是数值矩阵的对角化的问题,关键在于对矩阵的特征值和特征向量的计算,具体计算步骤如下:

由

$$|\lambda E-A|=\begin{vmatrix} \lambda-4 & -6 & 0 \\ 3 & \lambda+5 & 0 \\ 3 & 6 & \lambda-1 \end{vmatrix}=(\lambda-1)^2(\lambda+2)=0,$$

得特征值 $\lambda=1$(二重),$\lambda=-2$.

当 $\lambda=1$ 时,求解方程组 $(E-A)x=\mathbf{0}$,得同解方程组

$$x_1+2x_2=0,$$

解得 $\xi_1=(-2,1,0)^T$,$\xi_2=(0,0,1)^T$,因此,A 对应 $\lambda=1$ 的全部特征向量为 $c_1\xi_1+c_2\xi_2$,其中 c_1,c_2 为不同时为零的任意常数.

当 $\lambda=-2$ 时,求解方程组 $(-2E-A)x=\mathbf{0}$,得同解方程组

$$\begin{cases} x_1+x_2=0, \\ x_2-x_3=0, \end{cases}$$

解得 $\xi_3=(-1,1,1)^T$. 因此,A 对应 $\lambda=-2$ 的全部特征向量为 $c\xi_3$,其中 c 为非零常数.

由于矩阵有三个线性无关的特征向量,故必与对角矩阵相似. 这时取可逆矩阵

$$P=(\xi_1,\xi_2,\xi_3)=\begin{bmatrix} -2 & 0 & -1 \\ 1 & 0 & 1 \\ 0 & 1 & 1 \end{bmatrix},$$

使得 $P^{-1}AP$ 为对角矩阵.

4. 实对称矩阵的相似对角化

(1) 实对称矩阵的特征值与特征向量的性质.

① 实对称矩阵的特征值全为实数;

② 实对称矩阵的不同的特征值对应的特征向量是正交的.

(2) 实对称矩阵的相似对角化.

定理 设 $\boldsymbol{A}$ 为实对称矩阵，则存在正交矩阵 $\boldsymbol{Q}$，使得 $\boldsymbol{Q}^{-1}\boldsymbol{AQ}=\boldsymbol{Q}^{\mathrm{T}}\boldsymbol{AQ}=\boldsymbol{\Lambda}$ 为对角矩阵.

(3) 实对称矩阵的相似对角化的步骤.

① 求 $\boldsymbol{A}$ 的特征值 $\lambda_1,\lambda_2,\cdots,\lambda_n$；

② 对于 $\boldsymbol{A}$ 的每个特征值 λ_i，求出对应的线性无关的特征向量(齐次方程组 $(\lambda_i\boldsymbol{E}-\boldsymbol{A})\boldsymbol{x}=\boldsymbol{0}$ 的基础解系)，并正交化、单位化；

③ 利用上一步求出的 $\boldsymbol{A}$ 的 n 个正交、单位特征向量 $\boldsymbol{p}_1,\boldsymbol{p}_2,\cdots,\boldsymbol{p}_n$，构造正交矩阵 $\boldsymbol{Q}=(\boldsymbol{p}_1,\boldsymbol{p}_2,\cdots,\boldsymbol{p}_n)$，则 $\boldsymbol{Q}^{-1}\boldsymbol{AQ}=\boldsymbol{\Lambda}=\begin{pmatrix}\lambda_1 & & & \\ & \lambda_2 & & \\ & & \ddots & \\ & & & \lambda_n\end{pmatrix}$.

例 7 设 $\boldsymbol{\alpha}=(1,0,3,2)^{\mathrm{T}}$，$\boldsymbol{\beta}=(a,3,-2,1)^{\mathrm{T}}$ 为实对称矩阵 $\boldsymbol{A}$ 的两个不同特征值对应的特征向量，则 $a=$ ______.

【答案】 4

【解析】 实对称矩阵在相似矩阵和二次型问题中是经常会接触的重要矩阵，具有许多特殊性质. 其中一个性质是，实对称矩阵的不同特征值对应的特征向量一定是正交的. 因此，根据这个性质，实对称矩阵 $\boldsymbol{A}$ 的两个不同特征值对应的两个特征向量 $\boldsymbol{\alpha}=(1,0,3,2)^{\mathrm{T}}$，$\boldsymbol{\beta}=(a,3,-2,1)^{\mathrm{T}}$ 一定是正交的，即有

$$\boldsymbol{\alpha}^{\mathrm{T}}\boldsymbol{\beta}=1\times a+0\times 3+3\times(-2)+2\times 1=a-4=0,$$

得 $a=4$.

例 8 设三阶实对称矩阵 $\boldsymbol{A}$ 的各行元素之和均为 3，向量 $\boldsymbol{\alpha}_1=(-1,2,-1)^{\mathrm{T}}$，$\boldsymbol{\alpha}_2=(0,-1,1)^{\mathrm{T}}$ 是方程组 $\boldsymbol{Ax}=\boldsymbol{0}$ 的两个解.

(Ⅰ) 求 $\boldsymbol{A}$ 的特征值和对应的特征向量；

(Ⅱ) 求正交矩阵 $\boldsymbol{Q}$ 和对角矩阵 $\boldsymbol{\Lambda}$，使得 $\boldsymbol{Q}^{\mathrm{T}}\boldsymbol{AQ}=\boldsymbol{\Lambda}$.

【解析】 在实对称矩阵的对角化讨论中，重点是如何构造一个正交矩阵 $\boldsymbol{Q}$，使得 $\boldsymbol{Q}^{\mathrm{T}}\boldsymbol{AQ}$ 为对角矩阵. 其中有个正交化的问题. 本题求解如下：

(Ⅰ) 由题设，$\boldsymbol{A\alpha}_1=0\boldsymbol{\alpha}_1$，$\boldsymbol{A\alpha}_2=0\boldsymbol{\alpha}_2$，知 $\boldsymbol{\alpha}_1=(-1,2,-1)^{\mathrm{T}}$，$\boldsymbol{\alpha}_2=(0,-1,1)^{\mathrm{T}}$ 是 $\boldsymbol{A}$ 的属于特征值 0 的两个特征向量. 故属于特征值 0 的全体特征向量为 $k_1\boldsymbol{\alpha}_1+k_2\boldsymbol{\alpha}_2$，$k_1,k_2$ 为不全为零的任意常数.

又

$$\boldsymbol{A}\begin{pmatrix}1\\1\\1\end{pmatrix}=3\begin{pmatrix}1\\1\\1\end{pmatrix},$$

知 $\boldsymbol{\alpha}_3=(1,1,1)^{\mathrm{T}}$ 是 $\boldsymbol{A}$ 的属于特征值 3 的特征向量. 故属于特征值 3 的全体特征向量为

$$k_3\boldsymbol{\alpha}_3,\ k_3 \text{ 为任意非零常数.}$$

(Ⅱ) 将 $\boldsymbol{\alpha}_1,\boldsymbol{\alpha}_2$ 正交化，

$$\text{令 } \boldsymbol{\beta}_1=\boldsymbol{\alpha}_1,\ \boldsymbol{\beta}_2=\boldsymbol{\alpha}_2-\frac{[\boldsymbol{\alpha}_2,\boldsymbol{\beta}_1]}{[\boldsymbol{\beta}_1,\boldsymbol{\beta}_1]}\boldsymbol{\beta}_1=\begin{pmatrix}0\\-1\\1\end{pmatrix}-\left(\frac{-3}{6}\right)\begin{pmatrix}-1\\2\\-1\end{pmatrix}=\begin{pmatrix}-1/2\\0\\1/2\end{pmatrix},\ \boldsymbol{\beta}_3=\boldsymbol{\alpha}_3.$$

再单位化

$\gamma_1=\dfrac{\beta_1}{|\beta_1|}=\dfrac{1}{\sqrt{6}}(-1,2,-1)^T,\gamma_2=\dfrac{\beta_2}{|\beta_2|}=\dfrac{1}{\sqrt{2}}(-1,0,1)^T,\gamma_3=\dfrac{\beta_3}{|\beta_3|}=\dfrac{1}{\sqrt{3}}(1,1,1)^T$,

取

$$Q=\begin{pmatrix}-\dfrac{1}{\sqrt{6}} & -\dfrac{1}{\sqrt{2}} & \dfrac{1}{\sqrt{3}}\\ \dfrac{2}{\sqrt{6}} & 0 & \dfrac{1}{\sqrt{3}}\\ -\dfrac{1}{\sqrt{6}} & \dfrac{1}{\sqrt{2}} & \dfrac{1}{\sqrt{3}}\end{pmatrix},\Lambda=\begin{pmatrix}0&0&0\\0&0&0\\0&0&3\end{pmatrix},$$

于是有 $Q^TAQ=\Lambda$.

5. 利用相似对角化求矩阵和矩阵的幂

若 $P^{-1}AP=\Lambda$ 为对角阵,则 $A=P\Lambda P^{-1},A^n=P\Lambda^nP^{-1}$.

例 9 设 A 为三阶矩阵,$\alpha_1,\alpha_2,\alpha_3$ 为线性无关的三维列向量,且满足 $A\alpha_1=\dfrac{1}{2}\alpha_1+\dfrac{2}{3}\alpha_2+\alpha_3$,$A\alpha_2=\dfrac{2}{3}\alpha_2+\dfrac{1}{2}\alpha_3,A\alpha_3=-\dfrac{1}{6}\alpha_3$,求:

(Ⅰ) 矩阵 B,使得 $A(\alpha_1,\alpha_2,\alpha_3)=(\alpha_1,\alpha_2,\alpha_3)B$;

(Ⅱ) 证明 A 与 B 相似;

(Ⅲ) A 的特征值并计算 $\lim\limits_{n\to\infty}A^n$.

【解析】 本题重点考查的是矩阵相似的概念和矩阵的对角化及其应用.而求解的关键是由向量组之间的线性组合关系找到两个矩阵之间的转换矩阵,并借助矩阵的相似性解决特征值的计算和对角化的问题.求解如下:

(Ⅰ) 由题设,

$$(A\alpha_1,A\alpha_2,A\alpha_3)=A(\alpha_1,\alpha_2,\alpha_3)=(\alpha_1,\alpha_2,\alpha_3)\begin{pmatrix}1/2&0&0\\2/3&2/3&0\\1&1/2&-1/6\end{pmatrix},$$

因此,$B=\begin{pmatrix}1/2&0&0\\2/3&2/3&0\\1&1/2&-1/6\end{pmatrix}$.

(Ⅱ) 记 $P=(\alpha_1,\alpha_2,\alpha_3)$,由于 $\alpha_1,\alpha_2,\alpha_3$ 线性无关,所以 P 可逆,从而有 $A=PBP^{-1}$,知 A 与 B 相似.

(Ⅲ) 由(Ⅱ)知,A 与 B 相似,从而知 A 与 B 有相同的特征值.由于 B 为三角矩阵,故其特征值即对角线的元素 $\dfrac{1}{2},\dfrac{2}{3},-\dfrac{1}{6}$,也即 A 的特征值为 $\dfrac{1}{2},\dfrac{2}{3},-\dfrac{1}{6}$.

因为 A 的特征值均为单根,故必与对角矩阵 $\Lambda=\begin{pmatrix}1/2&0&0\\0&2/3&0\\0&0&-1/6\end{pmatrix}$ 相似,于是,存在可逆矩阵 Q,使得 $A=Q\Lambda Q^{-1}$,从而有

$$A^n=\underbrace{Q\Lambda(Q^{-1}Q)\Lambda(Q^{-1}Q)\cdots(Q^{-1}Q)\Lambda Q^{-1}}_{n\text{个}Q\Lambda Q^{-1}}=Q\Lambda^nQ^{-1},$$

$$\lim_{n\to\infty} \boldsymbol{A}^n = \lim_{n\to\infty} \boldsymbol{Q\Lambda}^n\boldsymbol{Q}^{-1} = \lim_{n\to\infty} \boldsymbol{Q}\begin{pmatrix} (1/2)^n & & \\ & (2/3)^n & \\ & & (-1/6)^n \end{pmatrix}\boldsymbol{Q}^{-1} = \boldsymbol{O}.$$

6. 二次型的概念和性质问题

由于二次型与它的实对称矩阵之间是一一对应的，所以二次型的许多基本问题都可以转化为它的实对称矩阵对应的问题. 例如：求二次型的秩和正、负惯性指数，分别可以转化为求二次型所对应的实对称矩阵的秩和正、负特征值的个数.

例 10　二次型 $f(x_1,x_2,x_3)=\boldsymbol{x}^{\mathrm{T}}\begin{pmatrix} 1 & 0 & 2 \\ -2 & -3 & 2 \\ 0 & -8 & 0 \end{pmatrix}\boldsymbol{x}$ 的秩为（　　）.

(A)0　　(B)1　　(C)2　　(D)3

【答案】（C）

【解析】　讨论二次型问题，首先要确定二次型矩阵. 题中虽然提供了二次型的矩阵形式，但式中的矩阵非对称，所以不是规范形式. 调整的方法是，一种是将二次型重新展开为二次多项式形式，再构造二次型矩阵. 如将二元二次型 $f(x_1,x_2)$ 重新展开，

$$f=\begin{pmatrix} x_1 \\ x_2 \end{pmatrix}\begin{pmatrix} a_{11} & a_{12} \\ a_{21} & a_{22} \end{pmatrix}(x_1,x_2)=a_{11}x_1^2-(a_{12}+a_{21})x_1x_2+a_{22}x_2^2,$$

即得二次型矩阵 $\begin{pmatrix} a_{11} & \dfrac{a_{12}+a_{21}}{2} \\ \dfrac{a_{12}+a_{21}}{2} & a_{22} \end{pmatrix}$. 另一种是，省去上一种方法的推导过程，以主对角线为对称线，将对称线两侧对称点上的两元素用两元素和的平均值置换，直接得到二次型的矩阵. 本题采用第二种方法求解，从现有的矩阵 $\begin{pmatrix} 1 & 0 & 2 \\ -2 & -3 & 2 \\ 0 & -8 & 0 \end{pmatrix}$ 出发，经调整得到该二次型的矩阵 $\boldsymbol{A}=\begin{pmatrix} 1 & -1 & 1 \\ -1 & -3 & -3 \\ 1 & -3 & 0 \end{pmatrix}$.

二次型的秩即为二次型矩阵的秩，于是，对 $\boldsymbol{A}$ 作初等行变换，

$$\boldsymbol{A}=\begin{pmatrix} 1 & -1 & 1 \\ -1 & -3 & -3 \\ 1 & -3 & 0 \end{pmatrix}\overset{r}{\sim}\begin{pmatrix} 1 & -1 & 1 \\ 0 & -2 & -1 \\ 0 & 0 & 0 \end{pmatrix},$$

知 $R(\boldsymbol{A})=2$，即二次型的秩为 2，故本题应选择(C).

例 11　已知 n 阶对称矩阵

$$\boldsymbol{A}=\begin{pmatrix} 1 & \frac{1}{2} & \cdots & \frac{1}{2} \\ \frac{1}{2} & 1 & \cdots & \frac{1}{2} \\ \vdots & \vdots & & \vdots \\ \frac{1}{2} & \frac{1}{2} & \cdots & 1 \end{pmatrix}.$$

则 $\boldsymbol{A}$ 对应的 n 元二次型为________.

【答案】 $f(x_1,x_2,\cdots,x_n)=\sum_{i=1}^{n}x_i^2+\sum_{1\leqslant i<j\leqslant n}x_ix_j$

【解析】 给定一个二次型,则一定对应一个唯一的实对称的二次型矩阵,反过来,任意一个实对称矩阵也必对应一个唯一的二次型,两者之间是一一对应关系.本题所要做的就是后一种转换.有下面两种展开方法:

法 1 根据二次型矩阵的元素与二次型展开式中系数之间的关系直接给出.即二次项 x_i^2 的系数为 $a_{ii}(i=1,2,\cdots,n)$,乘积 x_ix_j 的系数为 $a_{ij}+a_{ji}$,从而得到矩阵对应的二次型展开式

$$f(x_1,x_2,\cdots,x_n)=\sum_{i=1}^{n}x_i^2+\sum_{1\leqslant i<j\leqslant n}x_ix_j.$$

法 2 由二次型矩阵形式运算生成,即

$$f=\boldsymbol{x}^{\mathrm{T}}\boldsymbol{A}\boldsymbol{x}=(x_1,x_2,\cdots,x_n)\begin{pmatrix}1&1/2&\cdots&1/2\\1/2&1&\cdots&1/2\\\vdots&\vdots&&\vdots\\1/2&1/2&\cdots&1\end{pmatrix}\begin{pmatrix}x_1\\x_2\\\vdots\\x_n\end{pmatrix}=\sum_{i=1}^{n}x_i^2+\sum_{1\leqslant i<j\leqslant n}x_ix_j.$$

7. 将二次型化为标准形

(1) 正交变换法.具体步骤为:

① 写出二次型所对应的矩阵 $\boldsymbol{A}$.

② 求出 $\boldsymbol{A}$ 的特征值 $\lambda_1,\lambda_2,\cdots,\lambda_n$ 及所对应的特征向量 $\boldsymbol{\zeta}_1,\boldsymbol{\zeta}_2,\cdots,\boldsymbol{\zeta}_n$.

③ 若特征方程有重根,用施密特正交化方法将重根的特征向量正交化.

④ 把所有的特征向量单位化为 $\boldsymbol{\gamma}_1,\boldsymbol{\gamma}_2,\cdots,\boldsymbol{\gamma}_n$.

⑤ 以 $\boldsymbol{\gamma}_1,\boldsymbol{\gamma}_2,\cdots,\boldsymbol{\gamma}_n$ 为列构造正交矩阵 $\boldsymbol{Q}=(\boldsymbol{\gamma}_1,\boldsymbol{\gamma}_2,\cdots,\boldsymbol{\gamma}_n)$.

⑥ 令 $\boldsymbol{x}=\boldsymbol{Q}\boldsymbol{y}$,则 $\boldsymbol{x}^{\mathrm{T}}\boldsymbol{A}\boldsymbol{x}=\lambda_1y_1^2+\lambda_2y_2^2+\cdots+\lambda_ny_n^2$.

(2) 配方法.具体步骤为:

① 若二次型中至少有一个平方项,不妨设 $a_{11}\neq0$,则对所有含 x_1 的项配方,继续下去,直到配完含 x_n 的项.平方项里面的项依次引进新变量替换,则

$$\boldsymbol{x}^{\mathrm{T}}\boldsymbol{A}\boldsymbol{x}=d_1y_1^2+d_2y_2^2+\cdots+d_ny_n^2.$$

② 若二次型中不含平方项,只有混合项,不妨设 $a_{12}\neq0$,则可令

$$\begin{cases}x_1=y_1+y_2,\\x_2=y_1-y_2,\\x_3=y_3,\\\cdots\cdots\\x_n=y_n,\end{cases}$$

经此变换后,二次型中出现 $a_{12}y_1^2-a_{12}y_2^2$,按步骤(1) 实行配方.

例 12 设二次型 $f(x_1,x_2,x_3)=x_1^2+2x_2^2+ax_3^2-4x_1x_2-4x_2x_3$ 经正交变换化为标准形 $f=2y_1^2+5y_2^2+by_3^2$,则( ).

(A)$a=3,b=1$ (B)$a=3,b=-1$

(C)$a=-3,b=1$ (D)$a=-3,b=-1$

【答案】 (B)

【解析】 在正交变换下的二次型的标准形中,其平方项前系数恰好是二次型矩阵的特征值,根据

这个特性,可以根据这些系数来讨论二次型矩阵的特征,根据题中提供的正交变换化二次型的标准形 $f = 2y_1^2 + 5y_2^2 + by_3^2$,可知该二次型矩阵的特征值为 $2,5,b$,又二次型矩阵为 $\boldsymbol{A} = \begin{pmatrix} 1 & -2 & 0 \\ -2 & 2 & -2 \\ 0 & -2 & a \end{pmatrix}$,根据矩阵的行列式、迹与特征值的关系可得方程组:

$$\begin{cases} 1+2+a = 2+5+b, \\ -2a-4 = 10b, \end{cases}$$

解得 $a = 3, b = -1$,故本题应选择(B).

例 13 利用正交变换 $\boldsymbol{x} = \boldsymbol{Q}\boldsymbol{y}$,把二次型 $f(x_1,x_2,x_3) = x_1^2 + x_2^2 + 2x_3^2 + 2x_1x_2$ 化为标准形.

【解析】 用正交变换法化二次型为标准形,这是一个计算已程序化的过程,首先要给定二次型矩阵;再进一步计算出矩阵的特征值与特征向量;然后将特征向量正交化单位化构建正交变换矩阵;最后给出正交变换和变换下的二次型的标准形. 其中难点是在出现重特征值的情况下,可能要利用施密特正交化方法,将特征向量正交化. 解题如下:

二次型矩阵为 $\boldsymbol{A} = \begin{pmatrix} 1 & 1 & 0 \\ 1 & 1 & 0 \\ 0 & 0 & 2 \end{pmatrix}$,由

$$|\lambda \boldsymbol{E} - \boldsymbol{A}| = \begin{vmatrix} \lambda-1 & -1 & 0 \\ -1 & \lambda-1 & 0 \\ 0 & 0 & \lambda-2 \end{vmatrix} = \lambda(\lambda-2)^2 = 0,$$

解得 $\lambda = 0, 2$(二重).

当 $\lambda = 0$ 时,解齐次方程组 $(0 \cdot \boldsymbol{E} - \boldsymbol{A})\boldsymbol{x} = \boldsymbol{0}$,得特征向量 $\boldsymbol{\xi}_1 = (1,-1,0)^{\mathrm{T}}$.

当 $\lambda = 2$ 时,解齐次方程组 $(2 \cdot \boldsymbol{E} - \boldsymbol{A})\boldsymbol{x} = \boldsymbol{0}$,由同解方程 $x_1 - x_2 = 0$,得特征向量 $\boldsymbol{\xi}_2 = (1,1,0)^{\mathrm{T}}$,$\boldsymbol{\xi}_3 = (0,0,1)^{\mathrm{T}}$.

由于 $\boldsymbol{\xi}_1, \boldsymbol{\xi}_2, \boldsymbol{\xi}_3$ 已两两正交,只需单位化,取

$$\boldsymbol{\eta}_1 = \left(\frac{\sqrt{2}}{2}, -\frac{\sqrt{2}}{2}, 0\right)^{\mathrm{T}}, \boldsymbol{\eta}_2 = \left(\frac{\sqrt{2}}{2}, \frac{\sqrt{2}}{2}, 0\right)^{\mathrm{T}}, \boldsymbol{\eta}_3 = (0,0,1)^{\mathrm{T}},$$

并令

$$\boldsymbol{Q} = \begin{pmatrix} \frac{\sqrt{2}}{2} & \frac{\sqrt{2}}{2} & 0 \\ -\frac{\sqrt{2}}{2} & \frac{\sqrt{2}}{2} & 0 \\ 0 & 0 & 1 \end{pmatrix},$$

因此,在正交变换 $\boldsymbol{x} = \boldsymbol{Q}\boldsymbol{y}$ 下,二次型的标准形为 $f = 2y_2^2 + 2y_3^2$.

8. 判别或证明实二次型(或实对称矩阵)的正定性

二次型 $f = \boldsymbol{x}^{\mathrm{T}}\boldsymbol{A}\boldsymbol{x}$ 正定 $\Leftrightarrow$ 对任意 $\boldsymbol{x} \neq \boldsymbol{0}$,恒有 $\boldsymbol{x}^{\mathrm{T}}\boldsymbol{A}\boldsymbol{x} > 0 \Leftrightarrow \boldsymbol{A}$ 的特征值全大于 $0 \Leftrightarrow \boldsymbol{A}$ 的所有顺序主子式全大于 $0 \Leftrightarrow f$ 的正惯性指数等于 n($\boldsymbol{x}$ 的维数).

对于具体的 f 或实对称矩阵 $\boldsymbol{A}$,利用充要条件"$\boldsymbol{A}$ 的所有顺序主子式全大于 0"判定其正定性通常较为方便;对于抽象问题,则通常用定义法或其他充要条件判定其正定性.

【说明】 正定矩阵必须是实对称矩阵,若不是实对称矩阵,根本谈不上正定性,因此论证之前一定要先验证矩阵 $\boldsymbol{A}$ 是否为实对称矩阵.

例 14 下列矩阵为正定矩阵的是( ).

(A) $\begin{pmatrix}1&0&0\\2&1&0\\2&2&3\end{pmatrix}$　　(B) $\begin{pmatrix}6&2&1\\2&0&5\\1&5&2\end{pmatrix}$

(C) $\begin{pmatrix}1&-1&0\\-1&2&0\\0&0&3\end{pmatrix}$　　(D) $\begin{pmatrix}4&3&2\\3&4&1\\2&1&-1\end{pmatrix}$

【答案】 (C)

【解析】 对一个具体矩阵的正定性判别,往往侧重于矩阵自身的结构特征,如本题给出的都是具体的数值矩阵,一般可以根据正定矩阵的性质,尤其是构造正定矩阵的必要条件进行,这些必要条件是:正定矩阵必须是对称矩阵,正定矩阵的主对角线元素必须为正,正定矩阵必须是可逆矩阵,对应行列式必须为正等.因此,由对称性可排除选项(A),由主对角线元素必须为正可排除选项(B),(D),于是本题应选择(C).

例 15 判定二次型 $f(x_1,x_2,x_3)=x_1^2+2x_2^2+4x_3^2-2x_1x_2+4x_1x_3+6x_2x_3$ 的正定性.

【解析】 判断二次型及二次型矩阵正定性一般有五种方法:由定义判断,特征值法,顺序主子式法,正惯性指数法,合同矩阵法.就本题而言,二次型和二次型矩阵均为数值形式,因此,可采用三种方法,具体求解如下:

二次型矩阵为 $\boldsymbol{A}=\begin{pmatrix}1&-1&2\\-1&2&3\\2&3&4\end{pmatrix}$.

法 1 顺序主子式法.

由 $|\boldsymbol{A}_1|=1>0$, $|\boldsymbol{A}_2|=\begin{vmatrix}1&-1\\-1&2\end{vmatrix}=1>0$, $|\boldsymbol{A}_3|=\begin{vmatrix}1&-1&2\\-1&2&3\\2&3&4\end{vmatrix}=-25<0$,

知该二次型非正定.

法 2 特征值法.

由 $|\boldsymbol{A}|=\lambda_1\lambda_2\lambda_3=\begin{vmatrix}1&-1&2\\-1&2&3\\2&3&4\end{vmatrix}=-25<0$,

知该二次型矩阵中至少有一个负值,故该二次型非正定.

法 3 正惯性指数法.用配方法化二次型为标准形.

$$\begin{aligned}f(x_1,x_2,x_3)&=x_1^2-2x_1(x_2-2x_3)+(x_2-2x_3)^2-(x_2-2x_3)^2+2x_2^2+4x_3^2+6x_2x_3\\&=(x_1-x_2+2x_3)^2+x_2^2+10x_2x_3+25x_3^2-25x_3^2\\&=(x_1-x_2+2x_3)^2+(x_2+5x_3)^2-25x_3^2.\end{aligned}$$

知二次型的正惯性指数为 2,小于 3,因此,该二次型非正定.

【说明】 用特征值法判断二次型矩阵的正定性,并不一定要求出矩阵的所有特征值,只要依条件,如由矩阵的迹(即矩阵对角线元素的和)和矩阵的行列式的符号,只要能确定特征值的符号,即可作出判断.

9. 讨论矩阵的等价、相似与合同的关系

(1)$\boldsymbol{A}$ 与 $\boldsymbol{B}$ 等价$\Leftrightarrow \boldsymbol{A} \xrightarrow{\text{初等变换}} \boldsymbol{B}$

$\Leftrightarrow$ 存在可逆矩阵 $\boldsymbol{P},\boldsymbol{Q}$,使得 $\boldsymbol{PAQ}=\boldsymbol{B}$

$\Leftrightarrow \boldsymbol{A}$ 与 $\boldsymbol{B}$ 是同阶矩阵,且 $R(\boldsymbol{A})=R(\boldsymbol{B})$.

(2)$\boldsymbol{A}$ 与 $\boldsymbol{B}$ 相似$\Leftrightarrow$ 存在可逆矩阵 $\boldsymbol{P}$,使得 $\boldsymbol{P}^{-1}\boldsymbol{AP}=\boldsymbol{B}$.

(3)$\boldsymbol{A}$ 与 $\boldsymbol{B}$ 合同$\Leftrightarrow$ 存在可逆矩阵 $\boldsymbol{C}$,使得 $\boldsymbol{C}^{\mathrm{T}}\boldsymbol{AC}=\boldsymbol{B}$

$\Leftrightarrow \boldsymbol{x}^{\mathrm{T}}\boldsymbol{Ax}$ 与 $\boldsymbol{x}^{\mathrm{T}}\boldsymbol{Bx}$ 有相同的正、负惯性指数.

实对称矩阵 $\boldsymbol{A}$ 与 $\boldsymbol{B}$ 相似 $\Rightarrow \boldsymbol{A}$ 与 $\boldsymbol{B}$ 合同.

例 16 设 $\boldsymbol{A}=\begin{pmatrix}1&2\\2&1\end{pmatrix}$,则在实数域上与 $\boldsymbol{A}$ 合同的矩阵为( ).

(A)$\begin{pmatrix}-2&1\\1&-2\end{pmatrix}$　　(B)$\begin{pmatrix}2&-1\\-1&2\end{pmatrix}$

(C)$\begin{pmatrix}2&1\\1&2\end{pmatrix}$　　(D)$\begin{pmatrix}1&-2\\-2&1\end{pmatrix}$

【答案】 (D)

【解析】 矩阵合同的概念是伴随二次型的线性变换产生的,这种变换下两个合同矩阵内在的本质特征是其对称性相同,正负惯性指数相同,秩相同. 这些本质特征大都反映在两矩阵的特征值取值符号的一致性.

因此,依题设,$|\boldsymbol{A}|=\begin{vmatrix}1&2\\2&1\end{vmatrix}=-3<0$,又 $|\boldsymbol{A}|=\lambda_1\lambda_2$,知二阶矩阵 $\boldsymbol{A}$ 的两个特征值的符号特征是一正一负. 据此,容易看到,矩阵$\begin{pmatrix}1&-2\\-2&1\end{pmatrix}$同为对称矩阵,且$\begin{vmatrix}1&-2\\-2&1\end{vmatrix}=-3<0$,即与 $\boldsymbol{A}$ 的两个特征值的符号特征一致,所以可以判定矩阵$\begin{pmatrix}1&-2\\-2&1\end{pmatrix}$与 $\boldsymbol{A}$ 合同. 故本题选择(D).

例 17 证明:矩阵 $\boldsymbol{A}=\begin{pmatrix}1&-1&1\\-1&1&-1\\1&-1&1\end{pmatrix}$ 与 $\boldsymbol{B}=\begin{pmatrix}3/2&3/2&0\\3/2&3/2&0\\0&0&0\end{pmatrix}$ 相似且合同.

【解析】 除等价关系外,矩阵之间还有两个重要关系,即矩阵的相似关系和合同关系,相似关系的关键是,存在同阶可逆矩阵 $\boldsymbol{P}$,使得 $\boldsymbol{A}=\boldsymbol{P}^{-1}\boldsymbol{BP}$;合同关系的关键是,存在同阶可逆矩阵 $\boldsymbol{C}$,使得 $\boldsymbol{A}=\boldsymbol{C}^{\mathrm{T}}\boldsymbol{BC}$,一般情况下,$\boldsymbol{P}^{-1}\neq\boldsymbol{P}^{\mathrm{T}}$,因此,两矩阵相似与两矩阵合同之间没有因果关系,但本题讨论的对象均为实对称矩阵,在正交变换下,变换矩阵为正交矩阵 $\boldsymbol{Q}$,且满足 $\boldsymbol{Q}^{-1}=\boldsymbol{Q}^{\mathrm{T}}$,两者可以通过特征值和正交矩阵相互联系起来. 为此,首先应求出各自矩阵的特征值,证明如下:

由
$$|\lambda\boldsymbol{E}-\boldsymbol{A}|=\begin{vmatrix}\lambda-1&1&-1\\1&\lambda-1&1\\-1&1&\lambda-1\end{vmatrix}=\lambda^2(\lambda-3)=0,$$

解得 $\boldsymbol{A}$ 的特征值为 $\lambda=0$(二重)和 $\lambda=3$. 类似的,由

$$|\lambda\boldsymbol{E}-\boldsymbol{B}|=\begin{vmatrix}\lambda-3/2&-3/2&0\\-3/2&\lambda-3/2&0\\0&0&\lambda\end{vmatrix}=\lambda^2(\lambda-3)=0,$$

解得 $\boldsymbol{B}$ 的特征值为 $\lambda=0$(二重)和 $\lambda=3$,知两矩阵有相同特征值.

因为 $\boldsymbol{A},\boldsymbol{B}$ 同为实对称矩阵，又有相同的特征值，因此，它们均相似于由特征值 0,0,3 构造的同一个对角矩阵 $\boldsymbol{\Lambda}$. 即存在正交矩阵(也即可逆矩阵)$\boldsymbol{Q}_1,\boldsymbol{Q}_2$，使得 $\boldsymbol{Q}_1^{-1}\boldsymbol{A}\boldsymbol{Q}_1=\boldsymbol{Q}_2^{-1}\boldsymbol{B}\boldsymbol{Q}_2=\boldsymbol{\Lambda}$，由于 $\boldsymbol{Q}_1,\boldsymbol{Q}_2$ 为正交矩阵，因此 $\boldsymbol{Q}_2\boldsymbol{Q}_1^{-1}$ 仍为正交矩阵，记为 $\boldsymbol{P}=\boldsymbol{Q}_2\boldsymbol{Q}_1^{-1}$，则有 $\boldsymbol{A}=\boldsymbol{P}^{-1}\boldsymbol{B}\boldsymbol{P}$，即证矩阵 $\boldsymbol{A}$ 和 $\boldsymbol{B}$ 相似，又因 $\boldsymbol{P}=\boldsymbol{Q}_2\boldsymbol{Q}_1^{-1}$ 为正交矩阵，满足 $\boldsymbol{P}^{-1}=\boldsymbol{P}^{\mathrm{T}}$，所以同时有等式 $\boldsymbol{A}=\boldsymbol{P}^{\mathrm{T}}\boldsymbol{B}\boldsymbol{P}$，即证 $\boldsymbol{A}$ 和 $\boldsymbol{B}$ 合同.

【说明】 以上解析说明，对于两个实对称矩阵来说，若有相同的特征值，则两者一定相似且合同，这其中的连接点就是正交矩阵，因此，在处理这类问题时，要把握住这个要点.

过关测试卷

得分______

一、选择题:1～8小题,每小题4分,共32分.下列每题给出的四个选项中,只有一个选项符合题目要求.

(1) 设A是三阶方阵,满足$|3A+2E|=0$,$|A-E|=0$,$|3E-2A|=0$,则$|A|=$(　　).

(A)2　　(B)1　　(C)-1　　(D)-2

(2) 已知n阶矩阵A合同于对角矩阵Λ,Λ的对角线元素为$\lambda_1,\lambda_2,\cdots,\lambda_n$,则(　　).

(A)$|A|=\lambda_1\lambda_2\cdots\lambda_n$　　(B)A为对称矩阵

(C)$R(A)=n$　　(D)A为正定矩阵

(3) 二次型$f(x_1,x_2,x_3)=x_1^2+x_2^2+x_3^2-4x_1x_2$的正惯性指数是(　　).

(A)0　　(B)1　　(C)2　　(D)3

(4) 设A是n阶方阵,λ_1和λ_2是A的两个不同的特征值,x_1与x_2是分别属于λ_1和λ_2的特征向量,则(　　).

(A)x_1+x_2一定不是A的特征向量

(B)x_1+x_2一定是A的特征向量

(C)不能确定x_1+x_2是否为A的特征向量

(D)x_1与x_2正交

(5) 设$A=\begin{pmatrix}1&-3&3\\3&-5&3\\6&-6&4\end{pmatrix}$,则在下列向量中是$A$的对应于特征值$\lambda=-2$的特征向量的是(　　).

(A)$\begin{pmatrix}-1\\0\\1\end{pmatrix}$　　(B)$\begin{pmatrix}1\\-1\\0\end{pmatrix}$　　(C)$\begin{pmatrix}1\\0\\2\end{pmatrix}$　　(D)$\begin{pmatrix}1\\1\\2\end{pmatrix}$

(6) 设A为三阶实对称矩阵,若矩阵A满足$A^3+2A^2-3A=O$,则二次型$x^{\mathrm T}Ax$经正交变换可化为标准形(　　).

(A)$y_1^2+2y_2^2-3y_3^2$　　(B)$-3y_1^2+y_2^2$　　(C)$3y_1^2-y_2^2$　　(D)$3y_1^2-2y_2^2-y_3^2$

(7) 设A为n阶矩阵,下列结论正确的是(　　).

(A)A可逆的充分必要条件是其所有特征值非零

(B)A的秩等于非零特征值的个数

(C)A和$A^{\mathrm T}$有相同的特征值和相同的特征向量

(D)若A与同阶矩阵B有相同特征值,则两矩阵必相似

(8) 设A,B为n阶正定矩阵,下列各矩阵中不是正定矩阵的是(　　).

(A)AB　　(B)$A+B$

(C)$A^{-1}+B^{-1}$　　(D)$3A+2B$

二、填空题:9～14小题,每小题4分,共24分.

(9) 二次型$f(x_1,x_2,x_3)=x^{\mathrm T}\begin{pmatrix}1&3&5\\2&4&6\\7&8&5\end{pmatrix}x$的矩阵是________.

(10) 若矩阵 $\boldsymbol{A}=\begin{pmatrix}2 & 1 & -1\\ -2 & 3 & -1\\ 3 & -2 & x\end{pmatrix}$ 有一个特征值为零,则 $x=$________.

(11) 设二次型 $f(x_1,x_2,x_3)=\boldsymbol{x}^{\mathrm{T}}\boldsymbol{A}\boldsymbol{x}$ 的秩为 1,$\boldsymbol{A}$ 中各行元素之和为 3,则 f 在正交变换 $\boldsymbol{x}=\boldsymbol{Q}\boldsymbol{y}$ 下的标准形为________.

(12) 若实对称矩阵 $\boldsymbol{A}$ 与矩阵 $\boldsymbol{B}=\begin{pmatrix}0 & 0 & 0\\ 0 & 2 & 1\\ 0 & 1 & 2\end{pmatrix}$ 合同,则二次型 $\boldsymbol{x}^{\mathrm{T}}\boldsymbol{A}\boldsymbol{x}$ 的规范形为________.

(13) 对称矩阵 $\begin{pmatrix}1 & a\\ a & 2\end{pmatrix}$ 为正定矩阵的充分必要条件是________.

(14) 若 $f(x_1,x_2,x_3)=2x_1^2+x_2^2+x_3^2+2x_1x_2-tx_2x_3$ 是正定二次型,则 t 的取值范围是________.

三、解答题:15 ～ 23 小题,共 94 分.解答应写出文字说明、证明过程或演算步骤.

(15)(本题满分 10 分)

设二次型 $f(x_1,x_2,x_3)=x_1^2-x_2^2+2ax_1x_3+4x_2x_3$ 的负惯性指数为 1,给出常数 a 的取值范围.

(16)(本题满分 10 分)

设 $\boldsymbol{A}$ 为四阶实对称矩阵,且 $\boldsymbol{A}^2+\boldsymbol{A}=\boldsymbol{O}$. 若 $\boldsymbol{A}$ 的秩为 3,求在正交变换下二次型 $f(x_1,x_2,\cdots,x_n)=\boldsymbol{x}^{\mathrm{T}}\boldsymbol{A}\boldsymbol{x}$ 的标准形.

(17)(本题满分10分)

设矩阵 $\boldsymbol{A}=\begin{pmatrix}0&0&1\\x&-1&y\\1&0&0\end{pmatrix}$ 有三个线性无关的特征向量,求满足条件的 x,y.

(18)(本题满分10分)

设矩阵 $\boldsymbol{A}=\begin{bmatrix}2&-1&2\\5&-3&3\\-1&0&-2\end{bmatrix}$,$\boldsymbol{\alpha}=(1,k,-1)^{\mathrm{T}}$ 是 $\boldsymbol{A}$ 的伴随矩阵 $\boldsymbol{A}^*$ 的一个特征向量,求满足条件的常数 k.

(19)(本题满分10分)

设 $\boldsymbol{A}$ 为 n 阶矩阵,证明二次型 $f(x_1,x_2,\cdots,x_n)=\boldsymbol{x}^{\mathrm{T}}\boldsymbol{A}^{\mathrm{T}}\boldsymbol{A}\boldsymbol{x}$ 正定的充要条件是 $R(\boldsymbol{A})=n$.

(20)(本题满分 11 分)

设三阶矩阵 $\boldsymbol{A}$ 满足 $\boldsymbol{A}\boldsymbol{\alpha}_i = i\boldsymbol{\alpha}_i (i=1,2,3)$，其中 $\boldsymbol{\alpha}_1 = (1,2,2)^{\mathrm{T}}$，$\boldsymbol{\alpha}_2 = (2,-2,1)^{\mathrm{T}}$，$\boldsymbol{\alpha}_3 = (-2,-1,2)^{\mathrm{T}}$，求矩阵 $\boldsymbol{A}$.

(21)(本题满分 11 分)

用配方法将二次型 $f(x_1,x_2,x_3)=x_1^2-3x_3^2-2x_1x_2-2x_1x_3-6x_2x_3$ 化为规范形，并写出变换矩阵.

(22)(本题满分 11 分)

设 $\boldsymbol{A}=\begin{pmatrix}1&0&1\\0&2&0\\1&0&1\end{pmatrix}$,$\boldsymbol{B}=k\boldsymbol{E}-\boldsymbol{A}$,问 k 取何值时,$\boldsymbol{B}$ 为正定矩阵.

(23)(本题满分 11 分)

设 $\boldsymbol{A}$ 为 n 阶正定矩阵,证明:

(Ⅰ)$\boldsymbol{A}^{-1}$ 仍为正定矩阵;

(Ⅱ)$|\boldsymbol{A}+\boldsymbol{E}|>1$.

第六章 线性空间与线性变换

编者按：按照本科教学大纲，参加校期末考试的读者，要求掌握本章全部内容. 按照考研大纲，数学一要求掌握本章全部内容，数学二、数学三不要求掌握本章内容. 期末测试卷同样按上述原则命题，不再重复注明.

必考点预测

例 1 若向量组 $\boldsymbol{\alpha}_1=(1,2,3,3)^{\mathrm{T}}, \boldsymbol{\alpha}_2=(0,1,2,2)^{\mathrm{T}}, \boldsymbol{\alpha}_3=(3,2,1,k)^{\mathrm{T}}$ 生成的向量空间的维数是2，则 $k=$ ________.

【答案】 1

【解析】 向量空间的维数实际上就是向量空间的基即极大无关组的向量个数，也就是向量空间的"秩"的概念. 依题设，向量组 $\boldsymbol{\alpha}_1=(1,2,3,3)^{\mathrm{T}}, \boldsymbol{\alpha}_2=(0,1,2,2)^{\mathrm{T}}, \boldsymbol{\alpha}_3=(3,2,1,k)^{\mathrm{T}}$ 生成的向量空间也即该向量组的极大无关组生成的向量空间，向量空间的维数也即向量组的秩. 因此，本题就是要在已知该向量组的秩的情况下定常数，求解如下：设 $\boldsymbol{A}$ 是以 $\boldsymbol{\alpha}_1, \boldsymbol{\alpha}_2, \boldsymbol{\alpha}_3$ 为行向量组构成的 3×4 矩阵，对 $\boldsymbol{A}$ 作初等行变换，化为行阶梯形矩阵，有

$$\boldsymbol{A}=\begin{pmatrix}1&2&3&3\\0&1&2&2\\3&2&1&k\end{pmatrix}\overset{r}{\sim}\begin{pmatrix}1&2&3&3\\0&1&2&2\\0&0&0&k-1\end{pmatrix},$$

由 $R(\boldsymbol{A})=2$，知 $k=1$.

例 2 从 $\mathbf{R}^2$ 的基 $\boldsymbol{\alpha}_1=(1,0)^{\mathrm{T}}, \boldsymbol{\alpha}_2=(1,-1)^{\mathrm{T}}$ 到基 $\boldsymbol{\beta}_1=(1,1)^{\mathrm{T}}, \boldsymbol{\beta}_2=(1,3)^{\mathrm{T}}$ 的过渡矩阵是 ________.

【答案】 $\begin{pmatrix}2&4\\-1&-3\end{pmatrix}$

【解析】 向量空间的基即构造向量空间的一个极大无关组，一般地，一个向量组的极大无关组不一定唯一，但它们相互之间是可以线性表示的，类似地，向量空间的基不唯一，但它们相互之间是可以线性表示的，正如在许多题目中看到的，它们相互之间的线性表达式可表示为矩阵形式：

$$(\boldsymbol{\beta}_1,\boldsymbol{\beta}_1,\cdots,\boldsymbol{\beta}_n)=(\boldsymbol{\alpha}_1,\boldsymbol{\alpha}_2,\cdots,\boldsymbol{\alpha}_n)\boldsymbol{P}$$

其中的转换矩阵就称为从基 $\boldsymbol{\alpha}_1,\boldsymbol{\alpha}_2,\cdots,\boldsymbol{\alpha}_n$ 到基 $\boldsymbol{\beta}_1,\boldsymbol{\beta}_2,\cdots,\boldsymbol{\beta}_n$ 的过渡矩阵 $\boldsymbol{P}$. 本题要求从基 $\boldsymbol{\alpha}_1=(1,0)^{\mathrm{T}}, \boldsymbol{\alpha}_2=(1,-1)^{\mathrm{T}}$ 到基 $\boldsymbol{\beta}_1=(1,1)^{\mathrm{T}}, \boldsymbol{\beta}_2=(1,3)^{\mathrm{T}}$ 的过渡矩阵，即求矩阵 $\boldsymbol{P}$，使得

$$(\boldsymbol{\beta}_1,\boldsymbol{\beta}_2)=(\boldsymbol{\alpha}_1,\boldsymbol{\alpha}_2)\boldsymbol{P},$$

从而解得

$$\boldsymbol{P}=(\boldsymbol{\alpha}_1,\boldsymbol{\alpha}_2)^{-1}(\boldsymbol{\beta}_1,\boldsymbol{\beta}_2)=\begin{pmatrix}1&1\\0&-1\end{pmatrix}^{-1}\begin{pmatrix}1&1\\1&3\end{pmatrix}=\begin{pmatrix}1&1\\0&-1\end{pmatrix}\begin{pmatrix}1&1\\1&3\end{pmatrix}=\begin{pmatrix}2&4\\-1&-3\end{pmatrix}.$$

例 3 已知三维向量空间的一个基为 $\boldsymbol{\alpha}_1=(1,1,0)^{\mathrm{T}}, \boldsymbol{\alpha}_2=(1,0,1)^{\mathrm{T}}, \boldsymbol{\alpha}_3=(0,1,1)^{\mathrm{T}}$，则向量

$\boldsymbol{\beta}=(2,1,0)^{\mathrm{T}}$ 在这个基下的坐标是________.

【答案】 $\left(\frac{3}{2},\frac{1}{2},-\frac{1}{2}\right)^{\mathrm{T}}$

【解析】 本题主要考查向量空间的基和基下坐标的概念.向量空间的基相当于向量空间的一个极大无关组,基下坐标就是向量被极大无关组线性表示的组合系数.即求解向量方程

$$\boldsymbol{\beta}=x_1\boldsymbol{\alpha}_1+x_2\boldsymbol{\alpha}_2+x_3\boldsymbol{\alpha}_3.$$

法1 设定未知数并求解方程组 $x_1\boldsymbol{\alpha}_1+x_2\boldsymbol{\alpha}_2+x_3\boldsymbol{\alpha}_3=\boldsymbol{\beta}$,即

$$\begin{cases}x_1+x_2=2,\\x_1+x_3=1,\\x_2+x_3=0,\end{cases}$$

解得 $x_1=\frac{3}{2},x_2=\frac{1}{2},x_3=-\frac{1}{2}$,因此向量 $\boldsymbol{\beta}=(2,1,0)^{\mathrm{T}}$ 在这个基下的坐标为$\left(\frac{3}{2},\frac{1}{2},-\frac{1}{2}\right)^{\mathrm{T}}$.

法2 由坐标变换公式计算.设 $\boldsymbol{e}_1=(1,0,0)^{\mathrm{T}},\boldsymbol{e}_2=(0,1,0)^{\mathrm{T}},\boldsymbol{e}_3=(0,0,1)^{\mathrm{T}}$,则由 $\boldsymbol{e}_1,\boldsymbol{e}_2,\boldsymbol{e}_3$ 到 $\boldsymbol{\alpha}_1,\boldsymbol{\alpha}_2,\boldsymbol{\alpha}_3$ 的基变换为

$$(\boldsymbol{\alpha}_1,\boldsymbol{\alpha}_2,\boldsymbol{\alpha}_3)=(\boldsymbol{e}_1,\boldsymbol{e}_2,\boldsymbol{e}_3)\begin{pmatrix}1&1&0\\1&0&1\\0&1&1\end{pmatrix},$$

$\boldsymbol{\beta}$ 在基 $\boldsymbol{e}_1,\boldsymbol{e}_2,\boldsymbol{e}_3$ 下的坐标为$(2,1,0)^{\mathrm{T}}$,于是在基 $\boldsymbol{\alpha}_1,\boldsymbol{\alpha}_2,\boldsymbol{\alpha}_3$ 下的坐标为

$$\begin{pmatrix}x_1\\x_2\\x_3\end{pmatrix}=\begin{pmatrix}1&1&0\\1&0&1\\0&1&1\end{pmatrix}^{-1}\begin{pmatrix}2\\1\\0\end{pmatrix}=\begin{pmatrix}\frac{3}{2}\\\frac{1}{2}\\\frac{-1}{2}\end{pmatrix}.$$

过关测试卷

得分______

一、选择题:1～8小题,每小题4分,共32分.下列每题给出的四个选项中,只有一个选项符合题目要求.

(1) 设 $\boldsymbol{A}$ 为 n 阶矩阵,运算为矩阵的加法和数量乘法,下列集合:① 满足矩阵方程 $\boldsymbol{AX}=0$ 的所有 n 阶矩阵;② 与矩阵 $\boldsymbol{A}$ 可交换的全体矩阵;③ 与矩阵 $\boldsymbol{A}$ 等价的全体矩阵;④ 若 $\boldsymbol{A}$ 为正定矩阵,与矩阵 $\boldsymbol{A}$ 合同的全体矩阵.其中能构成实数域上的线性空间的个数为(　　).

(A)1　　(B)2　　(C)3　　(D)4

(2) 下列集合中不能构成实数域上的线性空间的是(　　).

(A) 定义在区间 $[a,b]$ 上函数值总为非负数的全体函数

(B) 定义在区间 $[a,b]$ 上的全体函数

(C) 定义在正整数集上的全体函数即无穷数列的全体

(D) 定义在 $(-\infty,+\infty)$ 上的全体偶函数

(3) 下列集合中能构成实数域上的线性空间的是(　　).

(A) 定义在区间 $[a,b]$ 上单调函数的全体

(B) 定义在区间 $[a,b]$ 上单调增函数的全体

(C) 定义在区间 $[a,b]$ 上单调减函数的全体

(D) 定义在区间 $[a,b]$ 上可积函数的全体

(4) 下列集合中不能构成实数域上的线性空间的是(　　).

(A) 由所有 n 阶三角矩阵构造的全体

(B) 由所有 n 阶下三角矩阵构造的全体

(C) 由所有 n 阶上三角矩阵构造的全体

(D) 由所有 n 阶数量矩阵构造的全体

(5) 设 M_2 是由所有二阶实矩阵组成的线性空间,则下列集合中能构成 M_2 的子空间的是(　　).

(A) $V_1=\left\{\begin{pmatrix}0&0\\0&0\end{pmatrix}\right\}$　　(B) $V_2=\left\{\begin{pmatrix}a_{11}&0\\0&a_{22}\end{pmatrix}\middle|\,a_{11}+a_{22}=1\right\}$

(C) $V_3=\left\{\begin{pmatrix}a_{11}&0\\0&a_{22}\end{pmatrix}\middle|\,a_{11}a_{22}>0\right\}$　　(D) $V_4=\left\{\begin{pmatrix}a_{11}&0\\0&a_{22}\end{pmatrix}\middle|\,a_{11}a_{22}<0\right\}$

(6) 设 V_1,V_2 同为线性空间 V 的两个线性子空间,则有(　　).

(A) $\dim V_1=\dim V_2$　　(B) $\dim V_i<\dim V,i=1,2$

(C) $V_1\supset\{0\}$ 且 $V_2\supset\{0\}$　　(D) V_1,V_2 未必包含线性空间 $\{0\}$

(7) 设 $P[x]$ 是所有多项式的全体构成的线性空间,下列变换不为线性变换的是(　　).

(A) $Tf(x)=f(x+1)$　　(B) $Tf(x)=(x+1)f(x)$

(C) $Tf(x)=f(x)f'(x)$　　(D) $Tf(x)=f(x)+f'(x)$

(8) 设 $\boldsymbol{A},\boldsymbol{B}$ 分别为线性空间 V 中线性变换 T 在两个基下的矩阵,则下列结论错误的是(　　).

(A) $\boldsymbol{A}$ 与 $\boldsymbol{B}$ 等价

(B) $\boldsymbol{A}$ 与 $\boldsymbol{B}$ 合同

(C) $\sum_{i=1}^{n} a_{ii} = \sum_{i=1}^{n} b_{ii}$,其中 a_{ii}, b_{ii} 分别为 $\boldsymbol{A},\boldsymbol{B}$ 的对角线元素

(D) $|\boldsymbol{A}| = |\boldsymbol{B}|$

二、填空题: 9 ~ 14 小题,每小题 4 分,共 24 分.

(9) 由全体五阶对角矩阵构成的线性空间的维数是________.

(10) 线性空间 $V = \{(x_1, x_2, x_3) \mid x_i \in \mathbf{R}, x_1 - x_2 + x_3 = 0\}$的一个基是________.

(11) 由三阶对角矩阵构造的线性空间中,向量 $\boldsymbol{\alpha} = \begin{pmatrix} 1 & 0 & 0 \\ 0 & 1 & 0 \\ 0 & 0 & 1 \end{pmatrix}$ 在基

$$\boldsymbol{\alpha}_1 = \begin{pmatrix} 1 & 0 & 0 \\ 0 & -1 & 0 \\ 0 & 0 & 2 \end{pmatrix}, \boldsymbol{\alpha}_2 = \begin{pmatrix} 0 & 0 & 0 \\ 0 & 1 & 0 \\ 0 & 0 & -1 \end{pmatrix}, \boldsymbol{\alpha}_3 = \begin{pmatrix} 0 & 0 & 0 \\ 0 & 1 & 0 \\ 0 & 0 & 0 \end{pmatrix}$$

下的坐标为________.

(12) 设在线性空间 V 中,设变换为 $T\boldsymbol{x} = \boldsymbol{x} + \boldsymbol{\alpha}$,$\boldsymbol{\alpha}$ 为 V 中固定向量,若使 T 为线性变换,则 $\boldsymbol{\alpha}$ 为________.

(13) 设在 $P[x]_3$ 中微分变换 D 在基 $x^3 + x, x^2 - 1, x, 1$ 下的矩阵为________.

(14) 设在 V_2 中线性变换 T 在基 $\boldsymbol{\alpha}_1, \boldsymbol{\alpha}_2$ 下的矩阵为 $\boldsymbol{A} = \begin{pmatrix} 1 & 3 \\ 2 & -1 \end{pmatrix}$,则在基 $\boldsymbol{\alpha}_1 + \boldsymbol{\alpha}_2, \boldsymbol{\alpha}_2$ 下的矩阵为________.

三、解答题: 15 ~ 23 小题,共 94 分. 解答应写出文字说明、证明过程或演算步骤.

(15) (本题满分 10 分)

试判断定义在区间 $[a,b]$ 上的所有连续函数构成的集合对函数的加法和数乘运算是否构成线性空间,证明你的结论.

(16)（本题满分 10 分）

设 $\boldsymbol{\alpha}_1=(1,1,1,1,-1)^{\mathrm{T}}$，$\boldsymbol{\alpha}_2=(4,3,5,-1,-1)^{\mathrm{T}}$，$\boldsymbol{\alpha}_3=(a,1,3,b,1)^{\mathrm{T}}$，$V$ 是与向量 $\boldsymbol{\alpha}_1,\boldsymbol{\alpha}_2,\boldsymbol{\alpha}_3$ 都正交的全体向量构成的线性空间，问 a,b 取何值时，$\dim V=3$.

(17)（本题满分 10 分）

设 $\boldsymbol{\alpha}$ 是 $\mathbf{R}^n$ 中的一个非零向量，证明所有与 $\boldsymbol{\alpha}$ 正交的向量的全体构成一个维数为 $n-1$ 的子空间，如果 $\boldsymbol{\alpha}=(-1,1,\cdots,1)^{\mathrm{T}}$，试给出该子空间的一个基.

(18)（本题满分 10 分）

（Ⅰ）证明：$\boldsymbol{\alpha}_1=\begin{pmatrix}1&1\\1&1\end{pmatrix}$，$\boldsymbol{\alpha}_2=\begin{pmatrix}1&1\\1&0\end{pmatrix}$，$\boldsymbol{\alpha}_3=\begin{pmatrix}1&1\\0&0\end{pmatrix}$，$\boldsymbol{\alpha}_4=\begin{pmatrix}1&0\\0&0\end{pmatrix}$ 为由全体二阶实矩阵构成的线性空间的一个基；

（Ⅱ）求矩阵 $\boldsymbol{\alpha}=\begin{pmatrix}1&-1\\2&3\end{pmatrix}$ 在这个基下的坐标.

(19)(本题满分 10 分)

已知线性空间中两个基 $\boldsymbol{\alpha}_1,\boldsymbol{\alpha}_2$ 和 $\boldsymbol{\varepsilon}_1,\boldsymbol{\varepsilon}_2$,求一个非零向量 $\boldsymbol{\beta}\in\mathbf{R}^2$,使 $\boldsymbol{\beta}$ 在这两个基下有相同的坐标,并求 $\boldsymbol{\beta}$ 在基 $\boldsymbol{\xi}_1,\boldsymbol{\xi}_2$ 下的坐标,其中

$$\boldsymbol{\alpha}_1=\begin{pmatrix}2\\-1\end{pmatrix},\boldsymbol{\alpha}_2=\begin{pmatrix}5\\-4\end{pmatrix};\boldsymbol{\varepsilon}_1=\begin{pmatrix}1\\0\end{pmatrix},\boldsymbol{\varepsilon}_2=\begin{pmatrix}0\\1\end{pmatrix};\boldsymbol{\xi}_1=\begin{pmatrix}-1\\1\end{pmatrix},\boldsymbol{\xi}_2=\begin{pmatrix}1\\1\end{pmatrix}.$$

(20)(本题满分 11 分)

设 V 是由所有三阶实矩阵中的反对称矩阵组成的子空间,试求该空间的一个基,并求矩阵

$$\boldsymbol{B}=\begin{pmatrix}0&1&-2\\-1&0&3\\2&-3&0\end{pmatrix}$$

在这个基下的坐标.

(21)(本题满分 11 分)

设 V 为由零及实数域上含有两个未知量的次数为 n 的齐次多项式构成的集合,证明:V 为实数域上的线性空间,维数为 $n+1$.

(22) (本题满分 11 分)

设 $P[x]_n$ 是所有次数小于 n 的实系数多项式构成的线性空间，

(Ⅰ) 证明：$x^{n-1},x^{n-2},\cdots,x^2,x,1$ 是 $P[x]_n$ 的一个基；

(Ⅱ) 求由 $x^{n-1},x^{n-2},\cdots,x^2,x,1$ 到另一个基 $x^{n-1}+x^{n-2},x^{n-2}+x^{n-3},\cdots,x^2+x,x+1,1+x^{n-1}$ 的过渡矩阵.

(23) (本题满分 11 分)

设 $\boldsymbol{\xi}_1=(1,1,1,1)^{\mathrm{T}},\boldsymbol{\xi}_2=(1,1,-1,-1)^{\mathrm{T}},\boldsymbol{\xi}_3=(1,-1,1,-1)^{\mathrm{T}},\boldsymbol{\xi}_4=(1,-1,-1,1)^{\mathrm{T}}$ 及 $\boldsymbol{\eta}_1=(1,1,0,1)^{\mathrm{T}},\boldsymbol{\eta}_2=(2,1,3,1)^{\mathrm{T}},\boldsymbol{\eta}_3=(1,1,0,0)^{\mathrm{T}},\boldsymbol{\eta}_4=(0,1,-1,-1)^{\mathrm{T}}$ 是 $\mathbf{R}^4$ 的两个基，求由基 $\boldsymbol{\xi}_1,\boldsymbol{\xi}_2,\boldsymbol{\xi}_3,\boldsymbol{\xi}_4$ 到基 $\boldsymbol{\eta}_1,\boldsymbol{\eta}_2,\boldsymbol{\eta}_3,\boldsymbol{\eta}_4$ 的过渡矩阵，并给出向量 $\boldsymbol{\alpha}=(1,0,0,-1)^{\mathrm{T}}$ 在 $\boldsymbol{\xi}_1,\boldsymbol{\xi}_2,\boldsymbol{\xi}_3,\boldsymbol{\xi}_4$ 下的坐标.

期末测试卷

得分______

一、选择题:1 ～ 8 小题,每小题 4 分,共 32 分.下列每题给出的四个选项中,只有一个选项符合题目要求.

(1) 设 $\boldsymbol{\alpha}_1,\boldsymbol{\alpha}_2,\boldsymbol{\alpha}_3$ 是三阶行列式 $|\boldsymbol{A}|$ 的三列,则下列行列式与 $|\boldsymbol{A}|$ 等值的是(　　).

(A) $|\boldsymbol{\alpha}_1+\boldsymbol{\alpha}_2,\boldsymbol{\alpha}_2+\boldsymbol{\alpha}_3,\boldsymbol{\alpha}_3+\boldsymbol{\alpha}_1|$　　(B) $|\boldsymbol{\alpha}_1,\boldsymbol{\alpha}_2+\boldsymbol{\alpha}_3,\boldsymbol{\alpha}_2-\boldsymbol{\alpha}_3|$

(C) $|\boldsymbol{\alpha}_1-\boldsymbol{\alpha}_2,\boldsymbol{\alpha}_2-\boldsymbol{\alpha}_3,\boldsymbol{\alpha}_3-\boldsymbol{\alpha}_1|$　　(D) $|2\boldsymbol{\alpha}_1+\boldsymbol{\alpha}_2,\boldsymbol{\alpha}_3-\boldsymbol{\alpha}_2,\boldsymbol{\alpha}_1|$

(2) 设 $\boldsymbol{A},\boldsymbol{B}$ 分别为 $m\times l,l\times n$ 矩阵,则(　　).

(A) 若 $\boldsymbol{A}$ 有一行元素为零,则 $\boldsymbol{AB}$ 也有一行元素为零

(B) 若 $\boldsymbol{A}$ 有一行元素为零,则 $\boldsymbol{AB}$ 有一列元素为零

(C) 若 $\boldsymbol{A}$ 有一列元素为零,则 $\boldsymbol{AB}$ 有一行元素为零

(D) 若 $\boldsymbol{A}$ 有一列元素为零,则 $\boldsymbol{AB}$ 也有一列元素为零

(3) 设 $\boldsymbol{\alpha}_1,\boldsymbol{\alpha}_2,\cdots,\boldsymbol{\alpha}_n$ 和 $\boldsymbol{\beta}_1,\boldsymbol{\beta}_2,\cdots,\boldsymbol{\beta}_n$ 分别为 n 阶方阵 $\boldsymbol{A}$ 和 $\boldsymbol{B}$ 的列向量组,下列条件中,能满足两个向量组等价的是(　　).

(A) $\boldsymbol{A}$ 和 $\boldsymbol{B}$ 相互等价

(B) $\boldsymbol{A}$ 和 $\boldsymbol{B}$ 均非奇异

(C) 存在 n 阶方阵 $\boldsymbol{C}$,使得 $\boldsymbol{AC}=\boldsymbol{B}$

(D) 存在 n 阶方阵 $\boldsymbol{D}$,使得 $\boldsymbol{A}=\boldsymbol{BD}$

(4) 若三元齐次方程组 $\boldsymbol{Ax}=\boldsymbol{0}$ 的基础解系含有 2 个线性无关的解向量,$\boldsymbol{A}^*$ 是 $\boldsymbol{A}$ 的伴随矩阵,则(　　).

(A) $R(\boldsymbol{A}^*)=0$　　(B) $R(\boldsymbol{A}^*)=1$

(C) $R(\boldsymbol{A}^*)=2$　　(D) $R(\boldsymbol{A}^*)=3$

(5) 设 $\boldsymbol{A}$ 为 n 阶方阵,则 $|\boldsymbol{A}|=0$ 是方程组 $\boldsymbol{Ax}=\boldsymbol{b}$ 有无穷多解的(　　).

(A) 充分但非必要条件　　(B) 必要但非充分条件

(C) 充分必要条件　　(D) 既非充分又非必要条件

(6) 设 $\boldsymbol{A}$ 为二阶方阵,满足方程 $\boldsymbol{A}^2=2\boldsymbol{A}$,则 $\boldsymbol{A}$ 的特征值(　　).

(A) $\lambda_1=0,\lambda_2=2$　　(B) $\lambda_1=\lambda_2=0$

(C) $\lambda_1=\lambda_2=2$　　(D) 取值范围为 0 或 2

(7) 设 $\boldsymbol{A}$ 是实对称矩阵,$\boldsymbol{C}$ 是实可逆矩阵,若 $\boldsymbol{B}=\boldsymbol{C}^{-1}\boldsymbol{AC}$,则下面错误的是(　　).

(A) $\boldsymbol{A}$ 与 $\boldsymbol{B}$ 等价　　(B) $\boldsymbol{B}$ 为对称矩阵

(C) $\boldsymbol{A}$ 与 $\boldsymbol{B}$ 有相同的特征值　　(D) $\boldsymbol{A}$ 与 $\boldsymbol{B}$ 有相同的迹

(8) 若实对称矩阵 $\boldsymbol{A}$ 与矩阵 $\boldsymbol{B}=\begin{pmatrix}-1&0&0\\0&2&1\\0&1&2\end{pmatrix}$ 合同,则二次型 $f(x)=\boldsymbol{x}^{\mathrm{T}}\boldsymbol{Ax}$ 的规范形为(　　).

(A) $y_1^2+y_2^2$　　(B) $y_1^2-y_2^2$

(C) $y_1^2+y_2^2-y_3^2$　　(D) $y_1^2-y_2^2-y_3^2$

二、填空题:9 ～ 14 小题,每小题 4 分,共 24 分.

(9) 已知四阶行列式 $|\boldsymbol{A}| = \sum_{j=1}^{4} a_{1j}\boldsymbol{A}_{1j} = a_{11}\boldsymbol{A}_{11} + a_{12}\boldsymbol{A}_{12} + a_{13}\boldsymbol{A}_{13} + a_{14}\boldsymbol{A}_{14}$ 的第一行元素为 $1,-2,3,1$,余子式 $\boldsymbol{M}_{11}=2,\boldsymbol{M}_{12}=-3,\boldsymbol{M}_{13}=1,\boldsymbol{M}_{14}=-1$,则 $|\boldsymbol{A}|=$ ________.

(10) 如果 $\begin{vmatrix} a_{11} & a_{12} \\ a_{21} & a_{22} \end{vmatrix} = 1$,则线性方程组 $\begin{cases} a_{11}x_1 + a_{12}x_2 + b_1 = 0, \\ a_{21}x_1 + a_{22}x_2 + b_2 = 0 \end{cases}$ 的解为________.

(11) 若方阵 $\boldsymbol{A}$ 满足 $\boldsymbol{A}^2 + \boldsymbol{A} - \boldsymbol{E} = \boldsymbol{O}$,则 $(\boldsymbol{A}+\boldsymbol{E})^{-1} =$ ________.

(12) 设向量组 $\boldsymbol{\alpha}_1,\boldsymbol{\alpha}_2,\boldsymbol{\alpha}_3$ 是线性方程组 $\boldsymbol{Ax}=\boldsymbol{0}$ 的一个基础解系,若向量组 $\boldsymbol{\alpha}_1+\boldsymbol{\alpha}_2,\boldsymbol{\alpha}_2+\boldsymbol{\alpha}_3,\boldsymbol{\alpha}_3+t\boldsymbol{\alpha}_1$ 也为 $\boldsymbol{Ax}=\boldsymbol{0}$ 的一个基础解系,则 t 应满足条件________.

(13) 如果 n 阶方阵 $\boldsymbol{A}$ 有 r 重特征值 λ,并记 $\boldsymbol{A}$ 对应于 λ 的线性无关的特征向量个数为 k,则 k 的范围是________.

(14) 设 $\boldsymbol{A}$ 为三阶实对称矩阵,且存在非零向量 $\boldsymbol{\alpha}_i\,(i=1,2,3)$,使得 $\boldsymbol{A\alpha}_i = i\boldsymbol{\alpha}_i$,则二次型 $f(x)=\boldsymbol{x}^{\mathrm{T}}\boldsymbol{Ax}$ 的规范形为________.

三、解答题:15 ～ 23 小题,共 94 分.解答应写出文字说明、证明过程或演算步骤.

(15)(本题满分 10 分)

计算五阶行列式 $\begin{vmatrix} 0 & 0 & 2 & 4 & 1 \\ 0 & 0 & 3 & 9 & 1 \\ 0 & 0 & -1 & 1 & 1 \\ 134 & 33 & 1 & 2 & 3 \\ 133 & 34 & 4 & 5 & 6 \end{vmatrix}$.

(16)(本题满分 10 分)

设 $\boldsymbol{A}$ 为 n 阶方阵,$\boldsymbol{A}+\boldsymbol{E}$ 是可逆矩阵.

(Ⅰ) 证明 $(\boldsymbol{E}-\boldsymbol{A})$ 与 $(\boldsymbol{E}+\boldsymbol{A})^{-1}$ 可交换;

(Ⅱ) 记 $f(\boldsymbol{A}) = (\boldsymbol{E}-\boldsymbol{A})(\boldsymbol{E}+\boldsymbol{A})^{-1}$,若 $\boldsymbol{A}$ 满足条件 $\boldsymbol{AA}^{\mathrm{T}}=\boldsymbol{E}$,证明 $f(\boldsymbol{A})$ 是反对称矩阵.

(17)(本题满分 10 分)

设向量组 $\boldsymbol{\alpha}_1,\boldsymbol{\alpha}_2,\boldsymbol{\alpha}_3,\boldsymbol{\alpha}_4$ 线性相关,且其中任意 3 个向量线性无关,证明:必存在一组全不为零的数 k_1,k_2,k_3,k_4,使得 $k_1\boldsymbol{\alpha}_1+k_2\boldsymbol{\alpha}_2+k_3\boldsymbol{\alpha}_3+k_4\boldsymbol{\alpha}_4=\mathbf{0}$.

(18)(本题满分 10 分)

设 $\boldsymbol{A}=\begin{pmatrix} a & b & b & b & b \\ b & a & b & b & b \\ b & b & a & b & b \\ b & b & b & a & b \\ b & b & b & b & a \end{pmatrix}$,求 $R(\boldsymbol{A})$.

(19)(本题满分 10 分)

(数学一)设 $\boldsymbol{\alpha}_1=\begin{pmatrix}1\\0\\0\end{pmatrix},\boldsymbol{\alpha}_2=\begin{pmatrix}1\\1\\0\end{pmatrix},\boldsymbol{\alpha}_3=\begin{pmatrix}1\\1\\1\end{pmatrix},\boldsymbol{\alpha}=\begin{pmatrix}1\\3\\2\end{pmatrix}$,

(Ⅰ)验证 $\boldsymbol{\alpha}_1,\boldsymbol{\alpha}_2,\boldsymbol{\alpha}_3$ 是 $\mathbf{R}^3$ 的一个基;

(Ⅱ)求向量 $\boldsymbol{\alpha}$ 关于基 $\boldsymbol{\alpha}_1,\boldsymbol{\alpha}_2,\boldsymbol{\alpha}_3$ 的坐标.

(数学二、数学三)设 $\boldsymbol{A}=\begin{pmatrix} 1 & -2 & 2 \\ -2 & 4 & a \\ 2 & a & 4 \end{pmatrix}$,二次型 $f=\boldsymbol{X}^{\mathrm{T}}\boldsymbol{A}\boldsymbol{X}$ 经正交变换 $\boldsymbol{X}=\boldsymbol{P}\boldsymbol{Y}$ 化成标准形 $f=9y_3^2$,求所作的正交变换.

(20)(本题满分 11 分)

求解非齐次线性方程组

$$\begin{cases} x_1 + 5x_2 - x_3 - x_4 = -1, \\ x_1 - 2x_2 + x_3 + 3x_4 = 3, \\ 3x_1 + 8x_2 - x_3 + x_4 = 1, \\ x_1 - 9x_2 + 3x_3 + 7x_4 = 7. \end{cases}$$

并用对应的齐次线性方程组的基础解系表示通解.

(21)(本题满分 11 分)

设

$$\boldsymbol{A} = \begin{pmatrix} -1 & 2 & 2 \\ 2 & -1 & -2 \\ 2 & -2 & -1 \end{pmatrix},$$

(Ⅰ)试求 $\boldsymbol{A}$ 的特征值;

(Ⅱ)利用(Ⅰ)的结果求矩阵 $\boldsymbol{E}+\boldsymbol{A}^{-1}$ 的特征值,其中 $\boldsymbol{E}$ 是三阶单位矩阵.

(22)(本题满分 11 分)

设 $\boldsymbol{A}$ 为三阶方阵,$\boldsymbol{\alpha}_1,\boldsymbol{\alpha}_2,\boldsymbol{\alpha}_3$ 是线性无关的三维列向量,且满足

$$\boldsymbol{A}\boldsymbol{\alpha}_1=\boldsymbol{\alpha}_1+\boldsymbol{\alpha}_2+\boldsymbol{\alpha}_3,\boldsymbol{A}\boldsymbol{\alpha}_2=2\boldsymbol{\alpha}_2+\boldsymbol{\alpha}_3,\boldsymbol{A}\boldsymbol{\alpha}_3=2\boldsymbol{\alpha}_2+3\boldsymbol{\alpha}_3.$$

(Ⅰ)求矩阵 $\boldsymbol{B}$,使得 $\boldsymbol{A}(\boldsymbol{\alpha}_1,\boldsymbol{\alpha}_2,\boldsymbol{\alpha}_3)=(\boldsymbol{\alpha}_1,\boldsymbol{\alpha}_2,\boldsymbol{\alpha}_3)\boldsymbol{B}$;

(Ⅱ)求矩阵 $\boldsymbol{A}$ 的特征值;

(Ⅲ)说明 $\boldsymbol{A}$ 能否与对角矩阵相似,若能,则给出相似对角矩阵.

(23)(本题满分 11 分)

设

$$\boldsymbol{A}=\begin{pmatrix}1 & 1 & \cdots & 1\\ x_1 & x_2 & \cdots & x_s\\ x_1^2 & x_2^2 & \cdots & x_s^2\\ \vdots & \vdots & & \vdots\\ x_1^{n-1} & x_2^{n-1} & \cdots & x_s^{n-1}\end{pmatrix}$$

,其中 $x_i\neq x_j\,(i,j=1,2,\cdots,s;i\neq j)$,讨论 $\boldsymbol{B}=\boldsymbol{A}^{\mathrm{T}}\boldsymbol{A}$ 的正定性.

【张宇数学教育系列丛书】 时代云图 SHI DAI YUN TU

全国高校 线性代数

期末考试过关必备与高分指南

（答案解析）

张宇 主编

张宇数学教育系列丛书编辑委员会

（按姓氏拼音排序）

蔡燧林 陈常伟 陈静静 崔巧莲 高昆轮 郭二芳
胡金德 贾建厂 兰杰 廖家斌 刘露 柳青 田宝玉
王娜 王秀军 王玉东 吴萍 徐兵 严守权 亦一（笔名）
于吉霞 曾凡（笔名） 张乐 张婷婷 张心琦 张亚楠
张宇 赵乐 赵修坤 郑利娜 朱杰

中国政法大学出版社

2017 · 北京

Contents 目录

第一章　行列式

一、选择题.

(1)【答案】　(B)

【考点】　全排列和排列的奇偶性的概念.

【解析】　排列和排列的奇偶性主要用于确定行列式一般项的正负号,或用于行列式的符号性质(本题是讨论9级排列的奇偶性).可将选项(A)中$i=4,j=5,k=7$代入,得排列123457689,其中仅含76这一对逆序,即$\tau(123457689)=1$,从而知该排列为奇排列.于是选项(B),(C),(D)中只要相对457而言,发生一次对换,对应的排列一定是偶排列.不难看出,这就是选项(B),故本题应选(B).

(2)【答案】　(C)

【考点】　三阶行列式的计算.

【解析】　对含零较多的三阶行列式,可直接计算后作出判断.由

$$\begin{vmatrix}1&2&3\\-1&0&3\\2&2&5\end{vmatrix}=12-6+10-6=10,\begin{vmatrix}1&2&3\\-1&0&2\\2&2&3\end{vmatrix}=8-6-4+6=4,$$

$$\begin{vmatrix}1&2&3\\0&-4&0\\-2&-7&-6\end{vmatrix}=24-24=0,\begin{vmatrix}2&0&0\\0&0&1\\0&-2&3\end{vmatrix}=4,$$

知本题应选(C).

(3)【答案】　(D)

【考点】　四阶行列式的计算,行列式的性质,范德蒙德行列式.

【解析】　这是四阶行列式的计算题,如果将第三行提出公因子2,该行列式实际上是由数字3,$-1,2,-2$升幂排列构造的范德蒙德行列式,可利用公式直接定值,即

$$\begin{vmatrix}1&3&9&27\\1&-1&1&-1\\2&4&8&16\\1&-2&4&-8\end{vmatrix}\xlongequal{\frac{r_3}{2}}2\begin{vmatrix}1&3&3^2&3^3\\1&-1&(-1)^2&(-1)^3\\1&2&2^2&2^3\\1&-2&(-2)^2&(-2)^3\end{vmatrix}$$

$$=2\times(-2-3)\times(-2+1)\times(-2-2)\times(2-3)\times(2+1)\times(-1-3)=-480,$$

故本题应选(D).

(4)【答案】　(B)

【考点】　行列式的计算,行列式按行(列)展开.

【解析】　以行列式形式表示的多项式$f(x)$是一种特殊结构的函数形式,围绕$f(x)$所展开的问题有多种题型,如对多项式中特定项的选取.$f(x)$的常数项,即$f(0)$,也即将行列式中x用0置换后行列式的值,具体可用降阶法计算,即

$$f(0)=\begin{vmatrix}0&0&0&1\\2&1&0&0\\1&0&-1&0\\-2&0&0&2\end{vmatrix}=(-1)^{4+1}\begin{vmatrix}2&1&0\\1&0&-1\\-2&0&0\end{vmatrix}=-2.$$

(5)【答案】 (D)

【考点】 行列式的定义,奇排列的逆序数.

【解析】 本题中行列式展开式仅一个非零项 $a_{1n}a_{2(n-1)}\cdots a_{n1}$,因此,该项元素在行标按自然顺序排列的情况下,行列式的符号取决于列标排列的逆序数 $\tau(n(n-1)\cdots21)$ 的奇偶性,即 $(-1)^{\tau(n(n-1)\cdots21)}$,排列中数 n 含 $n-1$ 个逆序,数 $n-1$ 含 $n-2$ 个逆序,以此类推,其逆序数为 $\frac{1}{2}(n-1+1)(n-1)=\frac{1}{2}n(n-1)$,容易验证,当 $n=4k-1$ 或 $4k-2,k=1,2,\cdots$ 时,逆序数为奇数,$D_n<0$,故本题应选(D).

(6)【答案】 (A)

【考点】 行列式的计算,行列式的性质.

【解析】 在已知行列式 $D=|a_{ij}|=d$ 的条件下,可通过行列式性质将 D_1 还原为原式,即有

$$D_1=\begin{vmatrix}-a_{11}&3a_{11}-2a_{12}&4a_{13}-a_{12}\\-a_{21}&3a_{21}-2a_{22}&4a_{23}-a_{22}\\-a_{31}&3a_{31}-2a_{32}&4a_{33}-a_{32}\end{vmatrix}\xlongequal[c_2-3c_1]{(-1)\times c_1}-\begin{vmatrix}a_{11}&-2a_{12}&4a_{13}-a_{12}\\a_{21}&-2a_{22}&4a_{23}-a_{22}\\a_{31}&-2a_{32}&4a_{33}-a_{32}\end{vmatrix}$$

$$\xlongequal[c_3+c_2]{\left(-\frac{1}{2}\right)\times c_2}2\begin{vmatrix}a_{11}&a_{12}&4a_{13}\\a_{21}&a_{22}&4a_{23}\\a_{31}&a_{32}&4a_{33}\end{vmatrix}\xlongequal{\frac{c_3}{4}}8\begin{vmatrix}a_{11}&a_{12}&a_{13}\\a_{21}&a_{22}&a_{23}\\a_{31}&a_{32}&a_{33}\end{vmatrix}=8d,$$

故本题应选(A).

(7)【答案】 (A)

【考点】 形如$\begin{vmatrix}\boldsymbol{A}&\boldsymbol{O}\\\boldsymbol{O}&\boldsymbol{B}\end{vmatrix}$和$\begin{vmatrix}\boldsymbol{O}&\boldsymbol{A}\\\boldsymbol{B}&\boldsymbol{O}\end{vmatrix}$的行列式定值法,其中$\boldsymbol{A},\boldsymbol{B}$分别为$k\times k,m\times m$的数表,$\boldsymbol{O}$为元素均为0的数表.

【解析】 我们已经学习了类似$\begin{vmatrix}\boldsymbol{A}&\boldsymbol{O}\\\boldsymbol{O}&\boldsymbol{B}\end{vmatrix}$和$\begin{vmatrix}\boldsymbol{O}&\boldsymbol{A}\\\boldsymbol{B}&\boldsymbol{O}\end{vmatrix}$的行列式定值法,从而可推得计算公式

$$\begin{vmatrix}\boldsymbol{A}&\boldsymbol{O}\\\boldsymbol{O}&\boldsymbol{B}\end{vmatrix}=|\boldsymbol{A}|\,|\boldsymbol{B}|,\begin{vmatrix}\boldsymbol{O}&\boldsymbol{A}\\\boldsymbol{B}&\boldsymbol{O}\end{vmatrix}=(-1)^{km}|\boldsymbol{A}|\,|\boldsymbol{B}|,$$

据此可以确定,选项(A)符合题意,故选之.

(8)【答案】 (A)

【考点】 行列式按行(列)展开及其性质.

【解析】 本题计算的是行列式中第三行代数余子式的代数和,在未知行列式的元素具体取值的情况下,可以直接将第三行元素用所求和式的组合系数1,2,3置换,置换后得到的行列式$\begin{vmatrix}a_{11}&a_{12}&a_{13}\\a_{21}&a_{22}&a_{23}\\1&2&3\end{vmatrix}$即为和式$A_{31}+2A_{32}+3A_{33}$,故本题应选(A).

二、填空题.

(9)【答案】 4 013 100

【考点】 二阶行列式的计算,行列式的性质.

【解析】 将第二列的 -1 倍加至第一列,即得

$$\begin{vmatrix} 32\,153 & 32\,053 \\ 72\,284 & 72\,184 \end{vmatrix} \xlongequal{c_1-c_2} \begin{vmatrix} 100 & 32\,053 \\ 100 & 72\,184 \end{vmatrix} = 100\times(72\,184-32\,053)=4\,013\,100.$$

可见,计算数字较大的二阶行列式时,先利用性质化简后再计算,往往可达到事半功倍的效果.

(10)【答案】 12

【考点】 三阶行列式的计算,范德蒙德行列式.

【解析】 本题可直接用对角线法则计算,即

$$\begin{vmatrix} 1 & 2 & 3 \\ 1 & 4 & 9 \\ 1 & 8 & 27 \end{vmatrix} = 108+18+24-72-54-12=12.$$

或者将第二、三列分别提取公因子 2 和 3,行列式变为由数字 1,2,3 构造的范德蒙德行列式,用公式计算更简单快捷,即

$$\begin{vmatrix} 1 & 2 & 3 \\ 1 & 4 & 9 \\ 1 & 8 & 27 \end{vmatrix} = 2\times3\times(3-1)\times(3-2)\times(2-1)=12.$$

(11)【答案】 $(a_1a_4-b_1b_4)(a_2a_3-b_2b_3)$

【考点】 四阶行列式的计算,行列式的性质,行列式按行(列)展开.

【解析】 本题为含字母的行列式计算题.字母沿两对角线分布,又称为X形,有两种计算方法.

法 1 由于含零较多,可直接用降阶法处理,即

$$\begin{vmatrix} a_1 & 0 & 0 & b_1 \\ 0 & a_2 & b_2 & 0 \\ 0 & b_3 & a_3 & 0 \\ b_4 & 0 & 0 & a_4 \end{vmatrix} = a_1(-1)^{1+1}\begin{vmatrix} a_2 & b_2 & 0 \\ b_3 & a_3 & 0 \\ 0 & 0 & a_4 \end{vmatrix} + b_1(-1)^{1+4}\begin{vmatrix} 0 & a_2 & b_2 \\ 0 & b_3 & a_3 \\ b_4 & 0 & 0 \end{vmatrix}$$

$$= a_1a_4\begin{vmatrix} a_2 & b_2 \\ b_3 & a_3 \end{vmatrix} - b_1b_4\begin{vmatrix} a_2 & b_2 \\ b_3 & a_3 \end{vmatrix} = (a_1a_4-b_1b_4)(a_2a_3-b_2b_3).$$

法 2 利用行列式的性质,化为准对角行列式计算,即先将第四列依次与第二、三列交换位置,再将第四行依次与第二、三行交换位置,得

$$\begin{vmatrix} a_1 & 0 & 0 & b_1 \\ 0 & a_2 & b_2 & 0 \\ 0 & b_3 & a_3 & 0 \\ b_4 & 0 & 0 & a_4 \end{vmatrix} = \begin{vmatrix} a_1 & b_1 & 0 & 0 \\ 0 & 0 & a_2 & b_2 \\ 0 & 0 & b_3 & a_3 \\ b_4 & a_4 & 0 & 0 \end{vmatrix} = \begin{vmatrix} a_1 & b_1 & 0 & 0 \\ b_4 & a_4 & 0 & 0 \\ 0 & 0 & a_2 & b_2 \\ 0 & 0 & b_3 & a_3 \end{vmatrix}$$

$$= \begin{vmatrix} a_1 & b_1 \\ b_4 & a_4 \end{vmatrix}\begin{vmatrix} a_2 & b_2 \\ b_3 & a_3 \end{vmatrix} = (a_1a_4-b_1b_4)(a_2a_3-b_2b_3).$$

上述方法中,法 1 通常是在行列式某一行(列)含零较多情况下采用的一种有效计算方法,法 2 是针对有特殊结构的行列式采用的一种方法.一般来说,特殊方法要比一般方法更简便.

(12)【答案】 $-4a_1a_2a_3$

【考点】 四阶行列式的计算,行列式的性质,行列式按行(列)展开.

【解析】 本题仍为含字母的行列式计算题. 字母沿主对角线双线分布，含有特殊结构. 有两种计算方法.

法 1 由于含零较多，可直接用降阶法处理，即

$$\begin{vmatrix} -a_1 & 0 & 0 & 1 \\ a_1 & -a_2 & 0 & 1 \\ 0 & a_2 & -a_3 & 1 \\ 0 & 0 & a_3 & 1 \end{vmatrix} = -a_1(-1)^{1+1}\begin{vmatrix} -a_2 & 0 & 1 \\ a_2 & -a_3 & 1 \\ 0 & a_3 & 1 \end{vmatrix} + a_1(-1)^{2+1}\begin{vmatrix} 0 & 0 & 1 \\ a_2 & -a_3 & 1 \\ 0 & a_3 & 1 \end{vmatrix}$$

$$= -a_1(3a_2a_3 + a_2a_3) = -4a_1a_2a_3.$$

法 2 利用行列式的性质和特殊结构，化为三角形行列式计算，即从第一行开始，滚动式由上行加至下行，即有

$$\begin{vmatrix} -a_1 & 0 & 0 & 1 \\ a_1 & -a_2 & 0 & 1 \\ 0 & a_2 & -a_3 & 1 \\ 0 & 0 & a_3 & 1 \end{vmatrix} \xlongequal{r_2+r_1} \begin{vmatrix} -a_1 & 0 & 0 & 1 \\ 0 & -a_2 & 0 & 2 \\ 0 & a_2 & -a_3 & 1 \\ 0 & 0 & a_3 & 1 \end{vmatrix}$$

$$\xlongequal{r_3+r_2} \begin{vmatrix} -a_1 & 0 & 0 & 1 \\ 0 & -a_2 & 0 & 2 \\ 0 & 0 & -a_3 & 3 \\ 0 & 0 & a_3 & 1 \end{vmatrix} \xlongequal{r_4+r_3} \begin{vmatrix} -a_1 & 0 & 0 & 1 \\ 0 & -a_2 & 0 & 2 \\ 0 & 0 & -a_3 & 3 \\ 0 & 0 & 0 & 4 \end{vmatrix} = -4a_1a_2a_3.$$

(13) **【答案】** 0

【考点】 行列式的定义.

【解析】 根据行列式的定义，A 为由 16 个元素排列的方形数表构成，若其中共含 13 个零元素，则非零元素仅有 3 个. 由于行列式展开式的各项由取自不同行不同列的 4 个元素乘积构成，从而知，所有构成项中至少有一个元素为零，故乘积为零，即 $A = 0$.

(14) **【答案】** 4!

【考点】 函数的高阶导数，行列式的定义，一般项的选取.

【解析】 本题形式上是导数的计算题，但所涉及的函数 $f(x)$ 是以行列式形式出现，显然，这是一个跨学科的题. 多项式 $f(x)$ 的四阶导数，其结果只与 x 的 4 次以及 4 次以上幂次的项有关，因此，实际计算并不要求将行列式展开，而是从中找出满足条件的特定项进行讨论. 于是，根据行列式中一般项由不同行不同列元素构成的规则，x 的 4 次以及 4 次以上幂次的项只与对角线元素相关，即 $a_{11}a_{22}a_{33}a_{44} = x^2(x+1)(x-1) = x^4 - x^2$，从而得 $f^{(4)}(x) = 4!$.

三、解答题.

(15) **【考点】** 行列式定义，行列式按行(列) 展开，准三角行列式计算公式.

【解析】 **法 1** 该行列式含较多零元素，不妨以第一行展开，有

$$D_5 = \begin{vmatrix} a_{11} & a_{12} & 0 & 0 & 0 \\ a_{21} & a_{22} & 0 & 0 & 0 \\ a_{31} & a_{32} & 0 & 0 & 0 \\ a_{41} & a_{42} & a_{43} & a_{44} & a_{45} \\ a_{51} & a_{52} & a_{53} & a_{54} & a_{55} \end{vmatrix}$$

$$=a_{11}(-1)^{1+1}\begin{vmatrix}a_{22}&0&0&0\\a_{32}&0&0&0\\a_{42}&a_{43}&a_{44}&a_{45}\\a_{52}&a_{53}&a_{54}&a_{55}\end{vmatrix}+a_{12}(-1)^{1+2}\begin{vmatrix}a_{21}&0&0&0\\a_{31}&0&0&0\\a_{41}&a_{43}&a_{44}&a_{45}\\a_{51}&a_{53}&a_{54}&a_{55}\end{vmatrix}$$

$$=a_{11}a_{22}\begin{vmatrix}0&0&0\\a_{43}&a_{44}&a_{45}\\a_{53}&a_{54}&a_{55}\end{vmatrix}-a_{12}a_{21}\begin{vmatrix}0&0&0\\a_{43}&a_{44}&a_{45}\\a_{53}&a_{54}&a_{55}\end{vmatrix}=0-0=0.$$

法 2 利用准三角行列式计算公式，直接可得：

$$D_5=\begin{vmatrix}a_{11}&a_{12}&0&0&0\\a_{21}&a_{22}&0&0&0\\a_{31}&a_{32}&0&0&0\\a_{41}&a_{42}&a_{43}&a_{44}&a_{45}\\a_{51}&a_{52}&a_{53}&a_{54}&a_{55}\end{vmatrix}=\begin{vmatrix}a_{11}&a_{12}\\a_{21}&a_{22}\end{vmatrix}\begin{vmatrix}0&0&0\\a_{43}&a_{44}&a_{45}\\a_{53}&a_{54}&a_{55}\end{vmatrix}=0.$$

(16)**【考点】** 行列式的计算，行列式的性质，行列式按行(列)展开.

【解析】 本题为含有字母的行列式计算，由于未明确 x,y 是否非零，因此，在计算过程中不能将 x,y 用作除数. 一般可通过性质，将某行(列)化为多个零元素的情况下，再利用按行(列)展开，降阶法定值. 具体有以下两种方法：

法 1 利用行列式行列之间初等变换，简化后再展开计算.

$$\begin{vmatrix}1&1&1&1+x\\1&1&1-x&1\\1&1+y&1&1\\1-y&1&1&1\end{vmatrix}\xlongequal[r_4-r_3]{r_2-r_1}\begin{vmatrix}1&1&1&1+x\\0&0&-x&-x\\1&1+y&1&1\\-y&-y&0&0\end{vmatrix}$$

$$\xlongequal[c_2-c_1]{c_4-c_3}\begin{vmatrix}1&0&1&x\\0&0&-x&0\\1&y&1&0\\-y&0&0&0\end{vmatrix}=-x\begin{vmatrix}0&0&-x\\1&y&1\\-y&0&0\end{vmatrix}=x^2y^2.$$

法 2 用拆分法.

$$\begin{vmatrix}1&1&1&1+x\\1&1&1-x&1\\1&1+y&1&1\\1-y&1&1&1\end{vmatrix}=\begin{vmatrix}1&1&1&1+x\\1&1&1-x&1\\1&1+y&1&1\\1&1&1&1\end{vmatrix}+\begin{vmatrix}0&1&1&1+x\\0&1&1-x&1\\0&1+y&1&1\\-y&1&1&1\end{vmatrix},$$

其中

$$\begin{vmatrix}1&1&1&1+x\\1&1&1-x&1\\1&1+y&1&1\\1&1&1&1\end{vmatrix}\xlongequal[i=2,3,4]{c_i-c_1}\begin{vmatrix}1&0&0&x\\1&0&-x&0\\1&y&0&0\\1&0&0&0\end{vmatrix}=-x^2y,$$

$$\begin{vmatrix}0&1&1&1+x\\0&1&1-x&1\\0&1+y&1&1\\-y&1&1&1\end{vmatrix}=y\begin{vmatrix}1&1&1+x\\1&1-x&1\\1+y&1&1\end{vmatrix}=yx^2(1+y),$$

所以原行列式 $= x^2y^2$.

(17)【考点】 行列式的计算,行列式的性质.

【解析】 行列式的证明题实际是计算题.含字母的行列式除较简单的三阶行列式可用对角线法则直接计算外,较复杂或阶数较高的都有一些特点和规律,找出这些特点和规律,问题就迎刃而解了.本题特点是行列式各列元素之和相等,利用这个特点,再利用性质化为三角形行列式即可得到结论.证明如下:

将等式左边第二、三行加至第一行,得

$$\begin{vmatrix} a-b-c & 2a & 2a \\ 2b & b-c-a & 2b \\ 2c & 2c & c-a-b \end{vmatrix} = \begin{vmatrix} a+b+c & a+b+c & a+b+c \\ 2b & b-c-a & 2b \\ 2c & 2c & c-a-b \end{vmatrix}$$

$$= (a+b+c)\begin{vmatrix} 1 & 1 & 1 \\ 2b & b-c-a & 2b \\ 2c & 2c & c-a-b \end{vmatrix} \xlongequal[c_3-c_1]{c_2-c_1} (a+b+c)\begin{vmatrix} 1 & 0 & 0 \\ 2b & -b-c-a & 0 \\ 2c & 0 & -c-a-b \end{vmatrix}$$

$$= (a+b+c)^3,$$

即结论得证.

(18)【考点】 行列式的计算,行列式的性质,行列式按行(列)展开.

【解析】 本题是含字母的五阶行列式的计算问题,字母分布沿副对角线方向展开,此类行列式通常称为双对角线行列式.只要将行列式按第一行(列)展开,即得两个三角形行列式,求得结果.

$$D_5 = \begin{vmatrix} 0 & 0 & 0 & x & y \\ 0 & 0 & x & y & 0 \\ 0 & x & y & 0 & 0 \\ x & y & 0 & 0 & 0 \\ y & 0 & 0 & 0 & x \end{vmatrix} = x(-1)^{1+4}\begin{vmatrix} 0 & 0 & x & 0 \\ 0 & x & y & 0 \\ x & y & 0 & 0 \\ y & 0 & 0 & x \end{vmatrix} + y(-1)^{1+5}\begin{vmatrix} 0 & 0 & x & y \\ 0 & x & y & 0 \\ x & y & 0 & 0 \\ y & 0 & 0 & 0 \end{vmatrix}$$

$$= -x^2\begin{vmatrix} 0 & 0 & x \\ 0 & x & y \\ x & y & 0 \end{vmatrix} + y^5 = x^5 + y^5.$$

(19)【考点】 三阶行列式的计算和代数方程的求解.

【解析】 本题是以特定行列式形式出现的代数方程,在以后章节中会经常遇到.这类题与前面接触的行列式方程不同点在于,后者只需利用行列式性质便可直接给解,而前者必须将行列式展开,并尽可能因式分解,以便求解.求解过程如下:

$$\begin{vmatrix} \lambda-2 & 0 & 0 \\ -3 & \lambda-1 & a \\ 2 & a & \lambda-1 \end{vmatrix} = (\lambda-2)\begin{vmatrix} \lambda-1 & a \\ a & \lambda-1 \end{vmatrix} = (\lambda-2)[(\lambda-1)^2-a^2] = 0,$$

知方程有一解 $\lambda = 2$,若 $\lambda = 2$ 为二重根,则 $f(\lambda) = (\lambda-1)^2 - a^2$ 必含一个因子 $\lambda - 2$,即有 $f(2) = 1 - a^2 = 0$,得 $a = \pm 1$,否则,$\lambda = 1$ 为二重根,此时 $a = 0$.

因此,当 $a = \pm 1$ 时,方程有二重根 $\lambda = 2$,单根 $\lambda = 0$;当 $a = 0$ 时,方程有二重根 $\lambda = 1$,单根 $\lambda = 2$.

(20)【考点】 行列式的计算,行列式的性质.

【解析】 本题证明过程是利用性质对复杂结构的行列式的简化过程.有两种方法:一种是通过行(列)间的运算消元化简;另一种是利用性质拆分.

法 1 将左边行列式各行加至第一行，提出公因子之后再将第二，三行分别去减第一行，得

$$\text{左边}=\begin{vmatrix} y+z & z+x & x+y \\ x+y & y+z & z+x \\ z+x & x+y & y+z \end{vmatrix}=2\begin{vmatrix} x+y+z & z+x+y & x+y+z \\ x+y & y+z & z+x \\ z+x & x+y & y+z \end{vmatrix}$$

$$=2\begin{vmatrix} x+y+z & z+x+y & x+y+z \\ -z & -x & -y \\ -y & -z & -x \end{vmatrix}=2\begin{vmatrix} x & y & z \\ z & x & y \\ y & z & x \end{vmatrix}=\text{右边}.$$

法 2 （拆分法）左边行列式每列分为两组数之和，由性质可拆分为 2^3 个行列式的和，即有

$$\text{左边}=\begin{vmatrix} y+z & z+x & x+y \\ x+y & y+z & z+x \\ z+x & x+y & y+z \end{vmatrix}=\begin{vmatrix} y & z+x & x+y \\ x & y+z & z+x \\ z & x+y & y+z \end{vmatrix}+\begin{vmatrix} z & z+x & x+y \\ y & y+z & z+x \\ x & x+y & y+z \end{vmatrix}$$

$$=\begin{vmatrix} y & z & x+y \\ x & y & z+x \\ z & x & y+z \end{vmatrix}+\begin{vmatrix} y & x & x+y \\ x & z & z+x \\ z & y & y+z \end{vmatrix}+\begin{vmatrix} z & z & x+y \\ y & y & z+x \\ x & x & y+z \end{vmatrix}+\begin{vmatrix} z & x & x+y \\ y & z & z+x \\ x & y & y+z \end{vmatrix}$$

$$=\begin{vmatrix} y & z & x \\ x & y & z \\ z & x & y \end{vmatrix}+\begin{vmatrix} y & z & y \\ x & y & x \\ z & x & z \end{vmatrix}+\begin{vmatrix} y & x & x \\ x & z & z \\ z & y & y \end{vmatrix}+\begin{vmatrix} y & x & y \\ x & z & x \\ z & y & z \end{vmatrix}+\begin{vmatrix} z & z & x \\ y & y & z \\ x & x & y \end{vmatrix}+\begin{vmatrix} z & z & y \\ y & y & x \\ x & x & z \end{vmatrix}+$$

$$\begin{vmatrix} z & x & x \\ y & z & z \\ x & y & y \end{vmatrix}+\begin{vmatrix} z & x & y \\ y & z & x \\ x & y & z \end{vmatrix}$$

$$=\begin{vmatrix} y & z & x \\ x & y & z \\ z & x & y \end{vmatrix}+\begin{vmatrix} z & x & y \\ y & z & x \\ x & y & z \end{vmatrix}=2\begin{vmatrix} x & y & z \\ z & x & y \\ y & z & x \end{vmatrix}=\text{右边}.$$

所以

$$\begin{vmatrix} y+z & z+x & x+y \\ x+y & y+z & z+x \\ z+x & x+y & y+z \end{vmatrix}=2\begin{vmatrix} x & y & z \\ z & x & y \\ y & z & x \end{vmatrix}.$$

(21)【考点】 行列式的计算，行列式的性质，行列式按行(列) 展开.

【解析】 本题是含字母的五阶行列式的计算问题，字母分布沿主对角线方向展开，此类行列式通常称为三对角线行列式. 由于含零元素较多，在作必要整理后按某行(列) 展开，可以得到描述高阶与低阶行列式关系的公式，称为递推公式，利用公式可逐步将行列式降至二、三阶，从而得出结果. 这种计算方法称为递推法. 求解如下：

将所有各行加至第五行，再按第五行展开，有

$$D_5=\begin{vmatrix} a-b & b & 0 & 0 & 0 \\ -a & a-b & b & 0 & 0 \\ 0 & -a & a-b & b & 0 \\ 0 & 0 & -a & a-b & b \\ 0 & 0 & 0 & -a & a-b \end{vmatrix}=\begin{vmatrix} a-b & b & 0 & 0 & 0 \\ -a & a-b & b & 0 & 0 \\ 0 & -a & a-b & b & 0 \\ 0 & 0 & -a & a-b & b \\ -b & 0 & 0 & 0 & a \end{vmatrix}$$

$$=-(-1)^{5+1}b^5+aD_4=-b^5+a[-(-1)^{4+1}b^4+aD_3]$$

$$=-b^5+ab^4+a^2[-(-1)^{3+1}b^3+aD_2]$$

$$=-b^5+ab^4-a^2b^3+a^3[-(-1)^{2+1}b^2+aD_1]$$
$$=-b^5+ab^4-a^2b^3+a^3b^2+a^4(a-b)$$
$$=-b^5+ab^4-a^2b^3+a^3b^2-a^4b+a^5.$$

(22)**【考点】** 行列式的计算,行列式的性质,行列式按行(列)展开.

【解析】 本题是含字母的 n 阶行列式的计算问题,字母分布沿主对角线方向展开,此类行列式有多种方法可解,具体介绍如下:

法 1 将各列加至第一列,提取公因子之后再将第 i 列减去第一列的 $a_i(i=2,\cdots,n)$ 倍,从而化为三角形行列式定值.有

$$\begin{vmatrix} a_1-b & a_2 & \cdots & a_n \\ a_1 & a_2-b & \cdots & a_n \\ \vdots & \vdots & & \vdots \\ a_1 & a_2 & \cdots & a_n-b \end{vmatrix}=\begin{vmatrix} \sum\limits_{i=1}^{n}a_i-b & a_2 & \cdots & a_n \\ \sum\limits_{i=1}^{n}a_i-b & a_2-b & \cdots & a_n \\ \vdots & \vdots & & \vdots \\ \sum\limits_{i=1}^{n}a_i-b & a_2 & \cdots & a_n-b \end{vmatrix}$$

$$=\left(\sum_{i=1}^{n}a_i-b\right)\begin{vmatrix} 1 & a_2 & \cdots & a_n \\ 1 & a_2-b & \cdots & a_n \\ \vdots & \vdots & & \vdots \\ 1 & a_2 & \cdots & a_n-b \end{vmatrix}\xlongequal[i=2,\cdots,n]{c_i-a_ic_1}\left(\sum_{i=1}^{n}a_i-b\right)\begin{vmatrix} 1 & 0 & \cdots & 0 \\ 1 & -b & \cdots & 0 \\ \vdots & \vdots & & \vdots \\ 1 & 0 & \cdots & -b \end{vmatrix}$$

$$=(-1)^{n-1}b^{n-1}\left(\sum_{i=1}^{n}a_i-b\right).$$

法 2 为消去行列式中的 $a_1,a_2,\cdots,a_n$,在不改变行列式大小情况下,将原行列式再加一行(列),称为加边法.不妨设 $b\neq 0(b=0$ 时,$D_n=0)$,设

$$D_n=D_{n+1}=\begin{vmatrix} 1 & a_1 & a_2 & \cdots & a_n \\ 0 & a_1-b & a_2 & \cdots & a_n \\ 0 & a_1 & a_2-b & \cdots & a_n \\ \vdots & \vdots & \vdots & & \vdots \\ 0 & a_1 & a_2 & \cdots & a_n-b \end{vmatrix}$$

$$=\begin{vmatrix} 1 & a_1 & a_2 & \cdots & a_n \\ -1 & -b & 0 & \cdots & 0 \\ -1 & 0 & -b & \cdots & 0 \\ \vdots & \vdots & \vdots & & \vdots \\ -1 & 0 & 0 & \cdots & -b \end{vmatrix}=\begin{vmatrix} 1-\sum\limits_{i=1}^{n}\dfrac{a_i}{b} & a_1 & \cdots & a_n \\ 0 & -b & \cdots & 0 \\ \vdots & \vdots & & \vdots \\ 0 & 0 & \cdots & -b \end{vmatrix}$$

$$=(-1)^{n-1}b^{n-1}\left(\sum_{i=1}^{n}a_i-b\right).$$

法 3 直接将第 i 行减去第一行,得爪形行列式,再进一步化为三角形行列式定值,即

$$\begin{vmatrix} a_1-b & a_2 & \cdots & a_n \\ a_1 & a_2-b & \cdots & a_n \\ \vdots & \vdots & & \vdots \\ a_1 & a_2 & \cdots & a_n-b \end{vmatrix}=\begin{vmatrix} a_1-b & a_2 & \cdots & a_n \\ b & -b & \cdots & 0 \\ \vdots & \vdots & & \vdots \\ b & 0 & \cdots & -b \end{vmatrix}$$

$$=\begin{vmatrix} \sum_{i=1}^{n}a_i-b & a_2 & \cdots & a_n \\ 0 & -b & \cdots & 0 \\ \vdots & \vdots & & \vdots \\ 0 & 0 & \cdots & -b \end{vmatrix}=(-1)^{n-1}b^{n-1}\left(\sum_{i=1}^{n}a_i-b\right).$$

(23)**【考点】** 行列式的计算,行列式的性质,行列式按行(列)展开.

【解析】 依题意,按含零较多的第一行展开,关键是找出 D_{n+1} 与低阶行列式的对应关系,即递推公式,一旦找出公式,问题就迎刃而解.

$$D_{n+1}=\begin{vmatrix} a & -1 & 0 & \cdots & 0 \\ ax & a & -1 & \cdots & 0 \\ ax^2 & ax & a & \cdots & 0 \\ \vdots & \vdots & \vdots & & \vdots \\ ax^n & ax^{n-1} & ax^{n-2} & \cdots & a \end{vmatrix}$$

$$=a\begin{vmatrix} a & -1 & 0 & \cdots & 0 \\ ax & a & -1 & \cdots & 0 \\ ax^2 & ax & a & \cdots & 0 \\ \vdots & \vdots & \vdots & & \vdots \\ ax^{n-1} & ax^{n-2} & ax^{n-3} & \cdots & a \end{vmatrix}+(-1)^{1+2+1}x\begin{vmatrix} a & -1 & 0 & \cdots & 0 \\ ax & a & -1 & \cdots & 0 \\ ax^2 & ax & a & \cdots & 0 \\ \vdots & \vdots & \vdots & & \vdots \\ ax^{n-1} & ax^{n-2} & ax^{n-3} & \cdots & a \end{vmatrix}$$

$$=(a+x)D_n=(a+x)^2D_{n-1}=\cdots=(a+x)^nD_1=a(a+x)^n,$$

其中 $D_1=a$.

第二章 矩阵及其运算

一、选择题.

(1)【答案】 (C)

【考点】 矩阵的运算,三角矩阵及其运算性质.

【解析】 本题考查的是三角矩阵的运算特性,这就是:同结构的三角矩阵在加法和乘法运算中得到的仍然是同结构的三角矩阵,其中的关键词是“同结构”.由此推断,本题选项中(A),(B),(D)均不正确,由排除法,本题应选择(C).事实上,就单个三角矩阵而言,其幂矩阵,逆矩阵都仍然是同结构的三角矩阵.

从本题可以启示我们,在理解某个概念和性质时抓住其中的关键词十分重要.

(2)【答案】 (A)

【考点】 矩阵的乘法.

【解析】 对于矩阵乘法,不仅要了解其运算定义和算法本身,而且还应理解其运算的特殊功能,如转换功能、提取功能等.本题涉及的实际是乘法加总功能.根据题设,将矩阵$\boldsymbol{A}=(a_{ij})$右乘列向量$\boldsymbol{B}=(1,1,\cdots,1)^{\mathrm{T}}$,根据乘法法则,得到的是$\boldsymbol{A}$的各行元素之和,即由

$$c_i=a_{i1}+a_{i2}+\cdots+a_{in}=\sum_{j=1}^{n}a_{ij}$$

构成的列向量,故本题应选择(A).

类似地,若要将矩阵$\boldsymbol{A}$的各列元素加总.只需将矩阵$\boldsymbol{A}$左乘行向量$\boldsymbol{C}=(1,1,\cdots,1)$,即$\boldsymbol{CA}$,若要求矩阵$\boldsymbol{A}$所有元素的和,只需左乘行向量$\boldsymbol{C}$,同时右乘列向量$\boldsymbol{B}$,即$\boldsymbol{CAB}$.

(3)【答案】 (C)

【考点】 对称矩阵的概念,矩阵的转置运算.

【解析】 本题主要考查矩阵的对称性和对称矩阵的判断.判断时要通过转置运算确认.由

$$(\boldsymbol{A}^{\mathrm{T}}\boldsymbol{A})^{\mathrm{T}}=\boldsymbol{A}^{\mathrm{T}}(\boldsymbol{A}^{\mathrm{T}})^{\mathrm{T}}=\boldsymbol{A}^{\mathrm{T}}\boldsymbol{A},(\boldsymbol{A}\boldsymbol{A}^{\mathrm{T}})^{\mathrm{T}}=(\boldsymbol{A}^{\mathrm{T}})^{\mathrm{T}}\boldsymbol{A}^{\mathrm{T}}=\boldsymbol{A}\boldsymbol{A}^{\mathrm{T}},$$

$$(\boldsymbol{E}+\boldsymbol{A}\boldsymbol{A}^{\mathrm{T}})^{\mathrm{T}}=\boldsymbol{E}^{\mathrm{T}}+(\boldsymbol{A}\boldsymbol{A}^{\mathrm{T}})^{\mathrm{T}}=\boldsymbol{E}+\boldsymbol{A}\boldsymbol{A}^{\mathrm{T}},$$

由排除法,知选项(C)符合题意,故选之.选项(C)的问题是$\boldsymbol{A}^{\mathrm{T}}\boldsymbol{A}$与$\boldsymbol{A}\boldsymbol{A}^{\mathrm{T}}$为两个不同阶的矩阵,不能相加.

(4)【答案】 (B)

【考点】 数乘矩阵的运算,数乘矩阵的逆矩阵、伴随矩阵,数乘矩阵的转置与行列式.

【解析】 非零常数乘可逆矩阵后再求逆矩阵,及非零常数乘矩阵后再转置,非零常数乘矩阵后再取行列式,非零常数乘矩阵后再求伴随矩阵等,经常会遇到将常数提出矩阵的问题,相关的结论正确的是:

由于$(k\boldsymbol{A})(k^{-1}\boldsymbol{A}^{-1})=kk^{-1}(\boldsymbol{A}\boldsymbol{A}^{-1})=\boldsymbol{E}$,所以有$(k\boldsymbol{A})^{-1}=k^{-1}\boldsymbol{A}^{-1}$.

由于$(k\boldsymbol{A})^{\mathrm{T}}=(ka_{ij})^{\mathrm{T}}=(ka_{ji})=k(a_{ji})$,所以有$(k\boldsymbol{A})^{\mathrm{T}}=k(\boldsymbol{A})^{\mathrm{T}}$.

又$|k\boldsymbol{A}|=k^n|\boldsymbol{A}|$,有$(k\boldsymbol{A})^*=|k\boldsymbol{A}|(k\boldsymbol{A})^{-1}=k^n|\boldsymbol{A}|(k^{-1}\boldsymbol{A}^{-1})=k^{n-1}|\boldsymbol{A}|\boldsymbol{A}^{-1}$,所以有$(k\boldsymbol{A})^*=k^{n-1}\boldsymbol{A}^*$.

因此,对照各选项,本题应选择(B).

(5)【答案】 (A)

【考点】 矩阵幂的运算性质,对角矩阵的性质,矩阵的行列式.

【解析】 本题重点考查的是对角矩阵的运算性质,一般而言,两个对角矩阵相乘,最终体现在对应位置上两对角线元素之间相乘,即两数相乘,可交换,因此,任何两个对角矩阵可交换.另,对角矩阵的若干次幂等于其对角线元素的同次幂构成的对角矩阵,据此可以推断,非零对角矩阵 $\boldsymbol{A}$ 的 m 次幂不会改其非零性,故选项(A)正确,选之.

【说明】 对一般矩阵而言,并不具备上述性质,如对角矩阵 $\boldsymbol{A}=\begin{pmatrix}-1 & 0\\ 0 & 2\end{pmatrix}$ 与非对角矩阵 $\boldsymbol{B}=\begin{pmatrix}0 & 1\\ 0 & 0\end{pmatrix}$ 相乘就不能交换,虽然 $\boldsymbol{B}\neq\boldsymbol{O}$,但 $\boldsymbol{B}^2=\boldsymbol{O}$. 因此,选项(B)和(C)不正确,另外由 $|\boldsymbol{A}|=|\boldsymbol{P}^{-1}\boldsymbol{BP}|=|\boldsymbol{P}^{-1}||\boldsymbol{B}||\boldsymbol{P}|=|\boldsymbol{B}|$,知选项(D)也不正确.

(6)【答案】 (B)

【考点】 矩阵逆运算的性质,矩阵转置运算的性质.

【解析】 本题重点考查矩阵逆运算和转置运算的性质,由

$$(\boldsymbol{A}^{-1})^{\mathrm{T}}=(\boldsymbol{A}^{\mathrm{T}})^{-1},(\boldsymbol{A}^{-1})^{-1}=\boldsymbol{A},$$

不难得到结论 $[(\boldsymbol{A}^{-1})^{\mathrm{T}}]^{-1}=\boldsymbol{A}^{\mathrm{T}}$. 本题应选择(B).

(7)【答案】 (C)

【考点】 伴随矩阵、逆矩阵的运算性质.

【解析】 本题重点考查伴随矩阵的运算性质.计算时首先要确定矩阵 $\boldsymbol{A}$ 的可逆性,由 $|\boldsymbol{A}|=1$,知矩阵 $\boldsymbol{A}$ 可逆,方能用公式 $\boldsymbol{A}^*=|\boldsymbol{A}|\boldsymbol{A}^{-1}=\boldsymbol{A}^{-1}$,再用公式对矩阵 $\boldsymbol{A}^{-1}$ 求伴随矩阵,得到 $(\boldsymbol{A}^*)^*=(\boldsymbol{A}^{-1})^*=|\boldsymbol{A}^{-1}|(\boldsymbol{A}^{-1})^{-1}=\boldsymbol{A}$,因此,本题应选择(C).

(8)【答案】 (D)

【考点】 非齐次线性方程组的解及克拉默法则,三阶行列式的计算.

【解析】 本题讨论在系数矩阵为方阵的情况下非齐次线性方程组有唯一解的条件.可以确定的是,在 $\boldsymbol{A}$ 为方阵的前提下,非齐次线性方程组 $\boldsymbol{Ax}=\boldsymbol{b}$ 有唯一解的充分必要条件是 $\boldsymbol{A}$ 非奇异,克拉默法则只给出结论的充分性,而这里实际用到的是结论的必要性,即若方程组 $\boldsymbol{Ax}=\boldsymbol{b}$ 有唯一解,则必有 $|\boldsymbol{A}|\neq 0$. 由

$$|\boldsymbol{A}|=\begin{vmatrix}k & 1 & 1\\ 1 & k & 0\\ 3 & 1 & 1\end{vmatrix}=k(k-3),$$

知该非齐次线性方程组有唯一解,则必有 $k\neq 0$ 且 $k\neq 3$,本题应选择(D).

二、填空题.

(9)【答案】 1

【考点】 矩阵的乘法运算,两矩阵相等的概念.

【解析】 由矩阵的乘法运算,可以得到两个相等的同结构的列矩阵,根据对应元素相等的规则转化为三个方程:

由 $\begin{pmatrix}k & 1 & 1\\ 3 & 0 & 1\\ 0 & 2 & -1\end{pmatrix}\begin{pmatrix}3\\ k\\ -3\end{pmatrix}=\begin{pmatrix}4k-3\\ 6\\ 2k+3\end{pmatrix}=\begin{pmatrix}k\\ 6\\ 5\end{pmatrix}$,有 $\begin{cases}4k-3=k,\\ 6=6,\\ 2k+3=5,\end{cases}$ 求解可得 $k=1$.

(10)【答案】 $\begin{pmatrix}2 & 1\\1 & 0\\3 & 2\end{pmatrix}$

【考点】 矩阵的乘法概念与运算,两矩阵相等的概念.

【解析】 本题是要由矩阵方程求未知矩阵,由于未知矩阵 $\boldsymbol{B}$ 不能仅由矩阵运算直接得到,并由矩阵 $\boldsymbol{A},\boldsymbol{C}$ 表示,故一般只能设定未知矩阵 $\boldsymbol{B}=(x_{ij})$,通过矩阵乘法,最终得到两个相等的同结构的矩阵,再根据对应元素相等的规则转化为代数方程组解出未知元素 x_{ij},从而得到矩阵 $\boldsymbol{B}$.过程如下:

根据矩阵的乘法概念,$\boldsymbol{B}$ 为 3×2 的矩阵,于是设 $\boldsymbol{B}=\begin{pmatrix}x_{11} & x_{12}\\x_{21} & x_{22}\\x_{31} & x_{32}\end{pmatrix}$,即有

$$\begin{aligned}\boldsymbol{AB}&=\begin{pmatrix}a_1 & b_1 & c_1\\a_2 & b_2 & c_2\end{pmatrix}\begin{pmatrix}x_{11} & x_{12}\\x_{21} & x_{22}\\x_{31} & x_{32}\end{pmatrix}\\&=\begin{pmatrix}x_{11}a_1+x_{21}b_1+x_{31}c_1 & x_{12}a_1+x_{22}b_1+x_{32}c_1\\x_{11}a_2+x_{21}b_2+x_{31}c_2 & x_{12}a_2+x_{22}b_2+x_{32}c_2\end{pmatrix}=\begin{pmatrix}2a_1+b_1+3c_1 & a_1+2c_1\\2a_2+b_2+3c_2 & a_2+2c_2\end{pmatrix},\end{aligned}$$

比较对应元素的组合系数可得 $\boldsymbol{B}=\begin{pmatrix}2 & 1 & 3\\1 & 0 & 2\end{pmatrix}^{\mathrm{T}}$.

(11)【答案】 $-\frac{1}{2}\begin{pmatrix}1 & 3\\2 & 4\end{pmatrix}$

【考点】 伴随矩阵、逆矩阵的运算性质.

【解析】 本题是求已知矩阵的伴随矩阵的逆矩阵.有两种解法:一种是按照由 $\boldsymbol{A}$ 先求伴随矩阵 $\boldsymbol{A}^*$ 再求 $(\boldsymbol{A}^*)^{-1}$ 的程序进行;另一种是在字母层面作如下简化运算:

$$(\boldsymbol{A}^*)^{-1}=(|\boldsymbol{A}|\boldsymbol{A}^{-1})^{-1}=\frac{1}{|\boldsymbol{A}|}\boldsymbol{A},$$

最终只需计算 $|\boldsymbol{A}|=-2$,即可得结果 $(\boldsymbol{A}^*)^{-1}=\frac{1}{|\boldsymbol{A}|}\boldsymbol{A}=-\frac{1}{2}\begin{pmatrix}1 & 3\\2 & 4\end{pmatrix}$.

显然,后一种方法要简单得多,每一位考生都应当掌握.

(12)【答案】 $\boldsymbol{O}$

【考点】 实对称矩阵的性质,矩阵乘积 $\boldsymbol{A}^{\mathrm{T}}\boldsymbol{A}=\boldsymbol{O}$ 的性质.

【解析】 一般而言,对任意 n 阶矩阵 $\boldsymbol{A}$,一个重要的运算性质是:$\boldsymbol{A}^{\mathrm{T}}\boldsymbol{A}=\boldsymbol{O}$ 的充分必要条件是 $\boldsymbol{A}=\boldsymbol{O}$.这也是本题求解的关键点或考查的重点.

由 $\boldsymbol{A}$ 为实对称矩阵,即 $\boldsymbol{A}^{\mathrm{T}}=\boldsymbol{A}$,因此,由题设,有 $\boldsymbol{A}^2=\boldsymbol{A}^{\mathrm{T}}\boldsymbol{A}=\boldsymbol{O}$,从而有 $\boldsymbol{A}=\boldsymbol{O}$.

(13)【答案】 16

【考点】 伴随矩阵的性质,矩阵的行列式,行列式的计算.

【解析】 利用矩阵运算计算行列式是行列式计算的又一个重要手段,求解本题的基本思路是:通过 $\boldsymbol{A}^*$ 与 $\boldsymbol{A}^{-1}$ 的相互转换,将两者化为同类矩阵合并处理.

首先,依题设,$|\boldsymbol{A}|=\frac{1}{2}$,知 $\boldsymbol{A}$ 可逆,然后,由公式 $\boldsymbol{A}^*=|\boldsymbol{A}|\boldsymbol{A}^{-1}$ 及 $\boldsymbol{A}^*$ 与 $\boldsymbol{A}^{-1}$ 的相互转换,求出 $|\boldsymbol{A}^{-1}+2\boldsymbol{A}^*|$.

法 1 将 $\boldsymbol{A}^* = \frac{1}{2}\boldsymbol{A}^{-1}$ 代入,得

$$|\boldsymbol{A}^{-1}+2\boldsymbol{A}^*| = |\boldsymbol{A}^{-1}+\boldsymbol{A}^{-1}| = |2\boldsymbol{A}^{-1}| = 2^3\frac{1}{|\boldsymbol{A}|} = 16.$$

法 2 将 $\boldsymbol{A}^{-1} = 2\boldsymbol{A}^*$ 代入,得

$$|\boldsymbol{A}^{-1}+2\boldsymbol{A}^*| = |2\boldsymbol{A}^*+2\boldsymbol{A}^*| = |4\boldsymbol{A}^*| = 4^3|\boldsymbol{A}|^{3-1} = 16.$$

【说明】 两矩阵和式的行列式切不可拆分为两矩阵的行列式的和.无论行列式性质还是矩阵的行列式性质均无此结论.

(14)**【答案】** $(1,0,0)^{\mathrm{T}}$

【考点】 非齐次线性方程组及克拉默法则,范德蒙德行列式.

【解析】 本题主要利用克拉默法则求解非齐次线性方程组.一般地,求解系数矩阵为方阵的非齐次线性方程组,首先要计算方程组的系数行列式,即由

$$D=\begin{vmatrix}1&1&-1\\2&3&1\\4&9&-1\end{vmatrix}=-\begin{vmatrix}1&1&1\\2&3&-1\\2^2&3^2&(-1)^2\end{vmatrix}=-(-1-2)(-1-3)(3-2)=-12\neq 0,$$

知方程组有唯一解,考虑到未知量 x_1 的系数与常数项相同,故方程组的解为$(1,0,0)^{\mathrm{T}}$.

本题作为填空题出现,主要是其系数行列式为范德蒙德行列式,而且容易直接观察到方程组的解,计算量不大,考生如注意观察,可很快得到结果.

三、解答题.

(15)**【考点】** 矩阵的乘法运算和幂运算.

【解析】 本题重点考查的是矩阵的乘法运算,但仍然有可能将运算 $\boldsymbol{A}^2-\boldsymbol{B}^2$ 错误的转换为$(\boldsymbol{A}-\boldsymbol{B})(\boldsymbol{A}+\boldsymbol{B})$,具体运算过程如下:

$$\boldsymbol{AB}=\begin{pmatrix}3&4\\-1&-2\end{pmatrix}\begin{pmatrix}1&1\\-3&-2\end{pmatrix}=\begin{pmatrix}-9&-5\\5&3\end{pmatrix},$$

$$\boldsymbol{BA}=\begin{pmatrix}1&1\\-3&-2\end{pmatrix}\begin{pmatrix}3&4\\-1&-2\end{pmatrix}=\begin{pmatrix}2&2\\-7&-8\end{pmatrix},$$

运算 $\boldsymbol{AB},\boldsymbol{BA}$ 的结果表明 $\boldsymbol{A}$ 与 $\boldsymbol{B}$ 不可交换.

$$\begin{aligned}\boldsymbol{A}^2-\boldsymbol{B}^2&=\begin{pmatrix}3&4\\-1&-2\end{pmatrix}\begin{pmatrix}3&4\\-1&-2\end{pmatrix}-\begin{pmatrix}1&1\\-3&-2\end{pmatrix}\begin{pmatrix}1&1\\-3&-2\end{pmatrix}\\&=\begin{pmatrix}5&4\\-1&0\end{pmatrix}-\begin{pmatrix}-2&-1\\3&1\end{pmatrix}\\&=\begin{pmatrix}7&5\\-4&-1\end{pmatrix}.\end{aligned}$$

【说明】 在计算 $\boldsymbol{A}^2-\boldsymbol{B}^2$ 时切不可转换为$(\boldsymbol{A}-\boldsymbol{B})(\boldsymbol{A}+\boldsymbol{B})$ 进行,一般情况下,$\boldsymbol{A}^2-\boldsymbol{B}^2\neq(\boldsymbol{A}-\boldsymbol{B})(\boldsymbol{A}+\boldsymbol{B})$.

(16)**【考点】** 矩阵的乘法运算,矩阵可交换,矩阵方程的求解.

【解析】 根据矩阵可交换的概念,有 $\boldsymbol{A}\begin{pmatrix}1&1\\0&1\end{pmatrix}=\begin{pmatrix}1&1\\0&1\end{pmatrix}\boldsymbol{A}$,仅限矩阵的运算,从方程很难计算出矩阵 $\boldsymbol{A}$,为此,应具体设定未知矩阵 $\boldsymbol{A}$,并由矩阵乘法转化为 4 个线性方程组求解确定.过程

如下：

设矩阵 $A=\begin{pmatrix}a_{11}&a_{12}\\a_{21}&a_{22}\end{pmatrix}$ 与 $\begin{pmatrix}1&1\\0&1\end{pmatrix}$ 可以交换，则有

$$\begin{pmatrix}a_{11}&a_{12}\\a_{21}&a_{22}\end{pmatrix}\begin{pmatrix}1&1\\0&1\end{pmatrix}=\begin{pmatrix}1&1\\0&1\end{pmatrix}\begin{pmatrix}a_{11}&a_{12}\\a_{21}&a_{22}\end{pmatrix},$$

即有

$$\begin{pmatrix}a_{11}&a_{11}+a_{12}\\a_{21}&a_{21}+a_{22}\end{pmatrix}=\begin{pmatrix}a_{11}+a_{21}&a_{12}+a_{22}\\a_{21}&a_{22}\end{pmatrix},$$

从而有方程组

$$\begin{cases}a_{11}=a_{11}+a_{21},\\a_{11}+a_{12}=a_{12}+a_{22},\\a_{21}=a_{21},\\a_{21}+a_{22}=a_{22},\end{cases}$$

解得 $a_{21}=0,a_{11}=a_{22}=c_1,a_{12}=c_2$.

因此，与 $\begin{pmatrix}1&1\\0&1\end{pmatrix}$ 可交换的矩阵为 $\begin{pmatrix}c_1&c_2\\0&c_1\end{pmatrix}$，其中 c_1,c_2 为任意常数.

(17)**【考点】** 矩阵可逆的概念和判断，由矩阵方程求逆矩阵.

【解析】 判断由矩阵方程确定的矩阵可逆性，并计算逆矩阵是常见的题型. 处理这类题的一个基本做法是，对已知的矩阵方程通过配置、因式分解，将需要判断的矩阵对象作为乘积因子，并使方程的另一端为一个可逆矩阵(最好是单位矩阵)，这样两边取行列式，从而确定要判断的矩阵对象的非奇异性，进而由矩阵可逆的概念，给出要求的逆矩阵. 过程如下：

将 $(A-E)^2=O$ 展开，即 $A^2-2A+E=O$，因式分解得 $A(2E-A)=E$，两边取行列式，得 $|A||2E-A|=|E|=1\neq0$，知 $|A|\neq0,|2E-A|\neq0$，因此 A 可逆，且 $A^{-1}=2E-A$.

【说明】 由 $(A-E)^2=O$ 得不出 $A-E=O$ 的结论，因此，不能由此推出 A 可逆，也得不到 $A^{-1}=E$ 的结果.

(18)**【考点】** 伴随矩阵、可逆矩阵的运算性质，伴随矩阵的计算.

【解析】 本题是已知某矩阵的逆矩阵，欲求该矩阵的伴随矩阵的逆矩阵，有三种方法计算：一种是按部就班的，先由逆矩阵 A^{-1} 求逆，得出矩阵 A，再求伴随矩阵 A^*，最后再求伴随矩阵的逆矩阵 $(A^*)^{-1}$；第二种是由 A^{-1} 求出 $|A|$，再由公式求出 $A^*=|A|A^{-1}$，最后再求伴随矩阵的逆矩阵 $(A^*)^{-1}$；第三种是利用伴随矩阵和逆矩阵的运算性质和转换关系，得到公式 $(A^*)^{-1}=(A^{-1})^*$，直接计算出 A^{-1} 的伴随矩阵即可. 第三种方法计算过程如下：

由题设知，A 可逆，则有 $A^*=|A|A^{-1}$，从而有

$$(A^*)^{-1}=(|A|A^{-1})^{-1}=\frac{1}{|A|}A,$$

$$(A^{-1})^*=|A^{-1}|(A^{-1})^{-1}=\frac{1}{|A|}A,$$

因此，记 $B=A^{-1}$，得

$$(A^*)^{-1}=(A^{-1})^*=B^*=\begin{pmatrix}7&6&-8\\9&-2&-3\\-3&-5&1\end{pmatrix},$$

其中
$$B_{11}=\begin{vmatrix}1&3\\-1&4\end{vmatrix}=7,B_{12}=-\begin{vmatrix}0&3\\3&4\end{vmatrix}=9,B_{13}=\begin{vmatrix}0&1\\3&-1\end{vmatrix}=-3,$$
$$B_{21}=-\begin{vmatrix}-2&2\\-1&4\end{vmatrix}=6,B_{22}=\begin{vmatrix}1&2\\3&4\end{vmatrix}=-2,B_{23}=-\begin{vmatrix}1&-2\\3&-1\end{vmatrix}=-5,$$
$$B_{31}=\begin{vmatrix}-2&2\\1&3\end{vmatrix}=-8,B_{32}=-\begin{vmatrix}1&2\\0&3\end{vmatrix}=-3,B_{33}=\begin{vmatrix}1&-2\\0&1\end{vmatrix}=1.$$
显然第三种方法是三种方法中最简便的，在此使用了在处理线性代数运算题时所倡导的方法，在实施数值计算前一定要充分利用我们掌握的概念、性质，先在代数层面进行推算化简，最后真正需要的计算量是很少很少的.

(19)【考点】 矩阵运算，矩阵可逆性的判断，矩阵乘积的行列式.

【解析】 (Ⅰ)由若干矩阵乘积构成的矩阵方程判断矩阵的可逆性，求解思路同第(17)题类似.

首先依题设，$\boldsymbol{ABCD}=\boldsymbol{E}$，两边取行列式，有
$$|\boldsymbol{A}|\,|\boldsymbol{B}|\,|\boldsymbol{C}|\,|\boldsymbol{D}|=|\boldsymbol{E}|=1\neq0,$$
于是，由数乘的性质知，$|\boldsymbol{A}|\neq0,|\boldsymbol{B}|\neq0,|\boldsymbol{C}|\neq0,|\boldsymbol{D}|\neq0$，因此，$\boldsymbol{A},\boldsymbol{B},\boldsymbol{C},\boldsymbol{D}$ 均为可逆矩阵.

(Ⅱ)将等式 $\boldsymbol{ABCD}=\boldsymbol{E}$ 两边同时左乘 $\boldsymbol{A}^{-1}$ 和右乘 $\boldsymbol{A}$，即
$$\boldsymbol{A}^{-1}\boldsymbol{ABCDA}=\boldsymbol{A}^{-1}\boldsymbol{EA}=\boldsymbol{E},$$
则有 $\boldsymbol{BCDA}=\boldsymbol{E}$.

同理，将等式 $\boldsymbol{BCDA}=\boldsymbol{E}$ 两边同时左乘 $\boldsymbol{B}^{-1}$ 和右乘 $\boldsymbol{B}$，则有 $\boldsymbol{CDAB}=\boldsymbol{E}$. 类似可证 $\boldsymbol{DABC}=\boldsymbol{E}$.

由(Ⅱ)可得一个更为一般的矩阵运算的性质：如果若干同阶矩阵 $\boldsymbol{A}_1,\boldsymbol{A}_2,\cdots,\boldsymbol{A}_m$ 的乘积满足等式 $\boldsymbol{A}_1\boldsymbol{A}_2\cdots\boldsymbol{A}_m=\boldsymbol{E}$，则在不改变前后连接顺序的情况下，随意循环排列相乘其结果仍然为单位矩阵，即 $\boldsymbol{A}_2\cdots\boldsymbol{A}_m\boldsymbol{A}_1=\boldsymbol{E},\boldsymbol{A}_3\cdots\boldsymbol{A}_m\boldsymbol{A}_1\boldsymbol{A}_2=\boldsymbol{E},\cdots,\boldsymbol{A}_m\boldsymbol{A}_1\boldsymbol{A}_2\cdots\boldsymbol{A}_{m-1}=\boldsymbol{E}$.

(20)【考点】 分块矩阵及其运算，方阵的幂运算，准对角矩阵的幂运算.

【解析】 准对角矩阵，即由若干方阵分块为对角线元素构造的分块对角矩阵，应该明确的是，除涉及分块矩阵相乘不具交换性外，准对角矩阵具有与对角矩阵相似的运算性质，本题考查的是准对角矩阵的幂的运算性质，即准对角矩阵的幂等于由对角线上各分块的幂形成的准对角矩阵. $\boldsymbol{A}^5=\begin{bmatrix}\boldsymbol{A}_1^5&0\\0&\boldsymbol{A}_2^5\end{bmatrix}$，最终结果要由 $\boldsymbol{A}_1,\boldsymbol{A}_2$ 的 5 次幂给出. 计算如下：

首先，从运算 $\boldsymbol{A}_1^2=\boldsymbol{A}_1\boldsymbol{A}_1,\boldsymbol{A}_2^2=\boldsymbol{A}_2\boldsymbol{A}_2$ 开始，逐次增加运算幂次，并注意找到其规律性，有
$$\boldsymbol{A}_1^2=\begin{pmatrix}2&4\\1&2\end{pmatrix}\begin{pmatrix}2&4\\1&2\end{pmatrix}=\begin{pmatrix}2^3&2^4\\2^2&2^3\end{pmatrix},\boldsymbol{A}_1^3=\begin{pmatrix}2^3&2^4\\2^2&2^3\end{pmatrix}\begin{pmatrix}2&4\\1&2\end{pmatrix}=\begin{pmatrix}2^5&2^6\\2^4&2^5\end{pmatrix},\cdots,$$
$$\boldsymbol{A}_2^2=\begin{pmatrix}1&2\\0&1\end{pmatrix}\begin{pmatrix}1&2\\0&1\end{pmatrix}=\begin{pmatrix}1&4\\0&1\end{pmatrix},\boldsymbol{A}_2^3=\begin{pmatrix}1&4\\0&1\end{pmatrix}\begin{pmatrix}1&2\\0&1\end{pmatrix}=\begin{pmatrix}1&6\\0&1\end{pmatrix},\cdots,$$
由归纳法知
$$\boldsymbol{A}_1^5=\begin{pmatrix}2^9&2^{10}\\2^8&2^9\end{pmatrix},\boldsymbol{A}_2^5=\begin{pmatrix}1&10\\0&1\end{pmatrix},$$
从而有
$$\boldsymbol{A}^5=\begin{bmatrix}\boldsymbol{A}_1^5&\boldsymbol{O}\\\boldsymbol{O}&\boldsymbol{A}_2^5\end{bmatrix}=\begin{bmatrix}2^9&2^{10}&0&0\\2^8&2^9&0&0\\0&0&1&10\\0&0&0&1\end{bmatrix}.$$

(21)【考点】 矩阵运算，矩阵方程的求解，矩阵可逆的判断，用伴随矩阵法求逆矩阵.

【解析】 本题同样是由矩阵方程求未知矩阵的问题.与前面类似问题的不同点在于未知矩阵可以在矩阵运算的范畴内进行.而不需要对未知矩阵具体设定元素,再化为线性方程组求解构造产生.具体求解的方法是:运用矩阵运算的性质,在调整方程结构和因式分解的基础上,将未知矩阵作为乘积因子剥离出来,化为$\boldsymbol{AX}=\boldsymbol{B}$或$\boldsymbol{XA}=\boldsymbol{B}$或$\boldsymbol{AXB}=\boldsymbol{C}$的形式,在可逆条件下,可进一步解得$\boldsymbol{X}=\boldsymbol{A}^{-1}\boldsymbol{B}$或$\boldsymbol{X}=\boldsymbol{B}\boldsymbol{A}^{-1}$或$\boldsymbol{X}=\boldsymbol{A}^{-1}\boldsymbol{C}\boldsymbol{B}^{-1}$.具体求解如下:

由$\boldsymbol{AB}=2\boldsymbol{A}+\boldsymbol{B}$,整理得

$$(\boldsymbol{A}-\boldsymbol{E})(\boldsymbol{B}-2\boldsymbol{E})=2\boldsymbol{E},$$

其中$\boldsymbol{B}-2\boldsymbol{E}=\begin{pmatrix}0&0&2\\0&2&0\\2&0&0\end{pmatrix}$,$|\boldsymbol{B}-2\boldsymbol{E}|=-8\neq 0$,故$\boldsymbol{B}-2\boldsymbol{E}$可逆,且

$$(\boldsymbol{B}-2\boldsymbol{E})^{-1}=\frac{1}{|\boldsymbol{B}-2\boldsymbol{E}|}(\boldsymbol{B}-2\boldsymbol{E})^{*}=\frac{1}{8}\begin{pmatrix}0&0&4\\0&4&0\\4&0&0\end{pmatrix},$$

因此解得

$$\boldsymbol{A}-\boldsymbol{E}=2\boldsymbol{E}(\boldsymbol{B}-2\boldsymbol{E})^{-1}=\begin{pmatrix}0&0&1\\0&1&0\\1&0&0\end{pmatrix}.$$

(22)**【考点】** 分块矩阵及其行列式的运算,准三角形行列式的计算.

【解析】 (Ⅰ)注意到,题中$\begin{pmatrix}\boldsymbol{E}&\boldsymbol{E}\\\boldsymbol{O}&\boldsymbol{E}\end{pmatrix}$,$\begin{pmatrix}\boldsymbol{E}&-\boldsymbol{E}\\\boldsymbol{O}&\boldsymbol{E}\end{pmatrix}$可看作由单位分块矩阵$\begin{pmatrix}\boldsymbol{E}&\boldsymbol{O}\\\boldsymbol{O}&\boldsymbol{E}\end{pmatrix}$作一次初等变换得到的准初等矩阵,他们在分块矩阵运算中起到类似初等矩阵的功能.例如,将矩阵$\begin{pmatrix}\boldsymbol{E}&\boldsymbol{E}\\\boldsymbol{O}&\boldsymbol{E}\end{pmatrix}$左乘$\begin{pmatrix}\boldsymbol{A}&\boldsymbol{B}\\\boldsymbol{B}&\boldsymbol{A}\end{pmatrix}$,相当于将其第二行加至第一行,于是

$$\begin{aligned}\begin{pmatrix}\boldsymbol{E}&\boldsymbol{E}\\\boldsymbol{O}&\boldsymbol{E}\end{pmatrix}\begin{pmatrix}\boldsymbol{A}&\boldsymbol{B}\\\boldsymbol{B}&\boldsymbol{A}\end{pmatrix}\begin{pmatrix}\boldsymbol{E}&-\boldsymbol{E}\\\boldsymbol{O}&\boldsymbol{E}\end{pmatrix}&=\begin{pmatrix}\boldsymbol{A}+\boldsymbol{B}&\boldsymbol{B}+\boldsymbol{A}\\\boldsymbol{B}&\boldsymbol{A}\end{pmatrix}\begin{pmatrix}\boldsymbol{E}&-\boldsymbol{E}\\\boldsymbol{O}&\boldsymbol{E}\end{pmatrix}\\&=\begin{pmatrix}\boldsymbol{A}+\boldsymbol{B}&\boldsymbol{O}\\\boldsymbol{B}&\boldsymbol{A}-\boldsymbol{B}\end{pmatrix}.\end{aligned}$$

(Ⅱ)由(Ⅰ),将等式$\begin{pmatrix}\boldsymbol{E}&\boldsymbol{E}\\\boldsymbol{O}&\boldsymbol{E}\end{pmatrix}\begin{pmatrix}\boldsymbol{A}&\boldsymbol{B}\\\boldsymbol{B}&\boldsymbol{A}\end{pmatrix}\begin{pmatrix}\boldsymbol{E}&-\boldsymbol{E}\\\boldsymbol{O}&\boldsymbol{E}\end{pmatrix}=\begin{pmatrix}\boldsymbol{A}+\boldsymbol{B}&\boldsymbol{O}\\\boldsymbol{B}&\boldsymbol{A}-\boldsymbol{B}\end{pmatrix}$两边取行列式,就可证明结论,即

$$\begin{vmatrix}\boldsymbol{E}&\boldsymbol{E}\\\boldsymbol{O}&\boldsymbol{E}\end{vmatrix}\begin{vmatrix}\boldsymbol{A}&\boldsymbol{B}\\\boldsymbol{B}&\boldsymbol{A}\end{vmatrix}\begin{vmatrix}\boldsymbol{E}&-\boldsymbol{E}\\\boldsymbol{O}&\boldsymbol{E}\end{vmatrix}=\begin{vmatrix}\boldsymbol{A}+\boldsymbol{B}&\boldsymbol{O}\\\boldsymbol{B}&\boldsymbol{A}-\boldsymbol{B}\end{vmatrix},$$

其中$\begin{vmatrix}\boldsymbol{E}&\boldsymbol{E}\\\boldsymbol{O}&\boldsymbol{E}\end{vmatrix}=|\boldsymbol{E}|^2=1$,$\begin{vmatrix}\boldsymbol{E}&-\boldsymbol{E}\\\boldsymbol{O}&\boldsymbol{E}\end{vmatrix}=|\boldsymbol{E}|^2=1$,$\begin{vmatrix}\boldsymbol{A}+\boldsymbol{B}&\boldsymbol{O}\\\boldsymbol{B}&\boldsymbol{A}-\boldsymbol{B}\end{vmatrix}=|\boldsymbol{A}+\boldsymbol{B}|\,|\boldsymbol{A}-\boldsymbol{B}|$,

从而证明

$$\begin{vmatrix}\boldsymbol{A}&\boldsymbol{B}\\\boldsymbol{B}&\boldsymbol{A}\end{vmatrix}=|\boldsymbol{A}+\boldsymbol{B}|\,|\boldsymbol{A}-\boldsymbol{B}|.$$

(23)**【考点】** 非齐次线性方程组解的讨论,三阶行列式的计算,克拉默法则.

【解析】 本题是典型的运用克拉默法则计算非齐次线性方程组的题型.求解首先从系数行列式的计算开始,由

$$D=\begin{vmatrix}1&2&1\\2&3&a+2\\1&a&-2\end{vmatrix}=-a^2+2a+3=-(a-3)(a+1)=0,$$

得 $a=-1$ 或 $a=3$，知当 $a\neq -1$ 且 $a\neq 3$ 时，方程组有唯一解.

又

$$D_1=\begin{vmatrix}1&2&1\\3&3&a+2\\0&a&-2\end{vmatrix}=-(a-3)(a+2),$$

$$D_2=\begin{vmatrix}1&1&1\\2&3&a+2\\1&0&-2\end{vmatrix}=a-3,$$

$$D_3=\begin{vmatrix}1&2&1\\2&3&3\\1&a&0\end{vmatrix}=-(a-3),$$

知方程组的解为

$$x_1=\frac{D_1}{D}=\frac{a+2}{a+1},x_2=\frac{D_2}{D}=-\frac{1}{a+1},x_3=\frac{D_3}{D}=\frac{1}{a+1}.$$

第三章 矩阵的初等变换与线性方程组

一、选择题.

(1)【答案】 (B)

【考点】 初等矩阵的运算性质,矩阵的逆运算.

【解析】 由初等矩阵的运算性质,有

$$(\boldsymbol{E}(1,2))^2=\boldsymbol{E},(\boldsymbol{E}(2,3(1)))^{-1}=\boldsymbol{E}(2,3(-1)),$$

从而有

$$\boldsymbol{A}^{-1}=[(\boldsymbol{E}(1,2))^2\boldsymbol{E}(2,3(1))]^{-1}=(\boldsymbol{E}(2,3(1)))^{-1}=\boldsymbol{E}(2,3(-1)),$$

故本题应选择(B).

【说明】 本题在求逆前先进行了化简,计算过程就简便很多,另初等矩阵的逆运算经常要遇到,应掌握好以下计算公式:

$$(\boldsymbol{E}(i,j))^{-1}=\boldsymbol{E}(i,j),(\boldsymbol{E}(i(k)))^{-1}=\boldsymbol{E}\left(i\left(\frac{1}{k}\right)\right),(\boldsymbol{E}(i,j(k)))^{-1}=\boldsymbol{E}(i,j(-k)).$$

(2)【答案】 (A)

【考点】 初等变换与初等矩阵的关系,初等矩阵的运算性质,矩阵的运算.

【解析】 本题重点考查的是,如何将对矩阵的初等变换过程的表述转换为矩阵与同种变换的初等矩阵的乘积形式,在此基础上,再求解要求的矩阵. 求解如下:

依题设,$\boldsymbol{AE}(2,1(1))=\boldsymbol{B}$,$\boldsymbol{E}(2,3)\boldsymbol{B}=\boldsymbol{E}$, 有

$$\boldsymbol{A}=\boldsymbol{B}(\boldsymbol{E}(2,1(1)))^{-1}=(\boldsymbol{E}(2,3))^{-1}(\boldsymbol{E}(2,1(1)))^{-1}=\boldsymbol{E}(2,3)(\boldsymbol{E}(2,1(1)))^{-1},$$

进而有

$$\boldsymbol{A}^{-1}=[\boldsymbol{E}(2,3)(\boldsymbol{E}(2,1(1)))^{-1}]^{-1}=\boldsymbol{E}(2,1(1))\boldsymbol{E}(2,3).$$

其中 $\boldsymbol{E}(2,1(1))=\boldsymbol{P}_1$,$\boldsymbol{E}(2,3)=\boldsymbol{P}_2$,因此,本题应选择(A).

(3)【答案】 (D)

【考点】 矩阵等价的概念及其性质.

【解析】 由于逆矩阵可表示为若干初等矩阵的乘积,因此,$\boldsymbol{PAQ}$ 表示对矩阵 $\boldsymbol{A}$ 进行若干次初等行变换和列变换,所得矩阵 $\boldsymbol{B}$ 与 $\boldsymbol{A}$ 等价,故选项(A) 正确. 矩阵的等价概念有传递性,通过矩阵 $\boldsymbol{A}$ 的传递,知 $\boldsymbol{B}$ 与 $\boldsymbol{E}$ 等价,故 $\boldsymbol{B}$ 可逆,选项(B) 正确. 可逆矩阵必与同阶的单位矩阵等价,所以,选项(C) 也正确,由排除法,仅选项(D) 符合题意,选之. 事实上两矩阵等价主要体现在秩的相等关系上,与行列式大小无关.

(4)【答案】 (C)

【考点】 矩阵的秩,已知矩阵的秩定常数.

【解析】 由矩阵的秩来确定常数是线性代数的一个基本题型,主要解题思路是,先运用初等变换将矩阵化简成对角矩阵或上(下) 三角形矩阵,然后再根据矩阵秩的概念确定常数取值. 本题求解过程如下:

由

$$A=\begin{pmatrix}a&1&1\\1&a&1\\1&1&a\end{pmatrix}\sim\begin{pmatrix}a+2&1&1\\0&a-1&0\\0&0&a-1\end{pmatrix},$$

知若 A 的秩为 2,则 $a=-2$,故本题应选择(C).

(5)【答案】 (C)

【考点】 矩阵可逆的概念与判断,矩阵可逆性与齐次线性方程组解的关系、与矩阵行列式的关系、与初等变换及初等矩阵的关系、与矩阵秩的关系等.

【解析】 矩阵可逆性可以从多角度去解读.具体分析如下:

就结构而言,可逆矩阵非零,但非零矩阵未必可逆;就行列式而言,行列式取非零值,对应矩阵一定可逆,但与非零值的正负、大小无关;就方程组而言,$Ax=0$ 仅有零解的充要条件是 A 可逆;就初等变换而言,矩阵可逆的充要条件是它可以表示为若干初等矩阵的乘积;就秩而言,矩阵可逆的充要条件是该矩阵满秩.综上分析,满足题意的条件是 ①,②,⑤,故本题应选择(C).

(6)【答案】 (C)

【考点】 二元线性方程组解的讨论及其几何背景.

【解析】 线性方程组解的讨论往往有一定的几何背景,如在平面空间,一个二元线性方程代表平面上的一条直线,若干个二元线性方程则代表若干条平面直线,将它们组合成方程组,其解的状况就反映了它们的位置关系,扩展到立体空间,一个三元线性方程代表一个空间的平面,类似地,通过三元线性方程组可讨论空间平面之间的位置关系.本题考查的是由三个二元线性方程构成的方程组的解讨论它们代表的三条直线之间的位置关系.具体讨论如下:

依题意,我们要寻求的是三条直线相交于一点的条件,也即线性方程组

$$\begin{cases}a_1x+b_1y=c_1,\\a_2x+b_2y=c_2,\\a_3x+b_3y=c_3\end{cases}$$

有唯一解的条件.根据方程组理论,该方程组有唯一解的充分必要条件是 $R(A)=R(\overline{A})=2$,题设条件 $R(A)=2$ 只是其中必要条件,因此,可以判定选项(C) 符合题设,故选之.

(7)【答案】 (A)

【考点】 非齐次线性方程组解的讨论.

【解析】 本题主要围绕方程组未知量个数 n,方程个数 m,系数矩阵 A 的秩 r 讨论方程组解的状态.讨论对象是非齐次线性方程组,因此,不要忘记其首要问题是方程组是否有解的问题,也即等式 $R(A)=R(\overline{A})$ 是否成立的问题,其次才是方程组有多少个解的问题.依题设,系数矩阵 A 是 $m\times n$ 的矩阵,当 $r=m$ 时,A 是 $m\times n$ 行满秩矩阵,对于任意常数项,方程组总有解,故本题应该选择(A).

另,$r=n$ 时,方程组 $Ax=0$ 仅有零解,$r<n$ 时,方程组 $Ax=0$ 有非零解,但都不能保证 $R(A)=R(\overline{A})$ 成立,即不能保证方程组 $Ax=b$ 有解,$m=n$ 时,不能说明方程组的任何状态.

(8)【答案】 (B)

【考点】 非齐次线性方程组解的讨论.

【解析】 本题同样是讨论非齐次线性方程组解的状态,但与上题不同的是,所有讨论都是在方程组 $Ax=b$ 有解的前提下进行.按照题设,非齐次线性方程组 $Ax=b$ 有两个互不相同的解,这就排除了方程组无解,或者有唯一解的可能,这表示该方程组必有无穷多解.另,非齐次线性方程的两解之和不再是原方程的解.故本题应该选择(B).

二、填空题.

(9)【答案】 $\begin{pmatrix} -11 & 3 & 6 \\ -18k^3 & 5k^3 & 8k^3 \\ -24 & 7 & 9 \end{pmatrix}$

【考点】 初等矩阵的幂运算,矩阵左乘(右乘)初等矩阵与矩阵初等变换的关系.

【解析】 本题求解时,首先计算好 $\boldsymbol{E}(2(k))$ 和 $\boldsymbol{E}(2,1(-2))$ 的幂,即有

$$(\boldsymbol{E}(2(k)))^3 = \boldsymbol{E}(2(k^3)),$$

$$(\boldsymbol{E}(2,1(-2)))^2 = \boldsymbol{E}(2,1(-2\times 2)) = \boldsymbol{E}(2,1(-4)).$$

于是有

$$(\boldsymbol{E}(2(k)))^3 \begin{pmatrix} 1 & 3 & 6 \\ 2 & 5 & 8 \\ 4 & 7 & 9 \end{pmatrix} (\boldsymbol{E}(2,1(-2)))^2 = \boldsymbol{E}(2(k^3)) \begin{pmatrix} 1 & 3 & 6 \\ 2 & 5 & 8 \\ 4 & 7 & 9 \end{pmatrix} \boldsymbol{E}(2,1(-4))$$

$$= \begin{pmatrix} 1 & 3 & 6 \\ 2k^3 & 5k^3 & 8k^3 \\ 4 & 7 & 9 \end{pmatrix} \boldsymbol{E}(2,1(-4))$$

$$= \begin{pmatrix} 1+3\times(-4) & 3 & 6 \\ 2k^3+5k^3\times(-4) & 5k^3 & 8k^3 \\ 4+7\times(-4) & 7 & 9 \end{pmatrix}$$

$$= \begin{pmatrix} -11 & 3 & 6 \\ -18k^3 & 5k^3 & 8k^3 \\ -24 & 7 & 9 \end{pmatrix}.$$

(10)【答案】 $\begin{pmatrix} \boldsymbol{E}_3 & \boldsymbol{O}_{3\times 1} \\ \boldsymbol{O}_{2\times 3} & \boldsymbol{O}_{2\times 1} \end{pmatrix}$

【考点】 矩阵秩的概念,齐次线性方程组有无非零解与系数矩阵的关系,用初等变换化矩阵为标准形.

【解析】 确定 $\boldsymbol{A}$ 对应的标准形,只需确定 $\boldsymbol{A}$ 的秩. 确定矩阵的秩有多种角度和方式,题中提供了两种角度,一种是从矩阵中的子式角度,另一种是从矩阵对应的齐次方程组的解的角度,具体说,$\boldsymbol{A}$ 中有一个三阶子式大于零,即知 $R(\boldsymbol{A}) \geqslant 3$,又方程组 $\boldsymbol{Ax}=\boldsymbol{0}$ 有非零解,同时有 $R(\boldsymbol{A})<4$,虽然每个条件都不能单独确定 $\boldsymbol{A}$ 的秩,但综合起来,由 $3\leqslant R(\boldsymbol{A})<4$,可以确定 $R(\boldsymbol{A})=3$,从而确定,$\boldsymbol{A}$ 经初等变换可化为标准形 $\begin{pmatrix} \boldsymbol{E}_3 & \boldsymbol{O}_{3\times 1} \\ \boldsymbol{O}_{2\times 3} & \boldsymbol{O}_{2\times 1} \end{pmatrix}$.

(11)【答案】 $\boldsymbol{O}$

【考点】 伴随矩阵的概念及与矩阵秩的关系.

【解析】 本题涉及的是伴随矩阵与秩相关的问题. 一般地,n 阶矩阵 $\boldsymbol{A}$ 的秩与其伴随矩阵 $\boldsymbol{A}^*$ 的秩有以下关系:若 $R(\boldsymbol{A})=n$,则 $R(\boldsymbol{A}^*)=n$;若 $R(\boldsymbol{A})=n-1$,则 $R(\boldsymbol{A}^*)=1$;若 $R(\boldsymbol{A})<n-1$,则 $R(\boldsymbol{A}^*)=0$. 于是,由题设,$R(\boldsymbol{A})=2<3$,知 $R(\boldsymbol{A}^*)=0$,故 $\boldsymbol{A}^*=\boldsymbol{O}$.

本题也可从伴随矩阵的构成直接得出结果,即由于 $R(\boldsymbol{A})=2$,知 $\boldsymbol{A}$ 的所有三阶子式为零,即 $A_{ij}=0$,所以 $\boldsymbol{A}^*=\boldsymbol{O}$.

(12)【答案】 0

【考点】 由运算 $\boldsymbol{AB}=\boldsymbol{O}$ 确定的矩阵秩的性质.

【解析】 $\boldsymbol{AB}=\boldsymbol{O}$ 的运算是一种特殊的运算模式,其特点是:一是求解相关问题的思路,应该从

方程组角度入手，即将 $\boldsymbol{B}$ 看成由方程组 $\boldsymbol{Ax}=\boldsymbol{0}$ 的解构成，因此可转化为方程组 $\boldsymbol{Ax}=\boldsymbol{0}$ 解的讨论；二是讨论矩阵 $\boldsymbol{A},\boldsymbol{B}$ 的秩. 本题可以从后者角度考虑，即由 $\boldsymbol{AB}=\boldsymbol{O}$ 则有 $R(\boldsymbol{A})+R(\boldsymbol{B})\leqslant n$，又 $R(\boldsymbol{B})=n$，从而有 $R(\boldsymbol{A})\leqslant 0$，即得 $R(\boldsymbol{A})=0$.

(13)【答案】 1

【考点】 两方程组有公共解的概念，齐次线性方程组有非零解的充要条件，三阶行列式的计算.

【解析】 在讨论两方程组有无公共解，常常利用到两个方程组在结构上的差异，如本题涉及的两个方程组，一个是齐次线性方程组，另一个则是非齐次线性方程，两者差异很大，可以确定的是，非齐次线性方程不可能有零解，若与齐次线性方程组有公共解，则齐次线性方程组也必定有非零解，从而转化为齐次线性方程组的解的状态与系数矩阵秩的讨论，解决了常数的问题. 具体求解如下：

由题设，齐次方程组 $\begin{cases}x_1+x_2+ax_3=0,\\ x_1+2x_2+x_3=0,\\ x_1-x_2+ax_3=0\end{cases}$ 与方程 $x_1-2x_2+3x_3=1$ 有公共解，对于非齐次线性方程而言，公共解不可能为零解，因此，该齐次方程组也必有非零解，因此，方程组的系数矩阵的秩小于 3，也即系数行列式为零，即

$$\begin{vmatrix}1 & 1 & a\\ 1 & 2 & 1\\ 1 & -1 & a\end{vmatrix}=2(1-a)=0,$$

解得 $a=1$.

(14)【答案】 非零常数

【考点】 非齐次线性方程组解的讨论.

【解析】 含有参数的非齐次线性方程组解的讨论是一种常见题型，本题略去将增广矩阵经初等行变换化为阶梯形矩阵的过程，重点考查如何确定参数，使方程组有解. 求解的关键仍然围绕是否满足等式 $R(\overline{\boldsymbol{A}})=R(\boldsymbol{A})$ 进行，可根据第三行可能的零点一一验证以免遗漏. 首先从系数矩阵开始，显然，当 $\lambda\neq 0$ 且 $\lambda\neq 1$ 时，$R(\overline{\boldsymbol{A}})=R(\boldsymbol{A})=3$，方程组有解；当 $\lambda=1$ 时，有 $R(\overline{\boldsymbol{A}})=R(\boldsymbol{A})=2$，方程组有解；当 $\lambda=0$ 时，有 $R(\overline{\boldsymbol{A}})\neq R(\boldsymbol{A})$，方程组无解. 综上分析，该方程组若要有解，$\lambda$ 应取非零常数.

三、解答题

(15)【考点】 矩阵的初等变换，行阶梯形矩阵的概念，矩阵的秩.

【解析】 求数值矩阵的秩有两种方法，一种是利用子式计算，但较繁琐，一般采用初等变换法进行. 具体计算时不必把矩阵化为标准形，只要将其化为行或列阶梯形矩阵即可. 本题采用化行阶梯形矩阵最为方便，变换后，行阶梯形矩阵中非零行的个数就是矩阵的秩. 在用非零行首个非零元素上下消零过程中，关键是要将首个非零元素调整为 1，避免运算时过早出现分数，增加运算的复杂程度和出错概率. 本题求解如下：

$$\boldsymbol{A}=\begin{pmatrix}1 & 3 & 7 & 2 & -1\\ -3 & 1 & 5 & 2 & 0\\ 2 & 9 & 22 & 6 & -4\\ 1 & 2 & 7 & -4 & -15\end{pmatrix}\xrightarrow[r_4-r_1]{\substack{r_2+3r_1\\ r_3-2r_1}}\begin{pmatrix}1 & 3 & 7 & 2 & -1\\ 0 & 10 & 26 & 8 & -3\\ 0 & 3 & 8 & 2 & -2\\ 0 & -1 & 0 & -6 & -14\end{pmatrix}$$

$$\xrightarrow[r_2\times(-1)]{r_2\leftrightarrow r_4}\begin{pmatrix}1&3&7&2&-1\\0&1&0&6&14\\0&3&8&2&-2\\0&10&26&8&-3\end{pmatrix}\xrightarrow[r_4-10r_2]{r_3-3r_2}\begin{pmatrix}1&3&7&2&-1\\0&1&0&6&14\\0&0&8&-16&-44\\0&0&26&-52&-143\end{pmatrix}$$

$$\xrightarrow{r_4-\frac{13}{4}r_3}\begin{pmatrix}1&3&7&2&-1\\0&1&0&6&14\\0&0&8&-16&-44\\0&0&0&0&0\end{pmatrix}.$$

从而得 $R(\boldsymbol{A})=3$.

(16)【考点】 矩阵运算,由矩阵方程求未知矩阵,矩阵的逆运算,初等矩阵的逆.

【解析】 本题是从形如 $\boldsymbol{BAC}=\boldsymbol{D}$ 的矩阵方程求未知矩阵 $\boldsymbol{A}$. 其中矩阵 $\boldsymbol{B},\boldsymbol{C}$ 均由初等矩阵或初等矩阵的乘积构成,因此,均为可逆矩阵,从而通过逆矩阵运算,即可得未知矩阵 $\boldsymbol{A}$. 运算过程中要注意各矩阵的位置及初等矩阵左乘矩阵与右乘矩阵的不同含义. 求解过程如下:

由方程

$$\boldsymbol{E}(2(3))\boldsymbol{A}\boldsymbol{E}(1,2)\boldsymbol{E}(1,3(-1))=\begin{pmatrix}1&0&1\\2&1&4\\-3&2&5\end{pmatrix}$$

得

$$\boldsymbol{A}=(\boldsymbol{E}(2(3)))^{-1}\begin{pmatrix}1&0&1\\2&1&4\\-3&2&5\end{pmatrix}(\boldsymbol{E}(1,3(-1)))^{-1}(\boldsymbol{E}(1,2))^{-1}$$

$$=\boldsymbol{E}\left(2\left(\frac{1}{3}\right)\right)\begin{pmatrix}1&0&1\\2&1&4\\-3&2&5\end{pmatrix}\boldsymbol{E}(1,3(1))\boldsymbol{E}(1,2)$$

$$=\begin{pmatrix}1&0&1\\\frac{2}{3}&\frac{1}{3}&\frac{4}{3}\\-3&2&5\end{pmatrix}\boldsymbol{E}(1,3(1))\boldsymbol{E}(1,2)=\begin{pmatrix}1&0&2\\\frac{2}{3}&\frac{1}{3}&2\\-3&2&2\end{pmatrix}\boldsymbol{E}(1,2)$$

$$=\begin{pmatrix}0&1&2\\\frac{1}{3}&\frac{2}{3}&2\\2&-3&2\end{pmatrix},$$

其中 $(\boldsymbol{E}(2(3)))^{-1}=\boldsymbol{E}\left(2\left(\frac{1}{3}\right)\right)$, $(\boldsymbol{E}(1,2))^{-1}=\boldsymbol{E}(1,2)$, $(\boldsymbol{E}(1,3(-1)))^{-1}=\boldsymbol{E}(1,3(1))$.

(17)【考点】 初等变换与初等矩阵的关系,初等矩阵的概念与运算性质,矩阵的逆运算.

【解析】 本题在 $\boldsymbol{A},\boldsymbol{B}$ 均为抽象矩阵的情况下,计算 $\boldsymbol{B}^{-1}\boldsymbol{A}$,关键是要将对矩阵 $\boldsymbol{A}$ 的初等变换过程的描述转换为与对应变换的初等矩阵的乘积运算,并构造出矩阵 $\boldsymbol{B}$,进而计算出 $\boldsymbol{B}^{-1}$ 和 $\boldsymbol{B}^{-1}\boldsymbol{A}$. 具体求解如下:

依题设, $\boldsymbol{B}=\boldsymbol{A}\boldsymbol{E}(2,3)\boldsymbol{E}(4,2(-2))$, 由于 $|\boldsymbol{B}|=|\boldsymbol{A}|\,|\boldsymbol{E}(2,3)|\,|\boldsymbol{E}(4,2(-2))|\neq 0$, 知 $\boldsymbol{B}$ 可逆,且 $\boldsymbol{B}^{-1}=(\boldsymbol{E}(4,2(-2)))^{-1}(\boldsymbol{E}(2,3))^{-1}\boldsymbol{A}^{-1}=\boldsymbol{E}(4,2(2))\boldsymbol{E}(2,3)\boldsymbol{A}^{-1}$,于是

$$\boldsymbol{B}^{-1}\boldsymbol{A}=\boldsymbol{E}(4,2(2))\boldsymbol{E}(2,3)\boldsymbol{A}^{-1}\boldsymbol{A}=\boldsymbol{E}(4,2(2))\boldsymbol{E}(2,3)$$

$$=\begin{pmatrix}1&0&0&0\\0&1&0&0\\0&0&1&0\\0&2&0&1\end{pmatrix}E(2,3)=\begin{pmatrix}1&0&0&0\\0&0&1&0\\0&1&0&0\\0&0&2&1\end{pmatrix}.$$

【说明】 题中,按照最初题设 $B=AE(2,3)E(4,2(-2))$,$E(4,2(-2))$ 应为 $\begin{pmatrix}1&0&0&0\\0&1&0&0\\0&0&1&0\\0&-2&0&1\end{pmatrix}$,相应地,$(E(4,2(-2)))^{-1}=\begin{pmatrix}1&0&0&0\\0&1&0&0\\0&0&1&0\\0&2&0&1\end{pmatrix}$.

(18)**【考点】** 以 $AB=O$ 确定的矩阵的秩和齐次线性方程组解的讨论,三阶行列式的计算.

【解析】 由题设,$AB=O$,矩阵 B 的各列可看作由方程组 $Ax=0$ 的解向量(列矩阵)构成,因此,由矩阵 B 的性质可以反推方程组 $Ax=0$ 解的状态.同样地,将 $AB=O$ 转换为 $B^{T}A^{T}=O$ 的形式,也可将 A^{T} 看成由方程组 $B^{T}x=0$ 的解向量构成,由矩阵 A^{T} 的性质可以反推方程组 $B^{T}x=0$ 解的状态.这种相互推断矩阵秩的方法是处理这类问题基本而有效的方法.求解如下:

由题设,$B\neq O$ 且 $AB=O$,知方程组 $Ax=0$ 有非零解,因此,方程组的系数行列式为零,即有

$$|A|=\begin{vmatrix}\lambda&1&\lambda^2\\1&\lambda&1\\1&1&\lambda\end{vmatrix}=(\lambda-1)^2=0,$$

从而解得 $\lambda=1$.

类似地,由 $B^{T}A^{T}=O$,A^{T} 非零,可知方程组 $B^{T}x=0$ 有非零解,因此,方程组的系数行列式为零,即 $|B^{T}|=0$,从而证明 $|B|=0$.

(19)**【考点】** 矩阵方程的求解,用初等行变换直接计算矩阵方程.

【解析】 对于形如 $AX=B$ 的矩阵方程,在 A 可逆的条件下,一般通过求逆 A^{-1},再计算 $A^{-1}B$ 得解.一个更为直接的做法是对分块矩阵 $(A\mid B)$ 作初等行变换,当将 A 分块化为 E 的同时,分块 B 随之变为 $A^{-1}B$,即得未知矩阵 X.本题求解如下:

法 1 用逆矩阵,由

$$A^{-1}=\begin{pmatrix}2&-1\\-3&2\end{pmatrix},$$

得

$$A^{-1}B=\begin{pmatrix}2&-1\\-3&2\end{pmatrix}\begin{pmatrix}1&2&-1\\2&0&3\end{pmatrix}=\begin{pmatrix}0&4&-5\\1&-6&9\end{pmatrix}.$$

法 2 用初等变换,由

$$(A\mid B)=\left(\begin{array}{cc|ccc}2&1&1&2&-1\\3&2&2&0&3\end{array}\right)\xrightarrow[r_1-r_2]{r_1\leftrightarrow r_2}\left(\begin{array}{cc|ccc}1&1&1&-2&4\\2&1&1&2&-1\end{array}\right)$$

$$\xrightarrow{r_2-2r_1}\left(\begin{array}{cc|ccc}1&1&1&-2&4\\0&-1&-1&6&-9\end{array}\right)$$

$$\xrightarrow[r_2\times(-1)]{r_1+r_2}\left(\begin{array}{cc|ccc}1&0&0&4&-5\\0&1&1&-6&9\end{array}\right).$$

因此得
$$X=\begin{pmatrix}0&4&-5\\1&-6&9\end{pmatrix}.$$

(20)【考点】 伴随矩阵的性质，由 $\boldsymbol{AB}=\boldsymbol{O}$ 确定矩阵的秩.

【解析】 与伴随矩阵相关题型，一般都用到公式 $\boldsymbol{AA}^*=|\boldsymbol{A}|\boldsymbol{E}$，由 $R(\boldsymbol{A})=n-1$，进一步可得算式 $\boldsymbol{AA}^*=\boldsymbol{O}$，再利用由 $\boldsymbol{AB}=\boldsymbol{O}$ 确定的矩阵的秩的性质，可以完成证明，即

由题设，$R(\boldsymbol{A})=n-1$，知 $|\boldsymbol{A}|=0$，从而有 $\boldsymbol{AA}^*=|\boldsymbol{A}|\boldsymbol{E}=\boldsymbol{O}$，进而有不等式

$$R(\boldsymbol{A})+R(\boldsymbol{A}^*)\leqslant n,$$

即有 $R(\boldsymbol{A}^*)\leqslant n-R(\boldsymbol{A})=n-(n-1)=1$，

又因 $R(\boldsymbol{A})=n-1$，知 $\boldsymbol{A}$ 中至少有一个 $n-1$ 阶子式不为零，也即至少有一个代数余子式不为零，从而知 $\boldsymbol{A}^*$ 非零，因此同时有 $R(\boldsymbol{A}^*)\geqslant 1$.

综上讨论，即证 $R(\boldsymbol{A}^*)=1$.

(21)【考点】 线性方程组同解的概念及判别，齐次线性方程组的求解.

【解析】 讨论两个线性方程组同解可以有多个角度. 就本题而言，可以从两个方面证明，一是从两个方程组结构关系考虑，二是从同解方程组的概念出发，说明一个方程组的解一定也是另一方程组的解. 在同解条件下，$\boldsymbol{BAx}=\boldsymbol{0}$ 的解可以通过 $\boldsymbol{Ax}=\boldsymbol{0}$ 求解获得. 求解过程如下：

先证两个方程组同解.

法1 依题设，矩阵 $\boldsymbol{B}$ 可逆，因此，可表示为若干初等矩阵的乘积，因此，方程组 $\boldsymbol{BAx}=\boldsymbol{0}$ 可看作在方程组 $\boldsymbol{Ax}=\boldsymbol{0}$ 基础上，对系数矩阵 $\boldsymbol{A}$ 进行若干次初等行变换后得到的方程组，所以两方程组同解.

法2 显然两方程组均有零解，下面证明在存在非零解的情况下，两方程组同解. 若设 $\boldsymbol{\alpha}$ 为方程组 $\boldsymbol{Ax}=\boldsymbol{0}$ 的非零解，即有 $\boldsymbol{A\alpha}=\boldsymbol{0}$，也必有 $\boldsymbol{BA\alpha}=\boldsymbol{0}$，知 $\boldsymbol{\alpha}$ 也必为 $\boldsymbol{BAx}=\boldsymbol{0}$ 的解. 反之，设 $\boldsymbol{\alpha}$ 为方程组 $\boldsymbol{BAx}=\boldsymbol{0}$ 的非零解，即有 $\boldsymbol{BA\alpha}=\boldsymbol{0}$，由于矩阵 $\boldsymbol{B}$ 可逆，也有 $\boldsymbol{A\alpha}=\boldsymbol{0}$，知 $\boldsymbol{\alpha}$ 也必为 $\boldsymbol{Ax}=\boldsymbol{0}$ 的解，因此，两方程组同解.

下面求解方程组 $\boldsymbol{BAx}=\boldsymbol{0}$，可由求解同解方程组 $\boldsymbol{Ax}=\boldsymbol{0}$ 替代. 由

$$\boldsymbol{A}=\begin{pmatrix}1&-1&0\\2&1&1\\1&-4&-1\end{pmatrix}\overset{r}{\sim}\begin{pmatrix}1&-1&0\\0&3&1\\0&0&0\end{pmatrix},$$

知 $R(\boldsymbol{A})=2<3$，从而知方程组有非零解，并含一个自由未知量，不妨取为 x_2，令 $x_2=c$，其中 c 为任意常数，于是从对应同解方程组

$$\begin{cases}x_1=x_2,\\x_3=-3x_2,\end{cases}$$

可得方程组 $\boldsymbol{BAx}=\boldsymbol{0}$ 的全部解 $x_1=x_2=c, x_3=-3c$，其中 c 为任意常数.

从求解过程看，在有非零解的情况下，求出通解，应确定好自由未知量，选取时未必按顺序选最后的 $n-r$ 个未知量，关键要有利于求解.

(22)【考点】 非齐次线性方程组的求解.

【解析】 一般情况下，非齐次线性方程组的求解都是以数值运算为主. 求解的关键是，通过初等行变换，准确无误的将方程组的增广矩阵化为最简行阶梯形. 在此基础上不难讨论解的状况，并给出解. 本题求解如下：

由

$$\overline{\boldsymbol{A}}=\left(\begin{array}{cccc:c}1&-2&3&-4&-1\\0&1&-1&1&1\\1&2&0&-3&3\end{array}\right)\overset{r}{\sim}\left(\begin{array}{cccc:c}1&-2&3&-4&-1\\0&1&-1&1&1\\0&4&-3&1&4\end{array}\right)$$

$$\overset{r}{\sim}\begin{pmatrix}1&0&1&-2&\vdots&1\\0&1&-1&1&\vdots&1\\0&0&1&-3&\vdots&0\end{pmatrix}\overset{r}{\sim}\begin{pmatrix}1&0&0&1&\vdots&1\\0&1&0&-2&\vdots&1\\0&0&1&-3&\vdots&0\end{pmatrix},$$

知 $R(\mathbf{A})=R(\overline{\mathbf{A}})=3<4$，从而知方程组有无穷多解，并含一个自由未知量，不妨取为 x_4，令 $x_4=c$，c 为任意常数，代入原方程组的同解方程组

$$\begin{cases}x_1=1-x_4,\\x_2=1+2x_4,\\x_3=3x_4,\end{cases}$$

可得原方程组的全部解 $x_1=1-c,x_2=1+2c,x_3=3c,x_4=c$，其中 c 为任意常数.

(23)**【考点】** 两线性方程组有公共解的概念，两线性方程组公共解的求法，非齐次线性方程组解的讨论和求解.

【解析】 两线性方程组有公共解是指有同时满足两个线性方程组的解，讨论两线性方程组有无公共解有多种角度，在两个线性方程组都已知的条件下，最简单的做法是将两个线性方程组联立为一个方程组，若联立方程组有解，则两个线性方程组有公共解，且联立方程组的解即为两个线性方程组的公共解. 求解如下：

将两个线性方程组联立，得方程组

$$\begin{cases}x_1+x_2+\lambda x_3=1,\\x_1+\lambda x_2+x_3=\lambda^2,\\x_1-x_2+2x_3=-4.\end{cases}$$

法1 从方程组的系数行列式入手. 由系数行列式

$$D=\begin{vmatrix}1&1&\lambda\\1&\lambda&1\\1&-1&2\end{vmatrix}=-\lambda(\lambda-1)=0,$$

得 $\lambda=1,\lambda=0$.

于是，当 $\lambda\neq1$ 且 $\lambda\neq0$ 时，方程组有唯一解，即两个方程组有一个公共解.

当 $\lambda=1$ 时，方程组的增广矩阵为

$$\overline{\mathbf{A}}=\begin{pmatrix}1&1&1&\vdots&1\\1&1&1&\vdots&1\\1&-1&2&\vdots&-4\end{pmatrix}\overset{r}{\sim}\begin{pmatrix}1&3&0&\vdots&6\\0&-2&1&\vdots&-5\\0&0&0&\vdots&0\end{pmatrix},$$

有 $R(\mathbf{A})=R(\overline{\mathbf{A}})=2<3$，知方程组有无穷多解，并含一个自由未知量，不妨取为 x_2，令 $x_2=c$，其中 c 为任意常数，代入原方程组的同解方程组

$$\begin{cases}x_1=6-3x_2,\\x_3=-5+2x_2,\end{cases}$$

可得两个方程组的公共解：$x_1=6-3c,x_2=c,x_3=-5+2c$，其中 c 为任意常数.

当 $\lambda=0$ 时，方程组的增广矩阵为

$$\overline{\mathbf{A}}=\begin{pmatrix}1&1&0&\vdots&1\\1&0&1&\vdots&0\\1&-1&2&\vdots&-4\end{pmatrix}\overset{r}{\sim}\begin{pmatrix}1&0&1&\vdots&0\\0&1&-1&\vdots&1\\0&0&0&\vdots&-3\end{pmatrix},$$

有 $R(\mathbf{A})\neq R(\overline{\mathbf{A}})$，知方程组无解，即两个方程组无公共解.

法2 直接对方程组的增广矩阵作初等行变换，有

$$\overline{\boldsymbol{A}}=\left(\begin{array}{ccc:c}1&1&\lambda&1\\1&\lambda&1&\lambda^2\\1&-1&2&-4\end{array}\right)\overset{r}{\sim}\left(\begin{array}{ccc:c}1&-1&2&-4\\0&2&\lambda-2&5\\0&\lambda+1&-1&\lambda^2+4\end{array}\right)$$

$$\overset{r}{\sim}\left(\begin{array}{ccc:c}1&-1&2&-4\\0&2&\lambda-2&5\\0&0&-\lambda(\lambda-1)/2&(\lambda-1)(2\lambda-3)/2\end{array}\right),$$

于是，当 $\lambda\neq1$ 且 $\lambda\neq0$ 时，$R(\boldsymbol{A})=R(\overline{\boldsymbol{A}})=3$，方程组有唯一解，即两个方程组有一个公共解.
当 $\lambda=1$ 和 $\lambda=0$ 时两个方程组的公共解情况同法 1.

第四章 向量组的线性相关性

一、选择题.

(1)【答案】 (D)

【考点】 向量组线性相关的性质,由向量组的线性相关性定常数.

【解析】 注意到,本题讨论的向量组的向量个数已超过向量组的维数,对于任意的取值 t,向量组 $\boldsymbol{\alpha}_1,\boldsymbol{\alpha}_2,\boldsymbol{\alpha}_3,\boldsymbol{\alpha}_4$ 都一定线性相关,因此,应选择(D).

(2)【答案】 (C)

【考点】 向量组线性无关的概念与性质,向量组线性无关的充分条件.

【解析】 判断向量组的线性无关性可以从多个角度来判别,其中能作为其充分必要条件的主要有:

① 向量组线性无关的定义,要使等式 $k_1\boldsymbol{\alpha}_1+k_2\boldsymbol{\alpha}_2+\cdots+k_s\boldsymbol{\alpha}_s=\mathbf{0}$ 成立,当且仅当组合系数 $k_1,k_2,\cdots,k_s$ 均为零;

② 从秩的角度,$R(\boldsymbol{\alpha}_1,\boldsymbol{\alpha}_2,\cdots,\boldsymbol{\alpha}_s)=s$;

③ 从向量组内向量之间的线性组合关系角度,向量组内任何一个向量均不能被其余向量线性表示;

④ 从向量组 $\boldsymbol{\alpha}_1,\boldsymbol{\alpha}_2,\cdots,\boldsymbol{\alpha}_s$ 对应的齐次线性方程组解的角度,线性方程组 $k_1\boldsymbol{\alpha}_1+k_2\boldsymbol{\alpha}_2+\cdots+k_s\boldsymbol{\alpha}_s=\mathbf{0}$ 仅有零解.

对照比较,选项(A) 中的表述无实际意义,与定义没有任何关联度. 选项(B),(D) 仅为必要条件,均不合题意,选项(C) 与 ① 表述一致,故本题应选择(C).

(3)【答案】 (C)

【考点】 单一向量与向量组之间的线性关系.

【解析】 单一向量与向量组之间的线性关系是线性关系讨论中常见的一种题型. 总体上说,能够准确表述向量 $\boldsymbol{\beta}$ 与向量组 $\boldsymbol{\alpha}_1,\boldsymbol{\alpha}_2,\cdots,\boldsymbol{\alpha}_s$ 之间的线性关系的是秩,分析如下:

① 若 $\boldsymbol{\beta}$ 不能被向量组 $\boldsymbol{\alpha}_1,\boldsymbol{\alpha}_2,\cdots,\boldsymbol{\alpha}_s$ 线性表示,则 $R(\boldsymbol{\alpha}_1,\boldsymbol{\alpha}_2,\cdots,\boldsymbol{\alpha}_s,\boldsymbol{\beta})=R(\boldsymbol{\alpha}_1,\boldsymbol{\alpha}_2,\cdots,\boldsymbol{\alpha}_s)+1$,至于 $\boldsymbol{\alpha}_1,\boldsymbol{\alpha}_2,\cdots,\boldsymbol{\alpha}_s,\boldsymbol{\beta}$ 是否线性无关,取决于 $\boldsymbol{\alpha}_1,\boldsymbol{\alpha}_2,\cdots,\boldsymbol{\alpha}_s$ 是否线性无关,由于题中未明示,故(A) 不正确.

② 若向量组 $\boldsymbol{\alpha}_1,\boldsymbol{\alpha}_2,\cdots,\boldsymbol{\alpha}_s,\boldsymbol{\beta}$ 线性相关,则其中至少有一个向量可以被其余向量线性表示,但"有一个"未必一定是 $\boldsymbol{\beta}$,故(B) 不正确.

③ $\boldsymbol{\beta}$ 可以被向量组 $\boldsymbol{\alpha}_1,\boldsymbol{\alpha}_2,\cdots,\boldsymbol{\alpha}_s$ 的部分向量线性表示,则也一定可以被 $\boldsymbol{\alpha}_1,\boldsymbol{\alpha}_2,\cdots,\boldsymbol{\alpha}_s$ 线性表示,事实上,$\boldsymbol{\beta}$ 可以被部分组 $\boldsymbol{\alpha}_1,\boldsymbol{\alpha}_2,\cdots,\boldsymbol{\alpha}_r\,(r<s)$ 线性表示,有 $\boldsymbol{\beta}=k_1\boldsymbol{\alpha}_1+k_2\boldsymbol{\alpha}_2+\cdots+k_r\boldsymbol{\alpha}_r$,也有 $\boldsymbol{\beta}=k_1\boldsymbol{\alpha}_1+k_2\boldsymbol{\alpha}_2+\cdots+k_r\boldsymbol{\alpha}_r+0\cdot\boldsymbol{\alpha}_{r+1}+\cdots+0\cdot\boldsymbol{\alpha}_s$,故(C) 正确.

$\boldsymbol{\beta}$ 可以被向量组 $\boldsymbol{\alpha}_1,\boldsymbol{\alpha}_2,\cdots,\boldsymbol{\alpha}_s$ 线性表示,但不一定被其任何一个部分向量组线性表示,如 $\boldsymbol{\beta}=(2,0)^{\mathrm{T}}$ 可以被向量组 $\boldsymbol{\alpha}_1=(1,0)^{\mathrm{T}},\boldsymbol{\alpha}_2=(0,2)^{\mathrm{T}}$ 线性表示,但不能由部分组 $\boldsymbol{\alpha}_2=(0,2)^{\mathrm{T}}$ 线性表示. 因此,本题应选择(C).

(4)【答案】 (B)

【考点】 两向量组等价的概念,向量组的秩和向量组的线性相关性.

【解析】 本题重点考查的是向量组等价与相关向量组的个数、秩、线性相关性及矩阵等价等概念的关联性,需要明确的是,两向量组等价即两向量组可以互相线性表出,与向量组的向量个数无关,也与两向量组自身的线性相关性无关.还需要明确的是,两向量组等价与向量组组成的矩阵等价是两个不同的概念,后者是由初等变换联系的矩阵关系,两个等价矩阵的向量组之间未必有线性关系,反之,两个等价向量组对应的矩阵间未必同结构.再要指出的是两向量组等价与矩阵等价的共同点:两者的秩都相等,而且秩相等是两向量组等价与矩阵等价的必要条件但非充分条件,综上分析,本题应选择(B).

(5)【答案】 (A)

【考点】 向量组线性无关的概念,由向量组的线性无关性定常数,行列式的计算.

【解析】 本题是讨论由三个 3 维向量组成的向量组的线性无关性,用行列式法处理最为简便.记$\boldsymbol{A}=(\boldsymbol{\alpha}_1,\boldsymbol{\alpha}_2,\boldsymbol{\alpha}_3)$,由题设 $\boldsymbol{\alpha}_1,\boldsymbol{\alpha}_2,\boldsymbol{\alpha}_3$ 线性无关,则必有 $|\boldsymbol{A}|\neq 0$,即

$$|\boldsymbol{A}|=|\boldsymbol{\alpha}_1,\boldsymbol{\alpha}_2,\boldsymbol{\alpha}_3|=\begin{vmatrix}1&1&1\\1&k&0\\0&0&2\end{vmatrix}$$

$$=2(k-1)\neq 0,$$

解得 $k\neq 1$,故本题应选择(A).

(6)【答案】 (C)

【考点】 线性方程组解空间及其维数的概念,线性方程组解空间维数的计算.

【解析】 线性方程组的解空间,即线性方程组 $\boldsymbol{Ax}=\boldsymbol{0}$ 全体解向量的集合,解空间的维数是指方程组 $\boldsymbol{Ax}=\boldsymbol{0}$ 解向量组中极大无关组中向量的个数,即构成方程组 $\boldsymbol{Ax}=\boldsymbol{0}$ 的基础解系的解向量的个数,也即为 $n-R(\boldsymbol{A})$. 于是由

$$\boldsymbol{A}=\begin{pmatrix}1&1&1&1\\2&0&2&0\\0&a&0&a\\1&-1&-1&1\end{pmatrix}\overset{r}{\sim}\begin{pmatrix}1&1&1&1\\0&1&0&1\\0&0&-1&1\\0&0&0&0\end{pmatrix},$$

知线性方程组 $\boldsymbol{Ax}=\boldsymbol{0}$ 的解空间的维数是 $4-R(\boldsymbol{A})=4-3=1$. 故本题应选择(C).

(7)【答案】 (C)

【考点】 两个线性方程组同解的概念与判断,两个齐次方程组同解与两个方程组系数矩阵秩的关系.

【解析】 两个线性方程组同解的讨论可以从线性方程组的求解过程,两个线性方程组的结构及方程之间的线性关系,以及两个线性方程组的基础解系之间的等价关系等多个角度进行讨论.本题主要是从秩的角度讨论方程组同解问题.正确的结论是,若 $\boldsymbol{Ax}=\boldsymbol{0}$ 和 $\boldsymbol{Bx}=\boldsymbol{0}$ 同解,则必有 $R(\boldsymbol{A})=R(\boldsymbol{B})$,这是因为,从消元法求解过程看,经初等行变换得到同解方程组的系数矩阵与原方程组的系数矩阵等秩,从两个同解方程组的基础解系等价的角度看也应有相同的结论.但反之,仅由 $R(\boldsymbol{A})=R(\boldsymbol{B})$ 并不能说明两个方程组的解之间有什么必然联系.综上分析,本题应选择(C).

(8)【答案】 (A)

【考点】 非齐次线性方程组解的结构,非齐次线性方程组解的结构与其导出组解的关系.

【解析】 一般地,非齐次线性方程组的解有三种可能,有唯一解,或者有无穷多解,或者无解,三

者必居其一. 依题设，方程组 $\boldsymbol{Ax}=\boldsymbol{b}$ 有两个互不相等的解 $\boldsymbol{\xi}_1,\boldsymbol{\xi}_2$，则方程组必有无穷多解，结论(A)正确. 另外，方程组 $\boldsymbol{Ax}=\boldsymbol{b}$ 有两个互不相等的解 $\boldsymbol{\xi}_1,\boldsymbol{\xi}_2,\boldsymbol{\xi}_1,\boldsymbol{\xi}_2$ 未必线性无关，只能说明方程组 $\boldsymbol{Ax}=\boldsymbol{0}$ 的基础解系中含有一个或多个解向量，但结论(C)，(D)未必成立. 故本题应选择(A).

二、填空题.

(9)**【答案】** -1

【考点】 两向量线性相关的概念，由矩阵方程定常数.

【解析】 两向量线性相关的充要条件是两向量各分量之间成比例，即存在一个非零的比例系数 k，使得 $\boldsymbol{A\alpha}=k\boldsymbol{\alpha}$，从而得到一个矩阵方程，即有

$$\boldsymbol{A\alpha}=\begin{pmatrix}1&2&-2\\2&1&2\\3&0&4\end{pmatrix}\begin{pmatrix}a\\1\\1\end{pmatrix}=\begin{pmatrix}a\\2a+3\\3a+4\end{pmatrix}$$

$$=k\begin{pmatrix}a\\1\\1\end{pmatrix}=\begin{pmatrix}ka\\k\\k\end{pmatrix},$$

比较对应位置上的元素，可得 $k=1,a=-1$.

(10)**【答案】** $\neq\dfrac{1}{2}$

【考点】 矩阵行满秩的概念，向量组与矩阵的秩的关系，矩阵的初等行变换.

【解析】 由于矩阵的秩等于其行向量组的秩，也等于其列向量组的秩，因此，向量组的秩与矩阵的秩之间的转换经常是处理向量组的秩和相关性的一种常用的方法. 依题设，$\boldsymbol{A}$ 是由 $\boldsymbol{\alpha}_1,\boldsymbol{\alpha}_2,\boldsymbol{\alpha}_3$ 为行向量构成的 3×4 矩阵，$\boldsymbol{A}$ 行满秩，即 $R(\boldsymbol{A})=R(\boldsymbol{\alpha}_1,\boldsymbol{\alpha}_2,\boldsymbol{\alpha}_3)=3$，于是，对 $\boldsymbol{A}$ 作初等行变换，在化为阶梯形矩阵的基础上可以对 t 定值，即有

$$\boldsymbol{A}=\begin{pmatrix}1&1&3&1\\2&2&2&1\\1&1&1&t\end{pmatrix}\overset{r}{\sim}\begin{pmatrix}1&1&3&1\\0&0&-2&t-1\\0&0&0&1-2t\end{pmatrix},$$

若 $\boldsymbol{A}$ 行满秩，则 $t\neq\dfrac{1}{2}$.

(11)**【答案】** $\boldsymbol{A}$ 可逆

【考点】 向量组线性无关的概念和判别，矩阵的可逆性.

【解析】 由题设，有

$$(\boldsymbol{A\alpha}_1,\boldsymbol{A\alpha}_2,\cdots,\boldsymbol{A\alpha}_n)=\boldsymbol{A}(\boldsymbol{\alpha}_1,\boldsymbol{\alpha}_2,\cdots,\boldsymbol{\alpha}_n),$$

$\boldsymbol{A\alpha}_1,\boldsymbol{A\alpha}_2,\cdots,\boldsymbol{A\alpha}_n$ 线性无关的充分必要条件为

$$R(\boldsymbol{A\alpha}_1,\boldsymbol{A\alpha}_2,\cdots,\boldsymbol{A\alpha}_n)=n,$$

即

$$|\boldsymbol{A\alpha}_1,\boldsymbol{A\alpha}_2,\cdots,\boldsymbol{A\alpha}_n|\neq0,$$

也即 $|\boldsymbol{A}||\boldsymbol{\alpha}_1,\boldsymbol{\alpha}_2,\cdots,\boldsymbol{\alpha}_n|\neq0$，由于 $\boldsymbol{\alpha}_1,\boldsymbol{\alpha}_2,\cdots,\boldsymbol{\alpha}_n$ 线性无关，$|\boldsymbol{\alpha}_1,\boldsymbol{\alpha}_2,\cdots,\boldsymbol{\alpha}_n|\neq0$，从而知 $|\boldsymbol{A}|\neq0$，因此，$\boldsymbol{A\alpha}_1,\boldsymbol{A\alpha}_2,\cdots,\boldsymbol{A\alpha}_n$ 线性无关的充分必要条件是 $\boldsymbol{A}$ 可逆.

(12)**【答案】** $c(1,1,\cdots,1)^{\mathrm{T}}$，其中 c 为任意常数.

【考点】 齐次线性方程组解的结构，矩阵运算.

【解析】 对齐次线性方程组解的结构的讨论，首先要确定系数矩阵的秩，并由此确定基础解系中解向量的个数，然后根据题目提供的条件求出基础解系，题中系数矩阵 $\boldsymbol{A}$ 的秩为 $n-1$，知方程组 $\boldsymbol{Ax}=\boldsymbol{0}$ 的基础解系由 $n-(n-1)=1$ 个解向量构成，又由矩阵 $\boldsymbol{A}$ 的各行元素之和为零，有

$$A(1,1,\cdots,1)^{\mathrm{T}}=(0,0,\cdots,0)^{\mathrm{T}},$$

从而知$\boldsymbol{\xi}=(1,1,\cdots,1)^{\mathrm{T}}$是方程组$\boldsymbol{Ax}=\boldsymbol{0}$的非零解,并构成一个基础解系,因此,方程组的通解为

$$c\boldsymbol{\xi}=c(1,1,\cdots,1)^{\mathrm{T}},\text{其中 } c \text{ 为任意常数.}$$

(13)【答案】 $\neq 1$

【考点】 线性方程组基础解系的概念,两向量组等价的概念.

【解析】 若$\boldsymbol{\beta}_1,\boldsymbol{\beta}_2,\boldsymbol{\beta}_3$是方程组$\boldsymbol{Ax}=\boldsymbol{0}$的一个基础解系,其充要条件是与基础解系$\boldsymbol{\alpha}_1,\boldsymbol{\alpha}_2,\boldsymbol{\alpha}_3$等价,由题设,

$$(\boldsymbol{\beta}_1,\boldsymbol{\beta}_2,\boldsymbol{\beta}_3)=(\boldsymbol{\alpha}_1,\boldsymbol{\alpha}_2,\boldsymbol{\alpha}_3)\begin{pmatrix}0&1&1\\2&-1&t\\-1&1&0\end{pmatrix},$$

知$\boldsymbol{\beta}_1,\boldsymbol{\beta}_2,\boldsymbol{\beta}_3$与基础解系$\boldsymbol{\alpha}_1,\boldsymbol{\alpha}_2,\boldsymbol{\alpha}_3$等价的充要条件是

$$\begin{vmatrix}0&1&1\\2&-1&t\\-1&1&0\end{vmatrix}=1-t\neq 0,$$

因此,得$t\neq 1$.

(14)【答案】 $R\begin{pmatrix}\boldsymbol{A}\\\boldsymbol{B}\end{pmatrix}<n$

【考点】 两个齐次线性方程组有公共解的讨论,齐次线性方程组解的讨论.

【解析】 两个齐次线性方程组的公共解即两方程组联立之后的方程组$\begin{pmatrix}\boldsymbol{A}\\\boldsymbol{B}\end{pmatrix}\boldsymbol{x}=\boldsymbol{0}$的解,因此,两个齐次线性方程组有公共非零解的充分必要条件是

$$R\begin{pmatrix}\boldsymbol{A}\\\boldsymbol{B}\end{pmatrix}<n.$$

三、解答题.

(15)【考点】 向量相关性及其几何背景,线性方程组的向量方程形式及解的讨论.

【解析】 本题主要涉及向量相关性的几何背景,一个二元一次线性方程代表平面空间的一条直线,则二元一次线性方程组解的状况反映了若干条直线之间的相互位置关系.如果将线性方程组进一步转化为向量方程,可进一步转化为向量间线性关系的讨论.

设线性方程组

$$\begin{cases}a_1x+b_1y=c_1,\\a_2x+b_2y=c_2,\ (a_i^2+b_i^2\neq 0,i=1,2,3),\\a_3x+b_3y=c_3\end{cases}$$

由题设,三条直线相交于一点,即方程组有唯一解,从而由向量方程$x\boldsymbol{\alpha}_1+y\boldsymbol{\alpha}_2=\boldsymbol{\alpha}_3$知,向量$\boldsymbol{\alpha}_3$可以被向量组$\boldsymbol{\alpha}_1,\boldsymbol{\alpha}_2$线性表示,且表达式唯一.同时也表明向量组$\boldsymbol{\alpha}_1,\boldsymbol{\alpha}_2,\boldsymbol{\alpha}_3$线性相关且$\boldsymbol{\alpha}_1,\boldsymbol{\alpha}_2$线性无关.

(16)【考点】 向量组的线性相关性的讨论,矩阵的初等行变换与线性方程组的求解.

【解析】 讨论向量组的线性相关性和求秩时,通常会通过对由向量组组成的矩阵施以初等行变换,在简化矩阵的情况下,再行讨论.需要强调的是,矩阵是以行向量组方式还是以列向量组方式组成,初等变换是仅作行变换还是仅作列变换,得到简化矩阵的信息是有区别的,如,若矩

阵以行向量组形式构建，在仅作初等行变换，并不交换两行位置的情况下化为阶梯形矩阵，才能确定其中非零行所在向量构成向量组的极大无关组. 本题推导如下：

设向量方程

$$k_1\boldsymbol{\alpha}_1+k_2\boldsymbol{\alpha}_2+k_3\boldsymbol{\alpha}_3+k_4\boldsymbol{\alpha}_4=\mathbf{0},$$

对方程组的系数矩阵施以初等行变换，依题设有

$$\boldsymbol{A}=(\boldsymbol{\alpha}_1,\boldsymbol{\alpha}_2,\boldsymbol{\alpha}_3,\boldsymbol{\alpha}_4)\overset{r}{\sim}\begin{pmatrix}1&-2&3&0\\0&3&-1&2\\0&0&0&3\\0&0&0&0\end{pmatrix}\overset{r}{\sim}\begin{pmatrix}1&7&0&0\\0&-3&1&0\\0&0&0&1\\0&0&0&0\end{pmatrix},$$

得原方程组的同解方程组

$$\begin{cases}k_1=-7k_2,\\k_2=k_2,\\k_3=3k_2,\\k_4=0,\end{cases}$$

其中向量 $\boldsymbol{\alpha}_4$ 的组合系数为零，从而知 $\boldsymbol{\alpha}_4$ 不能被向量组 $\boldsymbol{\alpha}_1,\boldsymbol{\alpha}_2,\boldsymbol{\alpha}_3$ 线性表示.

(17)【考点】 线性方程组基础解系的概念，向量组的线性无关性，两向量组的转换矩阵，行列式的计算.

【解析】 本题主要借助基础解系 $\boldsymbol{\alpha}_1,\boldsymbol{\alpha}_2,\boldsymbol{\alpha}_3,\boldsymbol{\alpha}_4$ 的线性关系确定 $\boldsymbol{\beta}_1,\boldsymbol{\beta}_2,\boldsymbol{\beta}_3,\boldsymbol{\beta}_4$ 为基础解系的条件. 一般地，判断一个向量组是否为方程组 $\boldsymbol{Ax}=\mathbf{0}$ 的基础解系，应符合三个条件，一是向量组中向量均是方程组 $\boldsymbol{Ax}=\mathbf{0}$ 的解；二是向量组为无关向量组；三是向量个数为 $n-R(\boldsymbol{A})$ 个. 根据齐次线性方程组解的性质，可以确定 $\boldsymbol{\beta}_1,\boldsymbol{\beta}_2,\boldsymbol{\beta}_3,\boldsymbol{\beta}_4$ 是 $\boldsymbol{Ax}=\mathbf{0}$ 的解. 因此，关键是判定 $\boldsymbol{\beta}_1,\boldsymbol{\beta}_2,\boldsymbol{\beta}_3,\boldsymbol{\beta}_4$ 的线性无关性. 下面用两种方法讨论：

法 1 利用向量组的转换矩阵讨论. 由

$$(\boldsymbol{\beta}_1,\boldsymbol{\beta}_2,\boldsymbol{\beta}_3,\boldsymbol{\beta}_4)=(\boldsymbol{\alpha}_1,\boldsymbol{\alpha}_2,\boldsymbol{\alpha}_3,\boldsymbol{\alpha}_4)\begin{pmatrix}1&0&0&t\\t&1&0&0\\0&t&1&0\\0&0&t&1\end{pmatrix},$$

故 $\boldsymbol{\beta}_1,\boldsymbol{\beta}_2,\boldsymbol{\beta}_3,\boldsymbol{\beta}_4$ 线性无关的充要条件是 $\begin{vmatrix}1&0&0&t\\t&1&0&0\\0&t&1&0\\0&0&t&1\end{vmatrix}=1-t^4\neq0$，所以当 $t\neq\pm1$ 时，$\boldsymbol{\beta}_1,\boldsymbol{\beta}_2,\boldsymbol{\beta}_3,\boldsymbol{\beta}_4$ 是方程组的基础解系.

法 2 由线性相关性的定义式入手. 设一组数 k_1,k_2,k_3,k_4，使得

$$k_1\boldsymbol{\beta}_1+k_2\boldsymbol{\beta}_2+k_3\boldsymbol{\beta}_3+k_4\boldsymbol{\beta}_4=\mathbf{0},$$

将 $\boldsymbol{\beta}_1=\boldsymbol{\alpha}_1+t\boldsymbol{\alpha}_2,\boldsymbol{\beta}_2=\boldsymbol{\alpha}_2+t\boldsymbol{\alpha}_3,\boldsymbol{\beta}_3=\boldsymbol{\alpha}_3+t\boldsymbol{\alpha}_4,\boldsymbol{\beta}_4=\boldsymbol{\alpha}_4+t\boldsymbol{\alpha}_1$ 代入得

$$(k_1+tk_4)\boldsymbol{\alpha}_1+(k_2+tk_1)\boldsymbol{\alpha}_2+(k_3+tk_2)\boldsymbol{\alpha}_3+(k_4+tk_3)\boldsymbol{\alpha}_4=\mathbf{0},$$

由于 $\boldsymbol{\alpha}_1,\boldsymbol{\alpha}_2,\boldsymbol{\alpha}_3,\boldsymbol{\alpha}_4$ 线性无关，从而有

$$\begin{cases} k_1+tk_4=0, \\ tk_1+k_2=0, \\ tk_2+k_3=0, \\ tk_3+k_4=0, \end{cases}$$

方程组仅有零解，当且仅当 $\begin{vmatrix} 1 & 0 & 0 & t \\ t & 1 & 0 & 0 \\ 0 & t & 1 & 0 \\ 0 & 0 & t & 1 \end{vmatrix}=1-t^4\neq 0$，即 $t\neq\pm 1$ 时，$\boldsymbol{\beta}_1,\boldsymbol{\beta}_2,\boldsymbol{\beta}_3,\boldsymbol{\beta}_4$ 是方程组的基础解系.

比较而言，法 1 更为简便.

(18)**【考点】** 由非零列向量的乘积构成的矩阵的性质，两向量线性相关的概念，向量的运算.

【解析】 由非零列向量的乘积构成的矩阵作讨论的载体，经常会出现在不同问题中，本题就是充分利用形如 $\boldsymbol{\alpha\beta}^{\mathrm{T}}$ 的矩阵性质讨论向量间的线性相关性. 求解如下：

依题设，$\boldsymbol{\alpha},\boldsymbol{\beta}$ 线性相关，即两向量成比例，设比例系数为 k，使得 $\boldsymbol{\beta}=k\boldsymbol{\alpha}(k\neq 0)$，从而有

$$(\boldsymbol{\alpha\beta}^{\mathrm{T}})^2=(\boldsymbol{\alpha\beta}^{\mathrm{T}})\boldsymbol{\alpha\beta}^{\mathrm{T}}=[\boldsymbol{\alpha}(k\boldsymbol{\alpha})^{\mathrm{T}}]\boldsymbol{\alpha}(k\boldsymbol{\alpha})^{\mathrm{T}}=k^2(\boldsymbol{\alpha}^{\mathrm{T}}\boldsymbol{\alpha})\boldsymbol{\alpha\alpha}^{\mathrm{T}}=2k^2\boldsymbol{\alpha\alpha}^{\mathrm{T}},$$

而 $\boldsymbol{\beta\alpha}^{\mathrm{T}}=k\boldsymbol{\alpha\alpha}^{\mathrm{T}}$，从而有

$$2k^2\boldsymbol{\alpha\alpha}^{\mathrm{T}}=2k\boldsymbol{\alpha\alpha}^{\mathrm{T}},$$

即

$$2k(k-1)\boldsymbol{\alpha\alpha}^{\mathrm{T}}=\boldsymbol{O}.$$

又由于 $R(\boldsymbol{\alpha\alpha}^{\mathrm{T}})=1$，$\boldsymbol{\alpha\alpha}^{\mathrm{T}}\neq\boldsymbol{O}$，故有 $2k(k-1)=0$，解得 $k=1$. 因此，$\boldsymbol{\beta}=\boldsymbol{\alpha}$.

(19)**【考点】** 向量组线性无关的概念及其性质.

【解析】 本题考查的是线性无关向量组的一个重要性质，线性无关向量组的加长向量组仍然线性无关. 证明如下：

法 1 从秩的角度. 设矩阵 $\boldsymbol{A}=(\boldsymbol{\alpha}_1,\boldsymbol{\alpha}_2,\boldsymbol{\alpha}_3)$，由已知 $\boldsymbol{\alpha}_1,\boldsymbol{\alpha}_2,\boldsymbol{\alpha}_3$ 线性无关，知

$$R(\boldsymbol{A})=R(\boldsymbol{\alpha}_1,\boldsymbol{\alpha}_2,\boldsymbol{\alpha}_3)=3,\text{且}|\boldsymbol{A}|\neq 0.$$

又设矩阵 $\boldsymbol{B}=(\boldsymbol{\beta}_1,\boldsymbol{\beta}_2,\boldsymbol{\beta}_3)=\begin{pmatrix} a_{11} & a_{21} & a_{31} \\ a_{12} & a_{22} & a_{32} \\ a_{13} & a_{23} & a_{33} \\ a & b & c \end{pmatrix}$，由于 $|\boldsymbol{A}|$ 是矩阵 $\boldsymbol{B}$ 的三阶子式，因此，$\boldsymbol{B}$ 是列满秩矩阵，即 $R(\boldsymbol{\beta}_1,\boldsymbol{\beta}_2,\boldsymbol{\beta}_3)=3$，因此，$\boldsymbol{\beta}_1,\boldsymbol{\beta}_2,\boldsymbol{\beta}_3$ 线性无关.

法 2 从线性无关的定义入手. 设一组数 k_1,k_2,k_3，使得

$$k_1\boldsymbol{\beta}_1+k_2\boldsymbol{\beta}_2+k_3\boldsymbol{\beta}_3=\boldsymbol{0},$$

即有方程组

$$\begin{cases} k_1a_{11}+k_2a_{21}+k_3a_{31}=0, \\ k_1a_{12}+k_2a_{22}+k_3a_{32}=0, \\ k_1a_{13}+k_2a_{23}+k_3a_{33}=0, \\ k_1a+k_2b+k_3c=0, \end{cases} \qquad (*)$$

由于 $\boldsymbol{\alpha}_1,\boldsymbol{\alpha}_2,\boldsymbol{\alpha}_3$ 线性无关，$\boldsymbol{Ax}=\boldsymbol{0}$ 仅有零解，从而知方程组(*)仅有零解，因此，$\boldsymbol{\beta}_1,\boldsymbol{\beta}_2,\boldsymbol{\beta}_3$ 线性无关.

(20)**【考点】** 向量的线性组合概念，向量组的线性相关性与秩，非齐次线性方程组解的讨论.

【解析】 讨论一个向量能否被一个向量组线性表示，可以有多个角度，求解本题，不管用什么

方法，其中最关键的是证明向量组 $\boldsymbol{\alpha}_1,\boldsymbol{\alpha}_2,\boldsymbol{\alpha}_3,\boldsymbol{\alpha}_4$ 线性无关.

首先，记 $\boldsymbol{A}=(\boldsymbol{\alpha}_1,\boldsymbol{\alpha}_2,\boldsymbol{\alpha}_3,\boldsymbol{\alpha}_4)$，由

$$|\boldsymbol{A}|=|\boldsymbol{\alpha}_1,\boldsymbol{\alpha}_2,\boldsymbol{\alpha}_3,\boldsymbol{\alpha}_4|=\begin{vmatrix}1&1&1&1\\1&-1&1&-1\\1&2&4&8\\1&3&9&27\end{vmatrix}$$
$$=(3-2)(3+1)(3-1)(2+1)(2-1)(-1-1)$$
$$=-48\neq 0,$$

知向量组 $\boldsymbol{\alpha}_1,\boldsymbol{\alpha}_2,\boldsymbol{\alpha}_3,\boldsymbol{\alpha}_4$ 线性无关.

设 $\boldsymbol{\beta}=(a,b,c,d)^{\mathrm{T}}$ 为任意一个四维列向量，下面证明，$\boldsymbol{\beta}$ 可以被 $\boldsymbol{\alpha}_1,\boldsymbol{\alpha}_2,\boldsymbol{\alpha}_3,\boldsymbol{\alpha}_4$ 线性表示，且表达式唯一.

法 1　从方程组角度，设一组数 k_1,k_2,k_3,k_4，使得

$$k_1\boldsymbol{\alpha}_1+k_2\boldsymbol{\alpha}_2+k_3\boldsymbol{\alpha}_3+k_4\boldsymbol{\alpha}_4=\boldsymbol{\beta},$$

即有方程组

$$\begin{cases}k_1+k_2+k_3+k_4=a,\\k_1-k_2+k_3-k_4=b,\\k_1+2k_2+4k_3+8k_4=c,\\k_1+3k_2+9k_3+27k_4=d,\end{cases}$$

由于系数矩阵 $|\boldsymbol{A}|\neq 0$，知方程组 $\boldsymbol{Ax}=\boldsymbol{\beta}$ 有唯一解，即 $\boldsymbol{\beta}$ 可以被向量组 $\boldsymbol{\alpha}_1,\boldsymbol{\alpha}_2,\boldsymbol{\alpha}_3,\boldsymbol{\alpha}_4$ 线性表示，且表达式唯一.

法 2　从秩的角度，由于矩阵 $|\boldsymbol{A}|\neq 0$，知向量组 $\boldsymbol{\alpha}_1,\boldsymbol{\alpha}_2,\boldsymbol{\alpha}_3,\boldsymbol{\alpha}_4$ 线性无关，即有

$$R(\boldsymbol{\alpha}_1,\boldsymbol{\alpha}_2,\boldsymbol{\alpha}_3,\boldsymbol{\alpha}_4)=4,$$

又向量组 $\boldsymbol{\alpha}_1,\boldsymbol{\alpha}_2,\boldsymbol{\alpha}_3,\boldsymbol{\alpha}_4,\boldsymbol{\beta}$ 的向量个数大于维数，必相关，即有

$$R(\boldsymbol{\alpha}_1,\boldsymbol{\alpha}_2,\boldsymbol{\alpha}_3,\boldsymbol{\alpha}_4,\boldsymbol{\beta})=R(\boldsymbol{\alpha}_1,\boldsymbol{\alpha}_2,\boldsymbol{\alpha}_3,\boldsymbol{\alpha}_4)=4,$$

故 $\boldsymbol{\beta}$ 可以被向量组 $\boldsymbol{\alpha}_1,\boldsymbol{\alpha}_2,\boldsymbol{\alpha}_3,\boldsymbol{\alpha}_4$ 线性表示，且表达式唯一.

法 3　利用极大无关组的性质考虑向量组 $\boldsymbol{\alpha}_1,\boldsymbol{\alpha}_2,\boldsymbol{\alpha}_3,\boldsymbol{\alpha}_4,\boldsymbol{\beta}$，由于矩阵 $|\boldsymbol{A}|\neq 0$，知其中部分向量组 $\boldsymbol{\alpha}_1,\boldsymbol{\alpha}_2,\boldsymbol{\alpha}_3,\boldsymbol{\alpha}_4$ 线性无关，再添加向量 $\boldsymbol{\beta}$ 后线性相关，知 $\boldsymbol{\alpha}_1,\boldsymbol{\alpha}_2,\boldsymbol{\alpha}_3,\boldsymbol{\alpha}_4$ 为该向量组的一个极大无关组，因此，$\boldsymbol{\beta}$ 可以被向量组 $\boldsymbol{\alpha}_1,\boldsymbol{\alpha}_2,\boldsymbol{\alpha}_3,\boldsymbol{\alpha}_4$ 线性表示，且表达式唯一.

【说明】　题中行列式 $|\boldsymbol{A}|$ 是由元素 $1,-1,2,3$ 构造的范德蒙德行列式，可利用其计算公式定值.

(21)**【考点】**　向量组的线性相关性的概念与判断，齐次线性方程组解的讨论，向量正交的概念.

【解析】　向量组的线性相关性的讨论，一般都应从定义式出发，再利用题设讨论定义式中组合系数取值情况作出判断. 下面用两种方法讨论：

法 1　从定义式出发推导，即设一组数 $k_1,k_2,\cdots,k_s,k$，使得

$$k_1\boldsymbol{\alpha}_1+k_2\boldsymbol{\alpha}_2+\cdots+k_s\boldsymbol{\alpha}_s+k\boldsymbol{\beta}=\mathbf{0},$$

因为 $\boldsymbol{\beta}$ 是线性方程组

$$\begin{cases}a_{11}x_1+a_{12}x_2+\cdots+a_{1n}x_n=0,\\a_{21}x_1+a_{22}x_2+\cdots+a_{2n}x_n=0,\\\quad\cdots\cdots\\a_{s1}x_1+a_{s2}x_2+\cdots+a_{sn}x_n=0\end{cases}$$

的非零解，故有 $\boldsymbol{\alpha}_i^{\mathrm{T}}\boldsymbol{\beta}=0(i=1,2,\cdots,s)$，即有 $\boldsymbol{\beta}^{\mathrm{T}}\boldsymbol{\alpha}_i=0(i=1,2,\cdots,s)$，于是定义式两边左乘 $\boldsymbol{\beta}^{\mathrm{T}}$，得

$$k_1\boldsymbol{\beta}^{\mathrm{T}}\boldsymbol{\alpha}_1+k_2\boldsymbol{\beta}^{\mathrm{T}}\boldsymbol{\alpha}_2+\cdots+k_s\boldsymbol{\beta}^{\mathrm{T}}\boldsymbol{\alpha}_s+k\boldsymbol{\beta}^{\mathrm{T}}\boldsymbol{\beta}=0,$$

从而有 $k\boldsymbol{\beta}^{\mathrm{T}}\boldsymbol{\beta}=0$，但 $\boldsymbol{\beta}^{\mathrm{T}}\boldsymbol{\beta}\neq0$，故 $k=0$，进而得 $k_1=k_2=\cdots=k_s=0$，因此，向量组 $\boldsymbol{\alpha}_1,\boldsymbol{\alpha}_2,\cdots,\boldsymbol{\alpha}_s,\boldsymbol{\beta}$ 线性无关.

法2 用反证法.若 $\boldsymbol{\alpha}_1,\boldsymbol{\alpha}_2,\cdots,\boldsymbol{\alpha}_s,\boldsymbol{\beta}$ 线性相关，且知 $\boldsymbol{\alpha}_1,\boldsymbol{\alpha}_2,\cdots,\boldsymbol{\alpha}_s$ 线性无关，则 $\boldsymbol{\beta}$ 可以被 $\boldsymbol{\alpha}_1,\boldsymbol{\alpha}_2,\cdots,\boldsymbol{\alpha}_s$ 线性表示，记

$$\boldsymbol{\beta}=k_1\boldsymbol{\alpha}_1+k_2\boldsymbol{\alpha}_2+\cdots+k_s\boldsymbol{\alpha}_s,$$

于是，

$$(\boldsymbol{\beta},\boldsymbol{\beta})=k_1(\boldsymbol{\beta},\boldsymbol{\alpha}_1)+k_2(\boldsymbol{\beta},\boldsymbol{\alpha}_2)+\cdots+k_s(\boldsymbol{\beta},\boldsymbol{\alpha}_s)=0,$$

与 $\boldsymbol{\beta}\neq\mathbf{0}$ 矛盾，所以，向量组 $\boldsymbol{\alpha}_1,\boldsymbol{\alpha}_2,\cdots,\boldsymbol{\alpha}_s,\boldsymbol{\beta}$ 线性无关.

(22)**【考点】** 矩阵的秩，伴随矩阵的性质，齐次线性方程组解的结构.

【解析】 由于伴随矩阵具有的特殊性质，经常可能出现在矩阵的秩和线性方程组的讨论中.已多次强调伴随矩阵 $\boldsymbol{A}^*$ 的秩与相应矩阵的秩存在着对应关系，而且秩的大小只有三种选择.另外，由性质 $\boldsymbol{A}^*\boldsymbol{A}=\boldsymbol{A}\boldsymbol{A}^*=|\boldsymbol{A}|\boldsymbol{E}$，可用于方程组解的结构讨论.本题求解如下：

(Ⅰ)由

$$\boldsymbol{A}^*=\begin{pmatrix}1&2&-2\\-1&-2&2\\3&6&-6\end{pmatrix}\overset{r}{\sim}\begin{pmatrix}1&2&-2\\0&0&0\\0&0&0\end{pmatrix},$$

知 $R(\boldsymbol{A}^*)=1$，从而知 $R(\boldsymbol{A})=3-1=2$.

(Ⅱ)由(Ⅰ)知 $R(\boldsymbol{A})=2$.线性方程组 $\boldsymbol{A}\boldsymbol{x}=\mathbf{0}$ 的基础解系由 $3-2=1$ 个线性无关解向量构成.又由 $\boldsymbol{A}\boldsymbol{A}^*=|\boldsymbol{A}|\boldsymbol{E}=\boldsymbol{O}$ 知，$\boldsymbol{A}^*$ 的列向量组均为方程组 $\boldsymbol{A}\boldsymbol{x}=\mathbf{0}$ 的解向量，因此，取非零列向量 $\boldsymbol{\xi}=(1,-1,3)^{\mathrm{T}}$，即可构成 $\boldsymbol{A}\boldsymbol{x}=\mathbf{0}$ 的一个基础解系，通解为 $c\boldsymbol{\xi}=c(1,-1,3)^{\mathrm{T}}$，其中 c 为任意常数.

(23)**【考点】** 非齐次线性方程组解的讨论和通解结构，基础解系的概念与计算.

【解析】 非齐次线性方程组的求解是一个以数值计算为主的基本运算题，在化为行阶梯形矩阵时注意讨论参数的取值与方程组解的关系.求解如下：

(Ⅰ)由

$$\overline{\boldsymbol{A}}=\left(\begin{array}{cccc:c}1&2&1&-3&1\\2&1&1&1&4+\lambda\\1&1&2&2&2\\2&3&-5&-17&5\end{array}\right)\overset{r}{\sim}\left(\begin{array}{cccc:c}1&2&1&-3&1\\0&-3&-1&7&2+\lambda\\0&-1&1&5&1\\0&-1&-7&-11&3\end{array}\right)$$

$$\overset{r}{\sim}\left(\begin{array}{cccc:c}1&0&3&7&3\\0&-1&1&5&1\\0&0&-4&-8&\lambda-1\\0&0&-8&-16&2\end{array}\right)\overset{r}{\sim}\left(\begin{array}{cccc:c}1&0&3&7&3\\0&-1&1&5&1\\0&0&-4&-8&\lambda-1\\0&0&0&0&4-2\lambda\end{array}\right),$$

知当 $\lambda=2$ 时，$R(\overline{\boldsymbol{A}})=R(\boldsymbol{A})=3$，方程组有无穷多解，且其导出组的基础解系由一个线性无关解向量构成.

(Ⅱ)将增广矩阵经过初等行变换，进一步化为行最简阶梯形，

$$\overline{\boldsymbol{A}} \overset{r}{\sim} \left(\begin{array}{cccc:c} 1 & 0 & 0 & 1 & 15/4 \\ 0 & 1 & 0 & -3 & -5/4 \\ 0 & 0 & 1 & 2 & -1/4 \\ 0 & 0 & 0 & 0 & 0 \end{array}\right),$$

方程组的同解方程组的导出组及原方程组的同解方程组分别为

$$\begin{cases} x_1 = -x_4, \\ x_2 = 3x_4, \\ x_3 = -2x_4, \end{cases} \quad \begin{cases} x_1 = \dfrac{15}{4} - x_4, \\ x_2 = -\dfrac{5}{4} + 3x_4, \\ x_3 = -\dfrac{1}{4} - 2x_4, \end{cases}$$

取自由未知量为 x_4，取 $x_4 = 1$ 代入同解方程组的导出组，得到一个基础解系

$$\boldsymbol{\xi} = (-1, 3, -2, 1)^{\mathrm{T}}.$$

(Ⅲ) 取 $x_4 = 0$ 代入同解方程组得该线性方程组的一个特解 $\boldsymbol{\xi}_0 = \left(\dfrac{15}{4}, -\dfrac{5}{4}, -\dfrac{1}{4}, 0\right)^{\mathrm{T}}$，线性方程组的全部解可表示为：

$$c\boldsymbol{\xi} + \boldsymbol{\xi}_0 = c(-1, 3, -2, 1)^{\mathrm{T}} + \left(\frac{15}{4}, -\frac{5}{4}, -\frac{1}{4}, 0\right)^{\mathrm{T}},$$

其中 c 为任意常数.

第五章 相似矩阵及二次型

一、选择题.

(1)【答案】 (C)

【考点】 特征多项式与特征方程,矩阵的特征值与矩阵的行列式的关系.

【解析】 矩阵的特征值的计算一般有三种方法:一种是由特征方程解出;一种是由定义式推导得到;另一种是由矩阵方程转化为特征方程解方程得到. 由本题提供的均可化为$\boldsymbol{A}$的特征方程形式$\left|-\frac{2}{3}\boldsymbol{E}-\boldsymbol{A}\right|=0,|\boldsymbol{E}-\boldsymbol{A}|=0,\left|\frac{3}{2}\boldsymbol{E}-\boldsymbol{A}\right|=0$,从而可以得到$\boldsymbol{A}$的全部特征值$\lambda_1=-\frac{2}{3}$, $\lambda_2=1,\lambda_3=\frac{3}{2}$,进一步可得到$|\boldsymbol{A}|=\lambda_1\lambda_2\lambda_3=\left(-\frac{2}{3}\right)\times1\times\frac{3}{2}=-1$. 故本题应选择(C).

(2)【答案】 (B)

【考点】 矩阵合同的概念,对角矩阵的性质,矩阵的对称性.

【解析】 对二次型作非退化的线性变换得到的矩阵与原矩阵是合同关系,这种关系的核心是保持二次型的秩、正、负惯性指数不变,从特征值角度,只保留了原特征值的符号特征,但不保留其大小,这是与两矩阵相似不同的地方. 因此,根据题设,$\boldsymbol{A}$的对角线元素$\lambda_1,\lambda_2,\cdots,\lambda_n$即$\boldsymbol{A}$的特征值,保留了矩阵$\boldsymbol{A}$的特征值的符号特征,但不相等,因此,选项(A)不正确;又由于题中未明确λ_1, $\lambda_2,\cdots,\lambda_n$的符号和非零性,故(C),(D)也不正确;由排除法,本题应选择(B). 事实上,根据矩阵合同的性质,若矩阵与对称矩阵合同,则该矩阵必为对称矩阵,即由题意知,存在可逆矩阵$\boldsymbol{C}$,满足$\boldsymbol{A}=\boldsymbol{C}^{\mathrm{T}}\boldsymbol{B}\boldsymbol{C}$,且$\boldsymbol{B}=\boldsymbol{B}^{\mathrm{T}}$,也必有

$$\boldsymbol{A}^{\mathrm{T}}=(\boldsymbol{C}^{\mathrm{T}}\boldsymbol{B}\boldsymbol{C})^{\mathrm{T}}=\boldsymbol{C}^{\mathrm{T}}\boldsymbol{B}^{\mathrm{T}}(\boldsymbol{C}^{\mathrm{T}})^{\mathrm{T}}=\boldsymbol{C}^{\mathrm{T}}\boldsymbol{B}\boldsymbol{C}=\boldsymbol{A}.$$

(3)【答案】 (C)

【考点】 二次型的矩阵及二次型矩阵的特征值,化二次型为标准形,二次型的正惯性指数的概念.

【解析】 二次型的正惯性指数是二次型的标准形中平方项前系数取正值的数量,或规范形中系数为1的个数,或二次型矩阵的正特征值的数量. 因此,二次型的正惯性指数可采用两种方法计算.

法1 由二次型矩阵的特征值入手.

二次型矩阵为$\boldsymbol{A}=\begin{pmatrix}1&-2&0\\-2&1&0\\0&0&1\end{pmatrix}$,由

$$|\lambda\boldsymbol{E}-\boldsymbol{A}|=\begin{vmatrix}\lambda-1&2&0\\2&\lambda-1&0\\0&0&\lambda-1\end{vmatrix}=(\lambda-1)(\lambda+1)(\lambda-3)=0,$$

知$\lambda_1=-1,\lambda_2=1,\lambda_3=3$,其中有2个正根,从而知该二次型的正惯性指数是2. 本题应选择(C).

法2 用配方法化二次型为标准形. 由

$$f(x_1,x_2,x_3)=x_1^2-4x_1x_2+4x_2^2-3x_2^2+x_3^2=(x_1-2x_2)^2-3x_2^2+x_3^2,$$

知该二次型的正惯性指数是 2. 本题应选择(C).

(4)【答案】 (A)

【考点】 矩阵的特征值与特征向量的性质与从属关系.

【解析】 在讨论矩阵的特征值与特征向量时,必须要注意特征向量对于特征值的从属关系. 这是因为,不同特征值对应的特征向量是线性无关的,尤其是实对称矩阵的不同特征值对应的特征向量是相互正交的. 而且,不同特征值对应的特征向量之和一定不是原矩阵的特征向量. 因此,可以确定$\boldsymbol{x}_1+\boldsymbol{x}_2$一定不是$\boldsymbol{A}$的特征向量,故本题应选择(A). 另外,由于不能确定$\boldsymbol{A}$为实对称矩阵,所以 $\boldsymbol{x}_1$ 与 $\boldsymbol{x}_2$ 未必正交.

(5)【答案】 (A)

【考点】 矩阵的特征值与特征向量的概念,矩阵的运算.

【解析】 判断一个向量是否为已知矩阵的特征向量,直接计算矩阵的特征值和特征向量会导致计算量大,一个有效的方法就是将该矩阵右乘向量,将结果对照定义式进行验证. 其中由

$$\boldsymbol{A}\begin{pmatrix}-1\\0\\1\end{pmatrix}=\begin{pmatrix}1&-3&3\\3&-5&3\\6&-6&4\end{pmatrix}\begin{pmatrix}-1\\0\\1\end{pmatrix}=\begin{pmatrix}2\\0\\-2\end{pmatrix}=-2\begin{pmatrix}-1\\0\\1\end{pmatrix},$$

知选项(A) 符合题意,故选之.

(6)【答案】 (B)

【考点】 在正交变换下的二次型的标准形,由矩阵方程求特征值.

【解析】 正交变换下的二次型的标准形的系数与二次型矩阵的特征值存在密切的对应关系,把握好这种关系正是求解本题的关键. 在明确将题中矩阵方程转换为对应的特征方程 $\lambda^3+2\lambda^2-3\lambda=0$ 的基础上,用下面两种方法判断:

法 1 求解特征方程 $\lambda^3+2\lambda^2-3\lambda=0$. 由

$$\lambda^3+2\lambda^2-3\lambda=\lambda(\lambda+3)(\lambda-1)=0,$$

解得矩阵$\boldsymbol{A}$的三个特征值$\lambda=-3,0,1$,从而知,二次型对应的标准形为$-3y_1^2+y_2^2$. 故本题应选择(B).

法 2 将各选项给出的二次型标准形中显现的各自二次型矩阵的特征值一一代入特征方程验证. 其中,选项(B) 中显现的特征值$\lambda=-3,0,1$一一代入特征方程 $f(\lambda)=\lambda^3+2\lambda^2-3\lambda=0$,均能满足方程,即 $f(-3)=f(0)=f(1)=0$,从而知$-3y_1^2+y_2^2$ 为满足条件的二次型标准形. 故选择(B).

【说明】 上述两种方法,在对应特征方程为高次方程,不易求解出特征值的情况下,法 1 容易失效,而且所求的特征值未必能确保一定为二次型矩阵的特征值. 法 2 在任何情况下都是一种可靠有效的方法.

(7)【答案】 (A)

【考点】 矩阵与其特征值的关系,矩阵以及其转置矩阵的特征值以及特征向量的关系,矩阵相似的性质.

【解析】 由$|\boldsymbol{A}|=\lambda_1\lambda_2\cdots\lambda_n$ 知$\boldsymbol{A}$可逆的充分必要条件是其所有特征值非零,但一般地,$\boldsymbol{A}$的秩与

其非零特征值的个数未必相等，如矩阵 $\boldsymbol{A}=\begin{pmatrix}1&0&0\\0&0&0\\0&1&0\end{pmatrix}$ 有一个非零特征值，但其秩为 2. $\boldsymbol{A}$ 和 $\boldsymbol{A}^{\mathrm{T}}$ 有相同的特征多项式，故有相同的特征值，但没有相同的特征向量，两矩阵也不相似，同时作为反例，说明了两同阶矩阵有相同特征值未必相似. 综上讨论，本题应选择(A).

(8)【答案】 (A)

【考点】 正定矩阵的性质与判断.

【解析】 从题型特点观察，本题主要是从正定矩阵的运算角度判断矩阵的正定性问题. 相关结论是，首先，若矩阵 $\boldsymbol{A}$ 正定，则其逆矩阵 $\boldsymbol{A}^{-1}$，伴随矩阵 $\boldsymbol{A}^*$，幂矩阵 $\boldsymbol{A}^m$ 也一定是正定矩阵，这一点可以从两个方面进行验证说明：一是对称性判断，由 $\boldsymbol{A}$ 对称可推出 $\boldsymbol{A}^{-1}$，$\boldsymbol{A}^*$，$\boldsymbol{A}^m$ 对称；二是判断 $\boldsymbol{A}^{-1}$，$\boldsymbol{A}^*$，$\boldsymbol{A}^m$ 的特征值与 $\boldsymbol{A}$ 的特征值在符号上的一致性，对于 $\boldsymbol{A}$ 的特征值 λ，可以确定 $\boldsymbol{A}^{-1}$，$\boldsymbol{A}^*$，$\boldsymbol{A}^m$ 对应的特征值为 $\frac{1}{\lambda}$，$\frac{|\boldsymbol{A}|}{\lambda}$，$\lambda^m$ 与 λ 符号一致. 其次，若 $\boldsymbol{A}$，$\boldsymbol{B}$ 为正定矩阵，可以证明它们的和式 $a\boldsymbol{A}+b\boldsymbol{B}(a,b>0)$ 也一定是正定的.

综上分析，选项(B)，(C)，(D) 均正确，仅(A) 不正确，故选之. 实际上，由于 $\boldsymbol{A}$，$\boldsymbol{B}$ 不可交换且 $\boldsymbol{AB}$ 不对称，所以 $\boldsymbol{AB}$ 为非正定矩阵. 这也说明，矩阵的对称性是矩阵正定的必要条件，不可忽略. 但许多考生不注意这一点，出错率较高.

二、填空题.

(9)【答案】 $\boldsymbol{A}=\begin{pmatrix}1&5/2&6\\5/2&4&7\\6&7&5\end{pmatrix}$

【考点】 二次型矩阵的概念.

【解析】 二次型矩阵是实对称矩阵，因此，题中给出二次型矩阵形式不是规范形式，需要对其中矩阵重新调整，调整的方法是，以矩阵主对角线为对称线，将对称线两侧对称点上的两元素用题中矩阵同位置上元素和的平均值置换，得到

$$\boldsymbol{A}=\begin{pmatrix}1&5/2&6\\5/2&4&7\\6&7&5\end{pmatrix}.$$

即为所求二次型矩阵.

(10)【答案】 $\frac{1}{4}$

【考点】 矩阵的行列式与矩阵特征值的关系.

【解析】 由题设，$\boldsymbol{A}$ 有一个特征值为零，又 $|\boldsymbol{A}|=\lambda_1\lambda_2\lambda_3$，因此，有

$$|\boldsymbol{A}|=\begin{vmatrix}2&1&-1\\-2&3&-1\\3&-2&x\end{vmatrix}=8x-2=0,$$

解得 $x=\frac{1}{4}$.

(11)【答案】 $f=3y_1^2$

【考点】 二次型矩阵，正交变换下的二次型的标准形，二次型矩阵的秩与特征值的关系.

【解析】 f在正交变换$\boldsymbol{x}=\boldsymbol{Q}\boldsymbol{y}$下的标准形，即为以二次型矩阵的特征值为组合系数的3个变量的平方和，因此，求解的关键是找到$\boldsymbol{A}$的全部特征值. 注意到二次型矩阵为实对称矩阵，对实对称矩阵而言，二次型的秩即其矩阵$\boldsymbol{A}$的秩等于1，知$\boldsymbol{A}$仅含一个非零特征值，且$\lambda=0$为其二重特征值. 另由条件$\boldsymbol{A}$的"各行元素之和"有

$$\boldsymbol{A}\begin{pmatrix}1\\1\\1\end{pmatrix}=\begin{pmatrix}3\\3\\3\end{pmatrix}=3\begin{pmatrix}1\\1\\1\end{pmatrix},$$

从而进一步确定了$\boldsymbol{A}$的非零特征值为3. 因此，可以得到$\lambda=3$，二次型f在正交变换$\boldsymbol{x}=\boldsymbol{Q}\boldsymbol{y}$下的标准形为$f=3y_1^2$.

(12)【答案】 $f=y_1^2+y_2^2$

【考点】 二次型的规范形，矩阵合同的概念，矩阵特征值的计算.

【解析】 二次型的规范形是由组合系数为1，或-1，或0的变量的完全平方项的和组成. 其中组合系数中含有1的个数即为二次型的正惯性指数，含有-1的个数即为二次型的负惯性指数，两个惯性指数的和为二次型的秩，它们分别对应二次型矩阵中正、负特征值的数量和非零特征值的数量. 因此，本题求解的关键是找到矩阵$\boldsymbol{A}$的正负特征值的数量. 虽然，题中没有具体给出$\boldsymbol{A}$，但给出了与之合同的矩阵$\boldsymbol{B}$，通过求解$\boldsymbol{B}$的特征值同样可以得到矩阵$\boldsymbol{A}$的正负特征值的数量. 于是由

$$|\lambda\boldsymbol{E}-\boldsymbol{B}|=\begin{vmatrix}\lambda&0&0\\0&\lambda-2&-1\\0&-1&\lambda-2\end{vmatrix}=\lambda(\lambda-1)(\lambda-3)=0,$$

知$\boldsymbol{B}$的特征值为$\lambda=0,1,3$. 从而知$\boldsymbol{A}$的特征值有2个正根和1个零，因此二次型$\boldsymbol{x}^{\mathrm{T}}\boldsymbol{A}\boldsymbol{x}$的规范形为$f=y_1^2+y_2^2$.

(13)【答案】 $-\sqrt{2}<a<\sqrt{2}$

【考点】 矩阵的正定性，判断正定的顺序主子式和特征值法.

【解析】 判断矩阵正定性的常用方法是正定二次型的定义、特征值法、顺序主子式法和合同法. 对于数值矩阵而言，主要判别方法是特征值法、顺序主子式法. 因此本题求解如下：

法1 用特征值法. 若要$\begin{pmatrix}1&a\\a&2\end{pmatrix}$为正定矩阵，其充要条件是其特征值$\lambda_1,\lambda_2$均为正. 根据矩阵与特征值的关系，在不求出特征值的情况下，由$\lambda_1+\lambda_2=3>0$，可以确定该矩阵正定的充要条件是$\begin{vmatrix}1&a\\a&2\end{vmatrix}=\lambda_1\lambda_2=2-a^2>0$，即$-\sqrt{2}<a<\sqrt{2}$.

法2 用顺序主子式法. 即矩阵$\begin{pmatrix}1&a\\a&2\end{pmatrix}$为正定矩阵的充分必要条件是$|\boldsymbol{A}_1|=1>0$，且$|\boldsymbol{A}_2|=\begin{vmatrix}1&a\\a&2\end{vmatrix}=2-a^2>0$，即$-\sqrt{2}<a<\sqrt{2}$.

(14)【答案】 $-\sqrt{2}<t<\sqrt{2}$

【考点】 正定二次型的概念及判别，顺序主子式判别法，行列式的计算.

【解析】 本题是在已知二次型解析式，并在f正定的条件下确定式中待定常数. 处理这类问题，通常最有效的方法是顺序主子式法. 顺序主子式是指沿矩阵的行列式主对角线，由上而下，

从左到右,从第一行第一列元素开始逐渐扩展得到的系列 $k(k=1,2,\cdots,n)$ 阶子式. 顺序主子式法是指,一个二次型正定的充分必要条件是其二次型矩阵的所有顺序主子式均为正.

依题设,题中的二次型矩阵为

$$\boldsymbol{A}=\begin{pmatrix}2 & 1 & 0\\1 & 1 & -t/2\\0 & -t/2 & 1\end{pmatrix}.$$

于是,由顺序主子式法,二次型 f 正定,则必有

$$|\boldsymbol{A}_1|=2>0,|\boldsymbol{A}_2|=\begin{vmatrix}2 & 1\\1 & 1\end{vmatrix}=1>0,|\boldsymbol{A}_3|=\begin{vmatrix}2 & 1 & 0\\1 & 1 & -t/2\\0 & -t/2 & 1\end{vmatrix}=1-\frac{t^2}{2}>0,$$

解得 $-\sqrt{2}<t<\sqrt{2}$.

三、解答题.

(15)**【考点】** 二次型的正负惯性指数,二次型矩阵,矩阵的特征值.

【解析】 二次型的秩、正负惯性指数是二次型的重要指标,其值的确定有两种方法:一种是经标准化或规范化确定;另一种是由二次型矩阵的特征值的符号确定,即其非零特征值的个数即为二次型的秩,正特征值的个数即为二次型的正惯性指数,负特征值的个数即为二次型的负惯性指数. 本题就是已知负惯性指数为 1,也即知有一个特征值为负值,由此定常数. 求解如下:

法 1 用配方法,化二次型为标准形. 由

$$\begin{aligned}f(x_1,x_2,x_3)&=x_1^2+2ax_1x_3+(ax_3)^2-x_2^2+4x_2x_3-4x_3^2+4x_3^2-(ax_3)^2\\&=(x_1+ax_3)^2-(x_2-2x_3)^2+(4-a^2)x_3^2,\end{aligned}$$

从而知,若二次型的负惯性指数为 1, 则有 $4-a^2\geqslant 0$,即 $-2\leqslant a\leqslant 2$.

法 2 由二次型矩阵入手. 依题设,二次型矩阵为

$$\boldsymbol{A}=\begin{pmatrix}1 & 0 & a\\0 & -1 & 2\\a & 2 & 0\end{pmatrix},$$

于是,若 $\boldsymbol{A}$ 含零特征值,则 $|\boldsymbol{A}|=a^2-4=0$,得 $a=\pm 2$, 此时,可得另外两个特征值为 ± 3,符合题意. 若 $\boldsymbol{A}$ 不含零特征值,由于矩阵的迹为 0,知其特征值不可能恒正或恒负,因此,要使负惯性指数为 1,特征值必为两正一负,从而有 $|\boldsymbol{A}|=a^2-4<0$,即 $|a|<2$.

综上讨论,若二次型的负惯性指数为 1, 应有 $-2\leqslant a\leqslant 2$.

(16)**【考点】** 实对称矩阵的秩与特征值的关系,由矩阵方程求特征值,正交变换下二次型的标准形.

【解析】 本题是在正交变换下求二次型 $f(x_1,x_2,\cdots,x_n)=\boldsymbol{x}^{\mathrm{T}}\boldsymbol{A}\boldsymbol{x}$ 的标准形. 关键是找出二次型矩阵的特征值,所以本题要重点解决的是,由矩阵方程求特征值,并应用实对称矩阵的性质具体确认矩阵的特征值. 求解过程如下:

由题设,二次型矩阵 $\boldsymbol{A}$ 满足方程 $\boldsymbol{A}^2+\boldsymbol{A}=\boldsymbol{O}$,从而得特征方程 $\lambda^2+\lambda=0$,解得 $\boldsymbol{A}$ 的可能特征值为 0 或 -1, 由于 $\boldsymbol{A}$ 为 4 阶实对称矩阵, $R(\boldsymbol{A})=3$,知有且只有一个特征值为零,其余特征值为 -1(三重),从而可得在正交变换下二次型 $f(x_1,x_2,\cdots,x_n)=\boldsymbol{x}^{\mathrm{T}}\boldsymbol{A}\boldsymbol{x}$ 的标准形

$$f=-y_1^2-y_2^2-y_3^2.$$

(17)**【考点】** 矩阵与其线性无关特征向量的个数的关系,特征值的计算,利用矩阵的初等变换求

秩.

【解析】 按题设,矩阵$\boldsymbol{A}$有三个线性无关的特征向量,即矩阵$\boldsymbol{A}$与对角阵相似.关键看$\boldsymbol{A}$有无重特征根,若无重特征值,则x,y为任意常数.若存在k重特征根λ_k,还需进一步考察$R(\lambda_k\boldsymbol{E}-\boldsymbol{A})$是否等于$n-k$.具体求解如下:

由

$$|\lambda \boldsymbol{E}-\boldsymbol{A}|=\begin{vmatrix}\lambda & 0 & -1\\ -x & \lambda+1 & -y\\ -1 & 0 & \lambda\end{vmatrix}=(\lambda-1)(\lambda+1)^2=0,$$

知$\boldsymbol{A}$有二重特征根$\lambda=-1$.又

$$-\boldsymbol{E}-\boldsymbol{A}=\begin{pmatrix}-1 & 0 & -1\\ -x & 0 & -y\\ -1 & 0 & -1\end{pmatrix}\overset{r}{\sim}\begin{pmatrix}1 & 0 & 1\\ 0 & 0 & x-y\\ 0 & 0 & 0\end{pmatrix},$$

知当且仅当$x-y=0$时,$R(\boldsymbol{E}-\boldsymbol{A})=3-2=1$,即$\boldsymbol{A}$有三个线性无关的特征向量.

(18)【考点】 $\boldsymbol{A}$的伴随矩阵与$\boldsymbol{A}$的转换关系,特征向量的概念,由特征向量定常数.

【解析】 由特征向量定常数是特征值与特征向量问题中常见的一种题型.一般要由矩阵对应的特征值与特征向量的定义式推导.但题中提供的特征向量$\boldsymbol{\alpha}$属于$\boldsymbol{A}$的伴随矩阵$\boldsymbol{A}^*$,与已知矩阵$\boldsymbol{A}$不对应,需要在$\boldsymbol{A}$与$\boldsymbol{A}^*$之间作必要的转换.求解如下:

由$|\boldsymbol{A}|=\begin{vmatrix}2 & -1 & 2\\ 5 & -3 & 3\\ -1 & 0 & -2\end{vmatrix}=-1\neq 0$知$\boldsymbol{A}$可逆,故$\boldsymbol{A}^*$可逆,且$\lambda\neq 0$.又$\boldsymbol{A}^*\boldsymbol{\alpha}=\lambda\boldsymbol{\alpha}$,也有

$|\boldsymbol{A}|\boldsymbol{A}^{-1}\boldsymbol{\alpha}=\lambda\boldsymbol{\alpha}$即$\boldsymbol{A\alpha}=\dfrac{|\boldsymbol{A}|}{\lambda}\boldsymbol{\alpha}$,从而有

$$\begin{pmatrix}2 & -1 & 2\\ 5 & -3 & 3\\ -1 & 0 & -2\end{pmatrix}\begin{pmatrix}1\\ k\\ -1\end{pmatrix}=\begin{pmatrix}-k\\ 2-3k\\ 1\end{pmatrix}=-\frac{1}{\lambda}\begin{pmatrix}1\\ k\\ -1\end{pmatrix},$$

得方程组

$$\begin{cases}k=\dfrac{1}{\lambda},\\ 2-3k=-\dfrac{1}{\lambda}k,\\ 1=\dfrac{1}{\lambda},\end{cases}$$

解得$k=1$.

(19)【考点】 二次型正定性的概念,齐次线性方程组解的讨论.

【解析】 本题是判断以抽象形式出现的二次型的正定性,由于题目提供的可用信息极少,讨论往往要从定义出发,由二次型的结构入手,题中二次型可写作$(\boldsymbol{Ax})^{\mathrm{T}}\boldsymbol{Ax}$形式,对于任意的$n$维非零列向量,要使$(\boldsymbol{Ax})^{\mathrm{T}}\boldsymbol{Ax}>0$,只要使$\boldsymbol{Ax}\neq\boldsymbol{0}$,问题就演变为齐次方程组不存在非零解的讨论,要证明结论也就迎刃而解了.

证明如下:

由正定二次型的定义,二次型$f(x_1,x_2,\cdots,x_n)=\boldsymbol{x}^{\mathrm{T}}\boldsymbol{A}^{\mathrm{T}}\boldsymbol{Ax}$正定的充要条件是对于任意给定的$n$

维非零列向量 $\boldsymbol{x}\neq\boldsymbol{0}$，总有$(\boldsymbol{Ax})^{\mathrm{T}}\boldsymbol{Ax}>0$，即 $\boldsymbol{Ax}\neq\boldsymbol{0}$.

又对于任意给定的 n 维非零列向量 $\boldsymbol{x}\neq\boldsymbol{0}$，$\boldsymbol{Ax}\neq\boldsymbol{0}$ 的充要条件是齐次线性方程组 $\boldsymbol{Ax}=\boldsymbol{0}$ 仅有零解，即 $R(\boldsymbol{A})=n$. 从而，二次型 $f(x_1,x_2,\cdots,x_n)=\boldsymbol{x}^{\mathrm{T}}\boldsymbol{A}^{\mathrm{T}}\boldsymbol{Ax}$ 正定的充要条件是$R(\boldsymbol{A})=n$.

(20)**【考点】** 矩阵的特征值与特征向量的概念，矩阵的相似性，矩阵的运算.

【解析】 本题是已知矩阵 $\boldsymbol{A}$ 的特征值与特征向量，求矩阵 $\boldsymbol{A}$. 根据题设条件并在 $\boldsymbol{A}$ 可对角化的前提下，可以依据公式 $\boldsymbol{A}=\boldsymbol{P\Lambda P}^{-1}$ 求出矩阵 $\boldsymbol{A}$. 关键就是 $\boldsymbol{A}$ 的对角化判断，并构造式中的 $\boldsymbol{P},\boldsymbol{\Lambda}$. 求解如下：

由题设，$\boldsymbol{A\alpha}_i=i\boldsymbol{\alpha}_i\,(i=1,2,3)$，知矩阵$\boldsymbol{A}$有特征值$1,2,3$，以及各自对应的特征向量$\boldsymbol{\alpha}_1,\boldsymbol{\alpha}_2,\boldsymbol{\alpha}_3$，由于特征值相异，知 $\boldsymbol{A}$ 必与对角矩阵相似，若记

$$\boldsymbol{\Lambda}=\begin{pmatrix}1&0&0\\0&2&0\\0&0&3\end{pmatrix},\boldsymbol{P}=(\boldsymbol{\alpha}_1,\boldsymbol{\alpha}_2,\boldsymbol{\alpha}_3)=\begin{pmatrix}1&2&-2\\2&-2&-1\\2&1&2\end{pmatrix},$$

计算可得

$$\boldsymbol{P}^{-1}=\frac{1}{9}\begin{pmatrix}1&2&2\\2&-2&1\\-2&-1&2\end{pmatrix},$$

于是有

$$\boldsymbol{A}=\boldsymbol{P\Lambda P}^{-1}=\frac{1}{9}\begin{pmatrix}1&2&-2\\2&-2&-1\\2&1&2\end{pmatrix}\begin{pmatrix}1&0&0\\0&2&0\\0&0&3\end{pmatrix}\begin{pmatrix}1&2&2\\2&-2&1\\-2&-1&2\end{pmatrix}$$

$$=\begin{pmatrix}\frac{7}{3}&0&-\frac{2}{3}\\0&\frac{5}{3}&-\frac{2}{3}\\-\frac{2}{3}&-\frac{2}{3}&2\end{pmatrix}.$$

(21)**【考点】** 二次型的规范形，化二次型为标准形的配方法.

【解析】 化二次型为规范形一般很难经一次非退化线性变换完成，往往要先化为标准形，再化为规范形. 化标准形最简单的方法主要是采用配方法，在此基础上，只要将平方项前系数作适当配置不难直接给出二次型的规范形. 求解如下.

首先，用配方法化二次型为标准形，按顺序 $x_1\rightarrow x_2\rightarrow x_3$ 配置如下：

$$\begin{aligned}f(x_1,x_2,x_3)&=x_1^2-2x_1(x_2+x_3)+(x_2+x_3)^2-(x_2+x_3)^2-3x_3^2-6x_2x_3\\&=(x_1-x_2-x_3)^2-x_2^2-8x_2x_3-16x_3^2+12x_3^2\\&=(x_1-x_2-x_3)^2-(x_2+4x_3)^2+12x_3^2\\&=(x_1-x_2-x_3)^2-(x_2+4x_3)^2+(2\sqrt{3}x_3)^2,\end{aligned}$$

于是令

$$\begin{cases}y_1=x_1-x_2-x_3,\\y_2=x_2+4x_3,\\y_3=2\sqrt{3}x_3,\end{cases}\qquad 反解得\begin{cases}x_1=y_1+y_2-\frac{\sqrt{3}}{2}y_3,\\x_2=y_2-\frac{2\sqrt{3}}{3}y_3,\\x_3=\frac{\sqrt{3}}{6}y_3,\end{cases}$$

记
$$C=\begin{pmatrix}1 & 1 & -\frac{\sqrt{3}}{2}\\ 0 & 1 & -\frac{2\sqrt{3}}{3}\\ 0 & 0 & \frac{\sqrt{3}}{6}\end{pmatrix}$$

于是,在线性变换 $\boldsymbol{x}=\boldsymbol{C}\boldsymbol{y}$ 下,二次型的规范形为 $f=y_1^2-y_2^2+y_3^2$.

【说明】 一般在化二次型为标准形或规范形时,在写出标准形或规范形的同时,还应具体给出线性变换 $\boldsymbol{x}=\boldsymbol{C}\boldsymbol{y}$. 如果用配方法化标准形或规范形,最初设定的变换 $\boldsymbol{y}=\boldsymbol{R}\boldsymbol{x}$ 不是题目要求的变换形式,必须反解转换为 $\boldsymbol{x}=\boldsymbol{C}\boldsymbol{y}$ 的形式.

(22) **【考点】** 正定矩阵的性质,判断矩阵正定的特征值法,矩阵的对称性.

【解析】 本题是对数值形式的矩阵讨论其正定性,一般可采用顺序主子式法或特征值法进行. 现将采用两种方法,求解过程表示如下:

首先,由于 $\boldsymbol{A}$ 为实对称矩阵,故有 $\boldsymbol{B}^{\mathrm{T}}=(k\boldsymbol{E}-\boldsymbol{A})^{\mathrm{T}}=k\boldsymbol{E}-\boldsymbol{A}^{\mathrm{T}}=k\boldsymbol{E}-\boldsymbol{A}=\boldsymbol{B}$,知 $\boldsymbol{B}$ 也为实对称矩阵. 下面再具体确定使矩阵 $\boldsymbol{B}$ 正定的 k 的取值范围.

法 1 用顺序主子式法. 由

$$\boldsymbol{B}=k\boldsymbol{E}-\boldsymbol{A}=\begin{pmatrix}k-1 & 0 & -1\\ 0 & k-2 & 0\\ -1 & 0 & k-1\end{pmatrix},$$

于是,其顺序主子式依次为

$$|\boldsymbol{B}_1|=k-1,|\boldsymbol{B}_2|=(k-1)(k-2),|\boldsymbol{B}_3|=\begin{vmatrix}k-1 & 0 & -1\\ 0 & k-2 & 0\\ -1 & 0 & k-1\end{vmatrix}=k(k-2)^2,$$

若要 $\boldsymbol{B}$ 正定,必须同时有 $k>1,k>2,k>0$,从而得 $k>2$.

法 2 用特征值法. 由

$$|\lambda\boldsymbol{E}-\boldsymbol{A}|=\begin{vmatrix}\lambda-1 & 0 & -1\\ 0 & \lambda-2 & 0\\ -1 & 0 & \lambda-1\end{vmatrix}=\lambda(\lambda-2)^2,$$

解得 $\boldsymbol{A}$ 的特征值为 $\lambda=0,\lambda=2$(二重). 从而知 $\boldsymbol{B}$ 的特征值为 $k-\lambda$,即为 $k,k-2$(二重),因此,若要 $\boldsymbol{B}$ 正定,其特征值必须同时大于零,即 $k>2$ 且 $k>0$,从而得 $k>2$.

(23) **【考点】** 正定矩阵的概念及其判断,正定矩阵的特征值性质,矩阵多项式的特征值,矩阵的行列式计算.

【解析】 本题仍然是重点讨论矩阵的正定性,不同点是要由一个已知矩阵的正定性来推导另一个矩阵的正定性,因此,关键要抓住两矩阵之间的运算关系或其他内在联系. 另外问题(Ⅱ)实际上是正定矩阵性质的一种应用,这类应用更多是利用特征值来过渡. 本题证明如下:

(Ⅰ) **法 1** 用合同法.

依题设,已知 $\boldsymbol{A}$ 为 n 阶正定矩阵,因此必与单位矩阵合同,即存在可逆矩阵 $\boldsymbol{C}$,使得 $\boldsymbol{A}=\boldsymbol{C}^{\mathrm{T}}\boldsymbol{C}$,从而有 $\boldsymbol{A}^{-1}=\boldsymbol{C}^{-1}(\boldsymbol{C}^{\mathrm{T}})^{-1}=\boldsymbol{C}^{-1}(\boldsymbol{C}^{-1})^{\mathrm{T}}$,知存在可逆矩阵 $\boldsymbol{Q}=(\boldsymbol{C}^{-1})^{\mathrm{T}}$,使得 $\boldsymbol{A}^{-1}=\boldsymbol{Q}^{\mathrm{T}}\boldsymbol{Q}$, 因此,$\boldsymbol{A}^{-1}$ 仍为正定矩阵.

法 2 用特征值法.

依题设,已知 $\boldsymbol{A}$ 为 n 阶正定矩阵,因此,$\boldsymbol{A}$ 的全部特征值为正,即 $\lambda_i > 0(i=1,2,\cdots,n)$,因为 $\boldsymbol{A}^{\mathrm{T}}=\boldsymbol{A}$,则 $(\boldsymbol{A}^{-1})^{\mathrm{T}}=(\boldsymbol{A}^{\mathrm{T}})^{-1}=\boldsymbol{A}^{-1}$,即 $\boldsymbol{A}^{-1}$ 对称,又 $\boldsymbol{A}^{-1}$ 的特征值为 $\boldsymbol{A}$ 的特征值的倒数,即为 $\lambda_i^{-1}>0$,从而知 $\boldsymbol{A}^{-1}$ 的特征值全部为正,因此,$\boldsymbol{A}^{-1}$ 仍为正定矩阵.

(Ⅱ)由(Ⅰ)知 $\boldsymbol{A}$ 的全部特征值为正,即 $\lambda_i>0$,又矩阵 $\boldsymbol{A}+\boldsymbol{E}$ 的特征值为 λ_i+1,从而知 $\lambda_i+1>1$,因此有 $|\boldsymbol{A}+\boldsymbol{E}|=(\lambda_1+1)(\lambda_2+1)\cdots(\lambda_n+1)>1$.

—

第六章 线性空间与线性变换

一、选择题.

(1)**【答案】** (B)

【考点】 线性空间的概念与识别,矩阵方程解的性质,矩阵的运算,矩阵可交换、矩阵等价、正定矩阵与矩阵合同的概念.

【解析】 本题所指定的运算均为线性运算,关键要考查集合对运算的封闭性.其中,根据齐次矩阵方程解的性质,对运算是封闭的,能构成实数域上的线性空间;类似地,与矩阵 $\boldsymbol{A}$ 可交换的全体矩阵对运算是封闭的,能构成实数域上的线性空间;与矩阵 $\boldsymbol{A}$ 等价的两个矩阵对于运算的结果可能低于 $\boldsymbol{A}$ 的秩(例如 $\boldsymbol{A}$ 与 $-\boldsymbol{A}$);与矩阵 $\boldsymbol{A}$ 合同的全体矩阵仍为正定矩阵,但两个正定矩阵的代数和未必正定(例如 $\begin{pmatrix}1 & -1\\ -1 & 2\end{pmatrix}$ 和 $\begin{pmatrix}1 & -10\\ -\frac{1}{10} & 2\end{pmatrix}$ 都正定,但二者代数和 $\begin{pmatrix}2 & -11\\ -\frac{11}{10} & 4\end{pmatrix}$ 不正定),都不符合封闭性,不构成线性空间,综上分析,本题应选择(B).

(2)**【答案】** (A)

【考点】 线性空间的概念与识别,函数的性质.

【解析】 实数域上的函数加法和数乘运算均为线性运算,显然,定义在区间 $[a,b]$ 上取值总为非负数的函数乘上负常数可能变为负数函数,即对于运算是非封闭的,因此,不能构成实数域上的线性空间,本题应选择(A).

(3)**【答案】** (D)

【考点】 线性空间的概念与识别,单调函数及可积函数的性质.

【解析】 由于单调增函数与单调减函数之和非单调,单调函数乘以负常数会改变单调性,故选项(A),(B),(C) 中集合对函数的加法或数乘运算不封闭,而任何两个可积函数之和可积,数乘可积函数也不改变其可积性,故选项(D) 中集合为线性空间,所以应选择(D).

(4)**【答案】** (A)

【考点】 线性空间的概念与识别,三角矩阵、数量矩阵的运算性质.

【解析】 所有同结构的三角矩阵的加法和数乘运算结果仍然是同结构的三角矩阵,但一个上三角矩阵与一个下三角矩阵之和不是三角矩阵,故选项(A) 中集合是非线性空间,选项(B),(C) 中集合是线性空间,类似的,数量矩阵的全体也是线性空间,故本题应选择(A).

(5)**【答案】** (A)

【考点】 线性空间的概念及识别,零向量空间.

【解析】 由零矩阵构成的空间一定是线性空间,并包含在 M_2 内,因此,能构成 M_2 的子空间,故本题应选择(A).

(6)**【答案】** (C)

【考点】 线性空间的子空间的概念及其性质,线性空间的维数.

【解析】 同一线性空间的两个子空间的维数存在各种关系,但均包含零空间,即 $V_1 \supset \{0\}$ 且 $V_2 \supset \{0\}$,故本题应选择(C).

(7)【答案】 (C)

【考点】 线性变换的概念及其识别.

【解析】 由

$T[f(x)+g(x)]=f(x+1)+g(x+1)=Tf(x)+Tg(x), Tkg(x)=kg(x+1)=kTg(x)$;

$T[f(x)+g(x)]=(x+1)[f(x)+g(x)]=(x+1)f(x)+(x+1)g(x)$

$=Tf(x)+Tg(x)$,

$Tkf(x)=(x+1)kf(x)=k(x+1)f(x)=kTf(x)$;

$T[f(x)+g(x)]=f(x)+g(x)+f'(x)+g'(x)=Tf(x)+Tg(x)$,

$Tkf(x)=kf(x)+[kf(x)]'=k[f(x)+f'(x)]=kTf(x)$;

$T[f(x)+g(x)]=[f(x)+g(x)][f'(x)+g'(x)]$,

$Tf(x)+Tg(x)=f(x)f'(x)+g(x)g'(x), T[f(x)+g(x)]\neq Tf(x)+Tg(x)$,

知选项(A),(B),(D) 的变换为线性变换,选项(C) 不是线性变换,故本题应选(C).

(8)【答案】 (B)

【考点】 线性空间中线性变换在不同基下的矩阵关系.

【解析】 若设 $\boldsymbol{\alpha}_1,\boldsymbol{\alpha}_2,\boldsymbol{\alpha}_3;\boldsymbol{\beta}_1,\boldsymbol{\beta}_2,\boldsymbol{\beta}_3$ 是线性空间的两个基,$\boldsymbol{P}$ 是由 $\boldsymbol{\alpha}_1,\boldsymbol{\alpha}_2,\boldsymbol{\alpha}_3$ 到 $\boldsymbol{\beta}_1,\boldsymbol{\beta}_2,\boldsymbol{\beta}_3$ 的过渡矩阵,依题设,有 $T(\boldsymbol{\alpha}_1,\boldsymbol{\alpha}_2,\boldsymbol{\alpha}_3)=(\boldsymbol{\alpha}_1,\boldsymbol{\alpha}_2,\boldsymbol{\alpha}_3)\boldsymbol{A}, T(\boldsymbol{\beta}_1,\boldsymbol{\beta}_2,\boldsymbol{\beta}_3)=(\boldsymbol{\beta}_1,\boldsymbol{\beta}_2,\boldsymbol{\beta}_3)\boldsymbol{B}$,且$(\boldsymbol{\beta}_1,\boldsymbol{\beta}_2,\boldsymbol{\beta}_3)=(\boldsymbol{\alpha}_1,\boldsymbol{\alpha}_2,\boldsymbol{\alpha}_3)\boldsymbol{P}$,则有 $\boldsymbol{B}=\boldsymbol{P}^{-1}\boldsymbol{A}\boldsymbol{P}$,即 $\boldsymbol{A}$ 与 $\boldsymbol{B}$ 相似,因此,由相似矩阵的性质,选项(A),(C),(D) 均正确,由排除法,本题应选择(B).

二、填空题.

(9)【答案】 5

【考点】 线性空间及其基和维数的概念.

【解析】 求解可从两个角度入手.

法 1 从一般五阶对角矩阵所含自由变量的数目考虑,即五阶对角矩阵的全体构成的线性空间的对角线含有 5 个自由变量,故该线性空间的维数为 5.

法 2 从该线性空间一个基所含矩阵个数考虑,容易证明,该线性空间的一个基共有 5 个矩阵

$$\boldsymbol{A}_1=\begin{pmatrix}1&0&0&0&0\\0&0&0&0&0\\0&0&0&0&0\\0&0&0&0&0\\0&0&0&0&0\end{pmatrix},\boldsymbol{A}_2=\begin{pmatrix}0&0&0&0&0\\0&1&0&0&0\\0&0&0&0&0\\0&0&0&0&0\\0&0&0&0&0\end{pmatrix},\cdots,\boldsymbol{A}_5=\begin{pmatrix}0&0&0&0&0\\0&0&0&0&0\\0&0&0&0&0\\0&0&0&0&0\\0&0&0&0&1\end{pmatrix}.$$

故该线性空间的维数为 5.

(10)【答案】 $\boldsymbol{\xi}_1=(1,1,0)^{\mathrm{T}},\boldsymbol{\xi}_2=(-1,0,1)^{\mathrm{T}}$

【考点】 线性空间的基的概念及其计算.

【解析】 线性空间 $V=\{(x_1,x_2,x_3)\mid x_i\in\mathbf{R},x_1-x_2+x_3=0\}$ 即为满足线性方程

$$x_1-x_2+x_3=0$$

的解空间,其一个基础解系 $\boldsymbol{\xi}_1=(1,1,0)^{\mathrm{T}},\boldsymbol{\xi}_2=(-1,0,1)^{\mathrm{T}}$ 就是该线性空间的一个基.

(11)【答案】 $(1,1,1)^{\mathrm{T}}$

【考点】 线性空间向量在基下的坐标的概念及其计算.

【解析】 设向量 $\boldsymbol{\alpha}=\begin{pmatrix}1&0&0\\0&1&0\\0&0&1\end{pmatrix}$ 在基 $\boldsymbol{\alpha}_1=\begin{pmatrix}1&0&0\\0&-1&0\\0&0&2\end{pmatrix},\boldsymbol{\alpha}_2=\begin{pmatrix}0&0&0\\0&1&0\\0&0&-1\end{pmatrix}$,

$\boldsymbol{\alpha}_3=\begin{pmatrix}0&0&0\\0&1&0\\0&0&0\end{pmatrix}$下的坐标为$(x_1,x_2,x_3)^{\mathrm{T}}$，即有

$$x_1\begin{pmatrix}1&0&0\\0&-1&0\\0&0&2\end{pmatrix}+x_2\begin{pmatrix}0&0&0\\0&1&0\\0&0&-1\end{pmatrix}+x_3\begin{pmatrix}0&0&0\\0&1&0\\0&0&0\end{pmatrix}=\begin{pmatrix}1&0&0\\0&1&0\\0&0&1\end{pmatrix},$$

进而得方程组$\begin{cases}x_1=1,\\-x_1+x_2+x_3=1,\\2x_1-x_2=1,\end{cases}$解得$\begin{cases}x_1=1,\\x_2=1,\\x_3=1,\end{cases}$因此，$\boldsymbol{\alpha}$在基$\boldsymbol{\alpha}_1,\boldsymbol{\alpha}_2,\boldsymbol{\alpha}_3$下的坐标为$(1,1,1)^{\mathrm{T}}$.

(12)【答案】 $\mathbf{0}$

【考点】 线性变换的概念及识别.

【解析】 当$\boldsymbol{\alpha}=\mathbf{0}$时，$T\boldsymbol{x}=\boldsymbol{x}+\boldsymbol{\alpha}=\boldsymbol{x}$，显然$T$是$V$的线性变换.

当$\boldsymbol{\alpha}\neq\mathbf{0}$时，由$T(\boldsymbol{x}_1+\boldsymbol{x}_2)=\boldsymbol{x}_1+\boldsymbol{x}_2+\boldsymbol{\alpha}\neq T\boldsymbol{x}_1+T\boldsymbol{x}_2=\boldsymbol{x}_1+\boldsymbol{x}_2+2\boldsymbol{\alpha}$，知此时$T$不是$V$的线性变换，故$\boldsymbol{\alpha}=\mathbf{0}$.

(13)【答案】 $\begin{pmatrix}0&3&0&4\\0&0&2&0\\0&0&0&1\\0&0&0&0\end{pmatrix}^{\mathrm{T}}$

【考点】 线性变换在基下的矩阵的概念及其计算.

【解析】 由

$$\begin{cases}D(x^3+x)=3x^2+1=0(x^3+x)+3(x^2-1)+0x+4,\\D(x^2-1)=0(x^3+x)+0(x^2-1)+2x+0\times1,\\Dx=0(x^3+x)+0(x^2-1)+0x+1,\\D1=0(x^3+x)+0(x^2-1)+0x+0\times1,\end{cases}$$

所以微分变换D在基$x^3+x,x^2-1,x,1$下的矩阵为

$$\boldsymbol{A}=\begin{pmatrix}0&3&0&4\\0&0&2&0\\0&0&0&1\\0&0&0&0\end{pmatrix}^{\mathrm{T}}.$$

(14)【答案】 $\begin{pmatrix}4&3\\-3&-4\end{pmatrix}$

【考点】 线性空间中线性变换在不同基下的矩阵关系.

【解析】 依题设

$$T(\boldsymbol{\alpha}_1,\boldsymbol{\alpha}_2)=(\boldsymbol{\alpha}_1,\boldsymbol{\alpha}_2)\begin{pmatrix}1&3\\2&-1\end{pmatrix},(\boldsymbol{\alpha}_1+\boldsymbol{\alpha}_2,\boldsymbol{\alpha}_2)=(\boldsymbol{\alpha}_1,\boldsymbol{\alpha}_2)\begin{pmatrix}1&0\\1&1\end{pmatrix},\text{及}\begin{pmatrix}1&0\\1&1\end{pmatrix}^{-1}=\begin{pmatrix}1&0\\-1&1\end{pmatrix},$$

所以$$T(\boldsymbol{\alpha}_1+\boldsymbol{\alpha}_2,\boldsymbol{\alpha}_2)=T(\boldsymbol{\alpha}_1,\boldsymbol{\alpha}_2)\begin{pmatrix}1&0\\1&1\end{pmatrix}=(\boldsymbol{\alpha}_1,\boldsymbol{\alpha}_2)\begin{pmatrix}1&3\\2&-1\end{pmatrix}\begin{pmatrix}1&0\\1&1\end{pmatrix}$$

$$=(\boldsymbol{\alpha}_1+\boldsymbol{\alpha}_2,\boldsymbol{\alpha}_2)\begin{pmatrix}1&0\\1&1\end{pmatrix}^{-1}\begin{pmatrix}1&3\\2&-1\end{pmatrix}\begin{pmatrix}1&0\\1&1\end{pmatrix},$$

于是有线性变换T在基$\boldsymbol{\alpha}_1+\boldsymbol{\alpha}_2,\boldsymbol{\alpha}_2$下的矩阵为

$$\begin{pmatrix}1&0\\-1&1\end{pmatrix}\begin{pmatrix}1&3\\2&-1\end{pmatrix}\begin{pmatrix}1&0\\1&1\end{pmatrix}=\begin{pmatrix}4&3\\-3&-4\end{pmatrix}.$$

三、解答题.

(15)【考点】 抽象线性空间的概念.

【解析】 记$[a,b]$上所有连续函数的集合为$C[a,b]$,通常的连续函数对加法和数乘这两种运算显然满足线性运算规律,故只验证$C[a,b]$对运算封闭:任取$f_1,f_2\in C[a,b]$,则明显$f_1+f_2,kf_1\in C[a,b](k\in\mathbf{R})$,所以$C[a,b]$是线性空间.

(16)【考点】 向量正交的概念,齐次线性方程组解的讨论,矩阵的秩.

【解析】 设与$\boldsymbol{\alpha}_1,\boldsymbol{\alpha}_2,\boldsymbol{\alpha}_3$都正交的向量为$\boldsymbol{x}=(x_1,x_2,x_3,x_4,x_5)^{\mathrm{T}}$,依题设,

$$\begin{cases}[\boldsymbol{\alpha}_1,\boldsymbol{x}]=x_1+x_2+x_3+x_4-x_5=0,\\ [\boldsymbol{\alpha}_2,\boldsymbol{x}]=4x_1+3x_2+5x_3-x_4-x_5=0,\\ [\boldsymbol{\alpha}_3,\boldsymbol{x}]=ax_1+x_2+3x_3+bx_4+x_5=0,\end{cases}$$

显然,V即为该齐次线性方程组$\boldsymbol{Ax}=\mathbf{0}$的解向量空间,由题$R(\boldsymbol{A})=5-\dim V=2$,于是对$\boldsymbol{A}$施以初等行变换,有

$$\boldsymbol{A}=\begin{pmatrix}1&1&1&1&-1\\4&3&5&-1&-1\\a&1&3&b&1\end{pmatrix}\overset{r}{\sim}\begin{pmatrix}1&1&1&1&-1\\0&-1&1&-5&3\\0&1-a&3-a&b-a&1+a\end{pmatrix}$$

$$\overset{r}{\sim}\begin{pmatrix}1&0&2&-4&2\\0&1&-1&5&-3\\0&0&4-2a&4a+b-5&4-2a\end{pmatrix},$$

由$R(\boldsymbol{A})=2$知,$4-2a=0,4a+b=5$,解得$a=2,b=-3$,此时,$\dim V=3$.

(17)【考点】 由方程组确定的解向量空间,方程组的基础解系与线性空间基的概念.

【解析】 设$\boldsymbol{x}=(x_1,x_2,\cdots,x_n)^{\mathrm{T}}$是与$\boldsymbol{\alpha}$正交的向量,则有$\boldsymbol{\alpha}^{\mathrm{T}}\boldsymbol{x}=0$,则向量$\boldsymbol{x}$的集合$V$即为方程$\boldsymbol{\alpha}^{\mathrm{T}}\boldsymbol{x}=0$的解向量空间.由于对$V$中任意两个向量$\boldsymbol{x},\boldsymbol{y}$及任意实数$k$,总有

$$\boldsymbol{\alpha}^{\mathrm{T}}(\boldsymbol{x}+\boldsymbol{y})=\boldsymbol{\alpha}^{\mathrm{T}}\boldsymbol{x}+\boldsymbol{\alpha}^{\mathrm{T}}\boldsymbol{y}=0,\boldsymbol{\alpha}^{\mathrm{T}}(k\boldsymbol{x})=k\boldsymbol{\alpha}^{\mathrm{T}}\boldsymbol{x}=0,$$

即$\boldsymbol{x}+\boldsymbol{y}\in V,k\boldsymbol{x}\in V$,因此,$V$构成一个线性空间,且为$\mathbf{R}^n$的子空间.

又由$R(\boldsymbol{\alpha})=1$,知方程$\boldsymbol{\alpha}^{\mathrm{T}}\boldsymbol{x}=0$的基础解系有$n-1$个线性无关的解向量,且构成子空间的一个基,从而知子空间的维数为$n-1$.当$\boldsymbol{\alpha}=(-1,1,\cdots,1)^{\mathrm{T}}$时,求解方程$x_1-x_2-\cdots-x_n=0$,得到一个基为$\boldsymbol{\xi}_1=(1,1,0,\cdots,0)^{\mathrm{T}},\boldsymbol{\xi}_2=(1,0,1,\cdots,0)^{\mathrm{T}},\cdots,\boldsymbol{\xi}_{n-1}=(1,0,0,\cdots,1)^{\mathrm{T}}$.

(18)【考点】 线性空间基的概念与判断,矩阵方程的求解.

【解析】 (Ⅰ)二阶实矩阵含有4个自由未知量,因此,二阶实矩阵构成的线性空间维数为4,下面证明$\boldsymbol{\alpha}_1,\boldsymbol{\alpha}_2,\boldsymbol{\alpha}_3,\boldsymbol{\alpha}_4$线性无关.

设k_1,k_2,k_3,k_4,使得$k_1\boldsymbol{\alpha}_1+k_2\boldsymbol{\alpha}_2+k_3\boldsymbol{\alpha}_3+k_4\boldsymbol{\alpha}_4=\boldsymbol{O}$,即

$$k_1\begin{pmatrix}1&1\\1&1\end{pmatrix}+k_2\begin{pmatrix}1&1\\1&0\end{pmatrix}+k_3\begin{pmatrix}1&1\\0&0\end{pmatrix}+k_4\begin{pmatrix}1&0\\0&0\end{pmatrix}=\begin{pmatrix}0&0\\0&0\end{pmatrix},$$

得方程组
$$\begin{cases}k_1+k_2+k_3+k_4=0,\\ k_1+k_2+k_3+0\cdot k_4=0,\\ k_1+k_2+0\cdot k_3+0\cdot k_4=0,\\ k_1+0\cdot k_2+0\cdot k_3+0\cdot k_4=0,\end{cases}$$

由于系数行列式 $\begin{vmatrix}1&1&1&1\\1&1&1&0\\1&1&0&0\\1&0&0&0\end{vmatrix}=1\neq 0$，知方程组仅有零解，因此，$\boldsymbol{\alpha}_1,\boldsymbol{\alpha}_2,\boldsymbol{\alpha}_3,\boldsymbol{\alpha}_4$ 线性无关. 所以，$\boldsymbol{\alpha}_1,\boldsymbol{\alpha}_2,\boldsymbol{\alpha}_3,\boldsymbol{\alpha}_4$ 是由全体二阶实矩阵构成的线性空间的一个基.

（Ⅱ）设矩阵方程

$$x_1\begin{pmatrix}1&1\\1&1\end{pmatrix}+x_2\begin{pmatrix}1&1\\1&0\end{pmatrix}+x_3\begin{pmatrix}1&1\\0&0\end{pmatrix}+x_4\begin{pmatrix}1&0\\0&0\end{pmatrix}=\begin{pmatrix}1&-1\\2&3\end{pmatrix},$$

得方程组 $\begin{cases}x_1+x_2+x_3+x_4=1,\\x_1+x_2+x_3=-1,\\x_1+x_2=2,\\x_1=3,\end{cases}$ 解得 $\begin{cases}x_1=3,\\x_2=-1,\\x_3=-3,\\x_4=2,\end{cases}$

所以，$\boldsymbol{\alpha}$ 在这个基下的坐标为 $(3,-1,-3,2)^{\mathrm{T}}$.

(19)**【考点】** 线性空间中向量在基下的坐标的概念和计算，矩阵方程的求解.

【解析】 设 $\boldsymbol{\beta}$ 在 $\boldsymbol{\alpha}_1,\boldsymbol{\alpha}_2$ 和 $\boldsymbol{\varepsilon}_1,\boldsymbol{\varepsilon}_2$ 下的坐标为 $(x_1,x_2)^{\mathrm{T}}$，在基 $\boldsymbol{\xi}_1,\boldsymbol{\xi}_2$ 下的坐标为 $(y_1,y_2)^{\mathrm{T}}$. 则

$$\boldsymbol{\beta}=(\boldsymbol{\alpha}_1,\boldsymbol{\alpha}_2)\begin{pmatrix}x_1\\x_2\end{pmatrix}=(\boldsymbol{\varepsilon}_1,\boldsymbol{\varepsilon}_2)\begin{pmatrix}x_1\\x_2\end{pmatrix}=(\boldsymbol{\xi}_1,\boldsymbol{\xi}_2)\begin{pmatrix}y_1\\y_2\end{pmatrix},$$

注意到其中 $(\boldsymbol{\varepsilon}_1,\boldsymbol{\varepsilon}_2)=\boldsymbol{E}$，即得方程组

$$[(\boldsymbol{\alpha}_1,\boldsymbol{\alpha}_2)-\boldsymbol{E}]\begin{pmatrix}x_1\\x_2\end{pmatrix}=\begin{pmatrix}1&5\\-1&-5\end{pmatrix}\begin{pmatrix}x_1\\x_2\end{pmatrix}=\boldsymbol{0}.$$

显然方程组有无穷多解，不妨取解 $\boldsymbol{\beta}=(-5,1)^{\mathrm{T}}$. 再解方程

$$(\boldsymbol{\xi}_1,\boldsymbol{\xi}_2)\begin{pmatrix}y_1\\y_2\end{pmatrix}=\begin{pmatrix}-1&1\\1&1\end{pmatrix}\begin{pmatrix}y_1\\y_2\end{pmatrix}=\begin{pmatrix}-5\\1\end{pmatrix},$$

解得 $\begin{pmatrix}y_1\\y_2\end{pmatrix}=\begin{pmatrix}-1&1\\1&1\end{pmatrix}^{-1}\begin{pmatrix}-5\\1\end{pmatrix}=-\frac{1}{2}\begin{pmatrix}1&-1\\-1&-1\end{pmatrix}\begin{pmatrix}-5\\1\end{pmatrix}=\begin{pmatrix}3\\-2\end{pmatrix}$.

即 $\boldsymbol{\beta}=(-5,1)^{\mathrm{T}}$，$\boldsymbol{\beta}$ 在基 $\boldsymbol{\xi}_1,\boldsymbol{\xi}_2$ 下的坐标为 $(3,-2)^{\mathrm{T}}$（本题中 $\boldsymbol{\beta}$ 不唯一，其他合理取值也正确）.

(20)**【考点】** 线性空间的基和基下的坐标，反对称矩阵的概念及其结构，矩阵方程的求解.

【解析】 三阶反对称矩阵即形如 $\begin{pmatrix}0&a&b\\-a&0&c\\-b&-c&0\end{pmatrix}$ 的矩阵，从结构看，其含有三个自由变量 a,b,c，所以 V 的维数为 3. a,b,c 依次取 1,0,0;0,1,0;0,0,1，可得 V 的一个基：

$$\boldsymbol{\alpha}_1=\begin{pmatrix}0&1&0\\-1&0&0\\0&0&0\end{pmatrix},\boldsymbol{\alpha}_2=\begin{pmatrix}0&0&1\\0&0&0\\-1&0&0\end{pmatrix},\boldsymbol{\alpha}_3=\begin{pmatrix}0&0&0\\0&0&1\\0&-1&0\end{pmatrix}.$$

令 $x_1\boldsymbol{\alpha}_1+x_2\boldsymbol{\alpha}_2+x_3\boldsymbol{\alpha}_3=\boldsymbol{B}$，即

$$\begin{pmatrix}0&x_1&0\\-x_1&0&0\\0&0&0\end{pmatrix}+\begin{pmatrix}0&0&x_2\\0&0&0\\-x_2&0&0\end{pmatrix}+\begin{pmatrix}0&0&0\\0&0&x_3\\0&-x_3&0\end{pmatrix}=\begin{pmatrix}0&1&-2\\-1&0&3\\2&-3&0\end{pmatrix},$$

解得 $x_1=1,x_2=-2,x_3=3$，因此，$\boldsymbol{B}$ 在基 $\boldsymbol{\alpha}_1,\boldsymbol{\alpha}_2,\boldsymbol{\alpha}_3$ 下的坐标为 $(1,-2,3)^{\mathrm{T}}$.

(21)**【考点】** 线性空间及其维数和基的概念与判断，n 次齐次多项式结构的特点.

【解析】 由于n次齐次多项式相加以及数乘n次齐次多项式结果仍为n次齐次多项式或零,且线性运算规则均成立,故V为实数域上的线性空间.

另,对两个未知量x,y构建的$n+1$个n次齐次式$x^n,x^{n-1}y,x^{n-2}y^2,\cdots,xy^{n-1},y^n$

设一组数$k_0,k_1,k_2,\cdots,k_n$,使得

$$k_0x^n+k_1x^{n-1}y+k_2x^{n-2}y^2+\cdots+k_ny^n=0, \tag{$*$}$$

x依次取$a_0,a_1,a_2,\cdots,a_n$($i\neq j$时,$a_i\neq a_j$),且$y=1$代入方程($*$),得方程组

$$\begin{cases}k_0a_0^n+k_1a_0^{n-1}+k_2a_0^{n-2}+\cdots+k_n=0,\\ k_0a_1^n+k_1a_1^{n-1}+k_2a_1^{n-2}+\cdots+k_n=0,\\ \cdots\cdots\\ k_0a_n^n+k_1a_n^{n-1}+k_2a_n^{n-2}+\cdots+k_n=0,\end{cases}$$

容易看出方程组系数行列式为由$n+1$个互不相等元素$a_0,a_1,a_2,\cdots,a_n$构成的范德蒙德行列式,其值非零,从而知方程($*$)仅当$k_0=k_1=k_2=\cdots=k_n=0$时成立,从而知$x^n,x^{n-1}y$,$x^{n-2}y^2,\cdots,xy^{n-1},y^n$线性无关,且任意一个$n$次齐次多项式均可被该组齐次多项式表示,故构成一个基,从而证明V的维数为$n+1$.

(22)【考点】 线性空间的基的概念和识别,线性空间中两个基的过渡矩阵.

【解析】 (Ⅰ)首先证明$x^{n-1},x^{n-2},\cdots,x^2,x,1$线性无关.

设一组数$k_1,k_2,\cdots,k_n$,使得

$$k_1x^{n-1}+k_2x^{n-2}+\cdots+k_{n-2}x^2+k_{n-1}x+k_n=0, \tag{$**$}$$

x依次取$a_1,a_2,\cdots,a_n$($i\neq j$时,$a_i\neq a_j$)代入方程($**$),得方程组

$$\begin{cases}k_1a_1^{n-1}+k_2a_1^{n-2}+\cdots+k_{n-2}a_1^2+k_{n-1}a_1+k_n=0,\\ k_1a_2^{n-1}+k_2a_2^{n-2}+\cdots+k_{n-2}a_2^2+k_{n-1}a_2+k_n=0,\\ \cdots\cdots\\ k_1a_n^{n-1}+k_2a_n^{n-2}+\cdots+k_{n-2}a_n^2+k_{n-1}a_n+k_n=0,\end{cases}$$

容易看出方程组系数行列式为由n个互不相等元素$a_1,a_2,\cdots,a_n$构成的范德蒙德行列式,其值非零,从而知方程($**$)仅当$k_1=k_2=\cdots=k_n=0$时成立,从而知$x^{n-1},x^{n-2},\cdots,x^2,x,1$线性无关.另,容易看到任意的$n-1$次多项式$f(x)=a_1x^{n-1}+a_2x^{n-2}+\cdots+a_{n-2}x^2+a_{n-1}x+a_n$均可被$x^{n-1},x^{n-2},\cdots,x^2,x,1$线性表示,故$x^{n-1},x^{n-2},\cdots,x^2,x,1$构成$P[x]_n$的一个基.

(Ⅱ)由

$$\begin{aligned}&(x^{n-1}+x^{n-2},x^{n-2}+x^{n-3},\cdots,x^2+x,x+1,1+x^{n-1})\\ =&(x^{n-1},x^{n-2},\cdots,x^2,x,1)\begin{pmatrix}1&0&\cdots&0&1\\1&1&\cdots&0&0\\ \vdots&\vdots&&\vdots&\vdots\\0&0&\cdots&1&0\\0&0&\cdots&1&1\end{pmatrix},\end{aligned}$$

知从基$x^{n-1},x^{n-2},\cdots,x^2,x,1$到基$x^{n-1}+x^{n-2},x^{n-2}+x^{n-3},\cdots,x^2+x,x+1,1+x^{n-1}$的过渡矩阵为

$$\begin{pmatrix}1&0&\cdots&0&1\\1&1&\cdots&0&0\\ \vdots&\vdots&&\vdots&\vdots\\0&0&\cdots&1&0\\0&0&\cdots&1&1\end{pmatrix}.$$

(23)【考点】 线性空间中两个基的过渡矩阵，线性空间中向量在基下的坐标的概念和计算.

【解析】 本题有两种解法.

法 1 用矩阵运算. 对标准基 $\boldsymbol{\varepsilon}_1,\boldsymbol{\varepsilon}_2,\boldsymbol{\varepsilon}_3,\boldsymbol{\varepsilon}_4$，有

$$(\boldsymbol{\xi}_1,\boldsymbol{\xi}_2,\boldsymbol{\xi}_3,\boldsymbol{\xi}_4)=(\boldsymbol{\varepsilon}_1,\boldsymbol{\varepsilon}_2,\boldsymbol{\varepsilon}_3,\boldsymbol{\varepsilon}_4)\begin{pmatrix}1&1&1&1\\1&1&-1&-1\\1&-1&1&-1\\1&-1&-1&1\end{pmatrix},$$

$$(\boldsymbol{\eta}_1,\boldsymbol{\eta}_2,\boldsymbol{\eta}_3,\boldsymbol{\eta}_4)=(\boldsymbol{\varepsilon}_1,\boldsymbol{\varepsilon}_2,\boldsymbol{\varepsilon}_3,\boldsymbol{\varepsilon}_4)\begin{pmatrix}1&2&1&0\\1&1&1&1\\0&3&0&-1\\1&1&0&-1\end{pmatrix},$$

于是有

$$\begin{aligned}(\boldsymbol{\eta}_1,\boldsymbol{\eta}_2,\boldsymbol{\eta}_3,\boldsymbol{\eta}_4)&=(\boldsymbol{\xi}_1,\boldsymbol{\xi}_2,\boldsymbol{\xi}_3,\boldsymbol{\xi}_4)\begin{pmatrix}1&1&1&1\\1&1&-1&-1\\1&-1&1&-1\\1&-1&-1&1\end{pmatrix}^{-1}\begin{pmatrix}1&2&1&0\\1&1&1&1\\0&3&0&-1\\1&1&0&-1\end{pmatrix}\\&=\frac{1}{4}(\boldsymbol{\xi}_1,\boldsymbol{\xi}_2,\boldsymbol{\xi}_3,\boldsymbol{\xi}_4)\begin{pmatrix}1&1&1&1\\1&1&-1&-1\\1&-1&1&-1\\1&-1&-1&1\end{pmatrix}\begin{pmatrix}1&2&1&0\\1&1&1&1\\0&3&0&-1\\1&1&0&-1\end{pmatrix}\\&=\frac{1}{4}(\boldsymbol{\xi}_1,\boldsymbol{\xi}_2,\boldsymbol{\xi}_3,\boldsymbol{\xi}_4)\begin{pmatrix}3&7&2&-1\\1&-1&2&3\\-1&3&0&-1\\1&-1&0&-1\end{pmatrix},\end{aligned}$$

知由基 $\boldsymbol{\xi}_1,\boldsymbol{\xi}_2,\boldsymbol{\xi}_3,\boldsymbol{\xi}_4$ 到基 $\boldsymbol{\eta}_1,\boldsymbol{\eta}_2,\boldsymbol{\eta}_3,\boldsymbol{\eta}_4$ 的过渡矩阵为

$$\boldsymbol{P}=\frac{1}{4}\begin{pmatrix}3&7&2&-1\\1&-1&2&3\\-1&3&0&-1\\1&-1&0&-1\end{pmatrix}.$$

又由 $\boldsymbol{\alpha}=(\boldsymbol{\varepsilon}_1,\boldsymbol{\varepsilon}_2,\boldsymbol{\varepsilon}_3,\boldsymbol{\varepsilon}_4)\begin{pmatrix}1\\0\\0\\-1\end{pmatrix}=(\boldsymbol{\xi}_1,\boldsymbol{\xi}_2,\boldsymbol{\xi}_3,\boldsymbol{\xi}_4)\begin{pmatrix}1&1&1&1\\1&1&-1&-1\\1&-1&1&-1\\1&-1&-1&1\end{pmatrix}^{-1}\begin{pmatrix}1\\0\\0\\-1\end{pmatrix}$，

得 $\boldsymbol{\alpha}$ 在 $\boldsymbol{\xi}_1,\boldsymbol{\xi}_2,\boldsymbol{\xi}_3,\boldsymbol{\xi}_4$ 下的坐标为

$$\begin{pmatrix}x_1\\x_2\\x_3\\x_4\end{pmatrix}=\frac{1}{4}\begin{pmatrix}1&1&1&1\\1&1&-1&-1\\1&-1&1&-1\\1&-1&-1&1\end{pmatrix}\begin{pmatrix}1\\0\\0\\-1\end{pmatrix}=\frac{1}{2}\begin{pmatrix}0\\1\\1\\0\end{pmatrix}.$$

法 2 用方程组求解，分别求出 $\boldsymbol{\alpha},\boldsymbol{\eta}_1,\boldsymbol{\eta}_2,\boldsymbol{\eta}_3,\boldsymbol{\eta}_4$ 在基 $\boldsymbol{\xi}_1,\boldsymbol{\xi}_2,\boldsymbol{\xi}_3,\boldsymbol{\xi}_4$ 下的坐标，即求解方程组

$$x_1\boldsymbol{\xi}_1+x_2\boldsymbol{\xi}_2+x_3\boldsymbol{\xi}_3+x_4\boldsymbol{\xi}_4=\boldsymbol{\beta},\boldsymbol{\beta}=(\boldsymbol{\eta}_1,\boldsymbol{\eta}_2,\boldsymbol{\eta}_3,\boldsymbol{\eta}_4,\boldsymbol{\alpha}).$$

对矩阵$(\boldsymbol{\xi}_1,\boldsymbol{\xi}_2,\boldsymbol{\xi}_3,\boldsymbol{\xi}_4 \mid \boldsymbol{\eta}_1,\boldsymbol{\eta}_2,\boldsymbol{\eta}_3,\boldsymbol{\eta}_4,\boldsymbol{\alpha})$施以初等行变换,有

$$\left(\begin{array}{cccc:ccccc} 1 & 1 & 1 & 1 & 1 & 2 & 1 & 0 & 1 \\ 1 & 1 & -1 & -1 & 1 & 1 & 1 & 1 & 0 \\ 1 & -1 & 1 & -1 & 0 & 3 & 0 & -1 & 0 \\ 1 & -1 & -1 & 1 & 1 & 1 & 0 & -1 & -1 \end{array}\right),$$

$$\overset{r}{\sim}\left(\begin{array}{cccc:ccccc} 1 & 0 & 0 & 0 & 3/4 & 7/4 & 1/2 & -1/4 & 0 \\ 0 & 1 & 0 & 0 & 1/4 & -1/4 & 1/2 & 3/4 & 1/2 \\ 0 & 0 & 1 & 0 & -1/4 & 3/4 & 0 & -1/4 & 1/2 \\ 0 & 0 & 0 & 1 & 1/4 & -1/4 & 0 & -1/4 & 0 \end{array}\right),$$

可以直接得到由基$\boldsymbol{\xi}_1,\boldsymbol{\xi}_2,\boldsymbol{\xi}_3,\boldsymbol{\xi}_4$到基$\boldsymbol{\eta}_1,\boldsymbol{\eta}_2,\boldsymbol{\eta}_3,\boldsymbol{\eta}_4$的过渡矩阵和$\boldsymbol{\alpha}$在$\boldsymbol{\xi}_1,\boldsymbol{\xi}_2,\boldsymbol{\xi}_3,\boldsymbol{\xi}_4$下的坐标.

期末测试卷

一、选择题.

(1)【答案】 (D)

【考点】 行列式的性质及其计算.

【解析】 求解本题的基本思路应该是利用行列式性质将各选项还原至原结构形式进行对照.

法1 利用行列式性质通过初等列变换简化还原各选项.其中对选项(D)变换如下:

$$|2\boldsymbol{\alpha}_1+\boldsymbol{\alpha}_2,\boldsymbol{\alpha}_3-\boldsymbol{\alpha}_2,\boldsymbol{\alpha}_1| \xlongequal{c_1-2c_3} |\boldsymbol{\alpha}_2,\boldsymbol{\alpha}_3-\boldsymbol{\alpha}_2,\boldsymbol{\alpha}_1| \xlongequal{c_1+c_2} |\boldsymbol{\alpha}_2,\boldsymbol{\alpha}_3,\boldsymbol{\alpha}_1| = |\boldsymbol{\alpha}_1,\boldsymbol{\alpha}_2,\boldsymbol{\alpha}_3|.$$

类似地,$|\boldsymbol{\alpha}_1+\boldsymbol{\alpha}_2,\boldsymbol{\alpha}_2+\boldsymbol{\alpha}_3,\boldsymbol{\alpha}_3+\boldsymbol{\alpha}_1|=2|\boldsymbol{\alpha}_1,\boldsymbol{\alpha}_2,\boldsymbol{\alpha}_3|$,$|\boldsymbol{\alpha}_1,\boldsymbol{\alpha}_2+\boldsymbol{\alpha}_3,\boldsymbol{\alpha}_2-\boldsymbol{\alpha}_3|=-2|\boldsymbol{\alpha}_1,\boldsymbol{\alpha}_2,\boldsymbol{\alpha}_3|$,$|\boldsymbol{\alpha}_1-\boldsymbol{\alpha}_2,\boldsymbol{\alpha}_2-\boldsymbol{\alpha}_3,\boldsymbol{\alpha}_3-\boldsymbol{\alpha}_1|=0$,

故本题应选(D).

法2 利用行列式性质将各选项分解为简单结构的行列式之和,其中对选项(D)变换如下:

$$\begin{aligned}&|2\boldsymbol{\alpha}_1+\boldsymbol{\alpha}_2,\boldsymbol{\alpha}_3-\boldsymbol{\alpha}_2,\boldsymbol{\alpha}_1|\\=&|2\boldsymbol{\alpha}_1,\boldsymbol{\alpha}_3,\boldsymbol{\alpha}_1|-|2\boldsymbol{\alpha}_1,\boldsymbol{\alpha}_2,\boldsymbol{\alpha}_1|+|\boldsymbol{\alpha}_2,\boldsymbol{\alpha}_3,\boldsymbol{\alpha}_1|-|\boldsymbol{\alpha}_2,\boldsymbol{\alpha}_2,\boldsymbol{\alpha}_1|=|\boldsymbol{\alpha}_1,\boldsymbol{\alpha}_2,\boldsymbol{\alpha}_3|.\end{aligned}$$

故选择(D).

(2)【答案】 (A)

【考点】 矩阵乘法的定义及其运算.

【解析】 根据矩阵乘法的定义,$\boldsymbol{A}$左乘$\boldsymbol{B}$时,$\boldsymbol{A}$中为零的行(不妨设为第k行)依次乘$\boldsymbol{B}$的各列,相应地在乘积$\boldsymbol{AB}$的第k行得到全为零的元素,即$\boldsymbol{AB}$也有一行元素为零,故本题应选择(A).可见$\boldsymbol{A}$左乘$\boldsymbol{B}$时,$\boldsymbol{A}$的行元素的特征会影响结果的行元素的取值,而$\boldsymbol{A}$的列元素的特征不会影响结果的行或列元素的任何取值特征.

(3)【答案】 (B)

【考点】 向量组等价的概念,矩阵等价的概念及由矩阵乘积连接的矩阵向量组之间的线性关系.

【解析】 向量组等价与矩阵等价是两个不同的概念.矩阵等价是由初等变换联系起来的两个矩阵关系,其特点是两矩阵同行同列,秩相等,而两向量组等价是指两向量组可以相互表示,两向量组等价则秩必相等,但并不要求两向量组的向量个数相同.可见,$\boldsymbol{A}$和$\boldsymbol{B}$相互等价,两矩阵的列向量组未必能互相表示.另方程$\boldsymbol{C},\boldsymbol{D}$未必可逆,选项(C),(D)中两列向量的秩未必相等,因此也不符合题意,故应选(B).事实上,$\boldsymbol{A}$和$\boldsymbol{B}$非奇异,其列向量组同为n维向量空间的基,必相互等价.

(4)【答案】 (A)

【考点】 齐次线性方程组解的结构,矩阵与其伴随矩阵秩的关系.

【解析】 根据齐次线性方程组解的结构理论,方程组$\boldsymbol{Ax}=\boldsymbol{0}$的基础解系中线性无关解向量的个数等于$n-R(\boldsymbol{A})$,因此,依题设,有$3-R(\boldsymbol{A})=2$,$R(\boldsymbol{A})=1$,因为$\boldsymbol{A}^*$中元素是$\boldsymbol{A}$的二阶子式,所以$R(\boldsymbol{A}^*)=0$,故本题应选择(A).

(5)【答案】 (B)

【考点】 非齐次线性方程组解的结构理论.

【解析】 本题讨论的是非齐次线性方程组解的结构问题. 首要问题是方程组 $\boldsymbol{Ax}=\boldsymbol{b}$ 是否有解，即系数矩阵的秩是否等于其增广矩阵的秩的问题. 在 $R(\boldsymbol{A}\mid\boldsymbol{b})=R(\boldsymbol{A})$ 的条件下方可讨论解的结构问题. 因此，仅由 $|\boldsymbol{A}|=0$，不能确定 $R(\boldsymbol{A}\mid\boldsymbol{b})=R(\boldsymbol{A})$，就不能保证方程组 $\boldsymbol{Ax}=\boldsymbol{b}$ 有无穷多解. 即 $|\boldsymbol{A}|=0$ 不是方程组 $\boldsymbol{Ax}=\boldsymbol{b}$ 有无穷多解的充分条件. 反之，在有解条件下，若 $\boldsymbol{Ax}=\boldsymbol{b}$ 有无穷多解，则必有 $R(\boldsymbol{A}\mid\boldsymbol{b})=R(\boldsymbol{A})<n$，即 $|\boldsymbol{A}|=0$. 所以，$|\boldsymbol{A}|=0$ 是方程组 $\boldsymbol{Ax}=\boldsymbol{b}$ 有无穷多解的必要但非充分条件. 故本题应选择(B).

(6)【答案】 (D)

【考点】 矩阵的特征方程及特征值的计算.

【解析】 利用矩阵方程转换为特征方程求矩阵的特征值是特征值计算的重要方法和途径，如本题，将矩阵方程 $\boldsymbol{A}^2=2\boldsymbol{A}$ 中的矩阵 $\boldsymbol{A}$ 转换为特征值 λ，即得特征方程 $\lambda^2-2\lambda=0$，求解方程可得特征值 0 和 2. 但要注意，这种方法求出的只是矩阵 $\boldsymbol{A}$ 的特征值的取值范围，未必都是 $\boldsymbol{A}$ 的特征值. 如矩阵 $\boldsymbol{A}=\boldsymbol{O}$ 满足方程 $\boldsymbol{A}^2=2\boldsymbol{A}$，其特征值全为 0，并不含 2，又如 $\boldsymbol{A}=2\boldsymbol{E}$ 满足方程 $\boldsymbol{A}^2=2\boldsymbol{A}$，其特征值全为 2，并不含 0，因此，本题正确答案是 $\boldsymbol{A}$ 的特征值取值范围为 0 或 2，故本题应选择(D).

(7)【答案】 (B)

【考点】 矩阵等价、矩阵相似及矩阵合同的概念，矩阵相似的性质.

【解析】 矩阵等价、矩阵相似及矩阵合同的概念是线性代数中矩阵关系所涉及的三个基本概念，应注意了解它们的异同点. 依题设，只能确定矩阵 $\boldsymbol{A}$ 与 $\boldsymbol{B}$ 相似，进而可推出 $\boldsymbol{A}$ 与 $\boldsymbol{B}$ 等价，$\boldsymbol{A}$ 与 $\boldsymbol{B}$ 有相同的特征值，从而知两矩阵有相同的迹. 故本题应选择(B). 另在 $\boldsymbol{A}$ 是实对称矩阵的情况下，与之合同的矩阵必定是对称的，显然，由 $\boldsymbol{B}=\boldsymbol{C}^{-1}\boldsymbol{AC}$ 推不出 $\boldsymbol{B}$ 为对称矩阵的结论.

(8)【答案】 (C)

【考点】 二次型，规范形的概念以及合同的性质.

【解析】 题中已知 $\boldsymbol{A}$ 与 $\boldsymbol{B}$ 合同，由合同的性质知 $\boldsymbol{A}$ 与 $\boldsymbol{B}$ 有相同的正、负惯性指数. 计算可得 $\boldsymbol{B}$ 的特征值为 $1,-1,3$，从而知 $\boldsymbol{B}$ 的正、负惯性指数分别为 2 和 1，进一步可知 $\boldsymbol{A}$ 的正、负惯性指数分别为 2 和 1，因此答案选(C).

二、填空题.

(9)【答案】 0

【考点】 代数余子式，余子式的概念以及行列式的计算.

【解析】 由余子式可得代数余子式分别为 $\boldsymbol{A}_{11}=2,\boldsymbol{A}_{12}=3,\boldsymbol{A}_{13}=1,\boldsymbol{A}_{14}=1$，然后根据行列式的性质计算可得 $|\boldsymbol{A}|=\sum_{j=1}^{4}a_{1j}\boldsymbol{A}_{1j}=1\times2+(-2)\times3+3\times1+1\times1=0$.

(10)【答案】 $x_1=a_{12}b_2-a_{22}b_1,x_2=a_{21}b_1-a_{11}b_2$

【考点】 克拉默法则.

【解析】 首先，将方程组表达式标准化，即

$$\begin{cases}a_{11}x_1+a_{12}x_2=-b_1,\\a_{21}x_1+a_{22}x_2=-b_2.\end{cases}$$

由于 $D=\begin{vmatrix}a_{11}&a_{12}\\a_{21}&a_{22}\end{vmatrix}=1$，因此，根据克拉默法则，所给方程组有唯一解，于是计算

$$D_1=\begin{vmatrix}-b_1&a_{12}\\-b_2&a_{22}\end{vmatrix}=a_{12}b_2-a_{22}b_1,D_2=\begin{vmatrix}a_{11}&-b_1\\a_{21}&-b_2\end{vmatrix}=a_{21}b_1-a_{11}b_2,$$

得解 $$x_1=\frac{D_1}{D}=a_{12}b_2-a_{22}b_1,x_2=\frac{D_2}{D}=a_{21}b_1-a_{11}b_2.$$

(11)【答案】 A

【考点】 矩阵可逆及逆矩阵的概念.

【解析】 在已知矩阵方程的条件下求$A+E$的逆,其基本方法是:通过因式分解,把$A+E$作为一个因子,使得与其他因子的乘积等于单位矩阵即可.由题设,有$A(A+E)=E$,由逆矩阵的定义,不难看出$A+E$与A互逆,即知$(A+E)^{-1}=A$.

(12)【答案】 $t\neq -1$

【考点】 基础解系的概念,向量组线性无关的概念与判别,向量组的等价关系.

【解析】 根据齐次线性方程组解的性质,向量组$\boldsymbol{\alpha}_1+\boldsymbol{\alpha}_2,\boldsymbol{\alpha}_2+\boldsymbol{\alpha}_3,\boldsymbol{\alpha}_3+t\boldsymbol{\alpha}_1$为$A\boldsymbol{x}=\boldsymbol{0}$的解,关键是要确定$\boldsymbol{\alpha}_1+\boldsymbol{\alpha}_2,\boldsymbol{\alpha}_2+\boldsymbol{\alpha}_3,\boldsymbol{\alpha}_3+t\boldsymbol{\alpha}_1$线性无关.

法1 从线性相关性的定义式出发.设$k_1(\boldsymbol{\alpha}_1+\boldsymbol{\alpha}_2)+k_2(\boldsymbol{\alpha}_2+\boldsymbol{\alpha}_3)+k_3(\boldsymbol{\alpha}_3+t\boldsymbol{\alpha}_1)=\boldsymbol{0}$,整理得

$$(k_1+tk_3)\boldsymbol{\alpha}_1+(k_1+k_2)\boldsymbol{\alpha}_2+(k_2+k_3)\boldsymbol{\alpha}_3=\boldsymbol{0},$$

由于线性无关,因此有

$$\begin{cases}k_1+tk_3=0,\\ k_1+k_2=0,\\ k_2+k_3=0,\end{cases}$$

其系数行列式为

$$\begin{vmatrix}1&0&t\\1&1&0\\0&1&1\end{vmatrix}=1+t,$$

知当$t\neq -1$时方程组仅有零解,即$\boldsymbol{\alpha}_1+\boldsymbol{\alpha}_2,\boldsymbol{\alpha}_2+\boldsymbol{\alpha}_3,\boldsymbol{\alpha}_3+t\boldsymbol{\alpha}_1$为$A\boldsymbol{x}=\boldsymbol{0}$的一个基础解系.

法2 从向量组间的转换矩阵出发.由

$$(\boldsymbol{\alpha}_1+\boldsymbol{\alpha}_2,\boldsymbol{\alpha}_2+\boldsymbol{\alpha}_3,\boldsymbol{\alpha}_3+t\boldsymbol{\alpha}_1)=(\boldsymbol{\alpha}_1,\boldsymbol{\alpha}_2,\boldsymbol{\alpha}_3)\begin{pmatrix}1&0&t\\1&1&0\\0&1&1\end{pmatrix},$$

知当$\begin{vmatrix}1&0&t\\1&1&0\\0&1&1\end{vmatrix}=1+t\neq 0$,即$t\neq -1$时,$\boldsymbol{\alpha}_1+\boldsymbol{\alpha}_2,\boldsymbol{\alpha}_2+\boldsymbol{\alpha}_3,\boldsymbol{\alpha}_3+t\boldsymbol{\alpha}_1$与$\boldsymbol{\alpha}_1,\boldsymbol{\alpha}_2,\boldsymbol{\alpha}_3$等价,即向量组$\boldsymbol{\alpha}_1+\boldsymbol{\alpha}_2,\boldsymbol{\alpha}_2+\boldsymbol{\alpha}_3,\boldsymbol{\alpha}_3+t\boldsymbol{\alpha}_1$也为$A\boldsymbol{x}=\boldsymbol{0}$的一个基础解系.

(13)【答案】 $1\leqslant k\leqslant r$

【考点】 r重特征值对应的线性无关的特征向量个数的判断.

【解析】 一般情况下,n阶方阵A有r重特征值λ,则A对应于λ的线性无关的特征向量个数应介于1和r之间,只有在A与对角矩阵相似条件下,才能确定A含有与λ的重数相同个数的对应于λ的线性无关的特征向量.故正确答案是$1\leqslant k\leqslant r$.

(14)【答案】 $f=y_1^2+y_2^2+y_3^2$

【考点】 二次型的规范形,矩阵的特征值与特征向量的概念.

【解析】 由题设,二次型矩阵A有特征值$\lambda_1=1,\lambda_2=2,\lambda_3=3$,知其正惯性指数为3,因此,其对应的规范形为$f=y_1^2+y_2^2+y_3^2$.求解本题,应注意二次型的规范形与标准形之间的区别,前者只关心二次型矩阵特征值的符号,即正负惯性指数,后者关心特征值的符号和大小,因为在正交变换下,他们充当标准形各项前的系数.

三、解答题.

(15)【考点】 形如$\begin{vmatrix} O & A \\ B & * \end{vmatrix}$的分块行列式的计算,行列式的性质,范德蒙德行列式.

【解析】 本题是形如$\begin{vmatrix} O & A \\ B & * \end{vmatrix}$的分块形式的行列式的计算.由计算公式可得

$$\begin{vmatrix} O & A \\ B & * \end{vmatrix} = (-1)^{2\times 3}|A||B| = |A||B|,$$

重点要解决分块行列式$|A|$,$|B|$的计算问题.其中$|A|$整理后是由2,3,-1构造的范德蒙德行列式,即

$$|A| = \begin{vmatrix} 2 & 4 & 1 \\ 3 & 9 & 1 \\ -1 & 1 & 1 \end{vmatrix} = \begin{vmatrix} 1 & 1 & 1 \\ 2 & 3 & -1 \\ 2^2 & 3^2 & (-1)^2 \end{vmatrix} = (-1-3)(-1-2)(3-2) = 12,$$

由行列式性质 $$|B| = \begin{vmatrix} 134 & 33 \\ 133 & 34 \end{vmatrix} = \begin{vmatrix} 134 & 33 \\ -1 & 1 \end{vmatrix} = 167.$$

所以,原行列式 $= 12\times 167 = 2\ 004$.

(16)【考点】 矩阵乘法可交换的概念,矩阵的转置和逆运算,反对称矩阵的概念.

【解析】 (Ⅰ)即证$(E-A)(E+A)^{-1} = (E+A)^{-1}(E-A)$.

由于$E^2 - A^2 = (E-A)(E+A) = (E+A)(E-A)$,于是等式两边左、右均乘$(E+A)^{-1}$,得

$$(E+A)^{-1}(E-A) = (E-A)(E+A)^{-1},$$

所以,$(E-A)$与$(E+A)^{-1}$可交换.

(Ⅱ)即证$[f(A)]^T = -f(A)$.于是

$$[f(A)]^T = [(E+A)^{-1}]^T(E-A)^T = [(E+A)^T]^{-1}(E-A)^T = (E+A^T)^{-1}(E-A)^T.$$

由题设,$A^T = A^{-1}$,代入上式,得

$$\begin{aligned}[f(A)]^T &= (E+A^{-1})^{-1}(E-A^{-1}) = [A^{-1}(E+A)]^{-1}(E-A^{-1}) = (E+A)^{-1}A(E-A^{-1}) \\ &= (E+A)^{-1}(A-E) = -(E+A)^{-1}(E-A) = -(E-A)(E+A)^{-1} = -f(A).\end{aligned}$$

式中用到了(Ⅰ)的结论.

(17)【考点】 向量组的线性相关与线性无关的概念.

【解析】 由题设,向量组$\alpha_1,\alpha_2,\alpha_3,\alpha_4$线性相关,则必存在一组不全为零的常数$k_1,k_2,k_3,k_4$,使得

$$k_1\alpha_1 + k_2\alpha_2 + k_3\alpha_3 + k_4\alpha_4 = 0.$$

又因为$\alpha_1,\alpha_2,\alpha_3,\alpha_4$中任意3个向量线性无关,不妨设$k_1 = 0$,代入上式,得$k_2\alpha_2 + k_3\alpha_3 + k_4\alpha_4 = 0$,由于$\alpha_2,\alpha_3,\alpha_4$线性无关,从而知$k_2,k_3,k_4$也同时为零,与题设$k_1,k_2,k_3,k_4$不全为零矛盾,所以等式中$k_1,k_2,k_3,k_4$全不为零.

(18)【考点】 矩阵的秩,矩阵的初等变换.

【解析】 对于含有参数的矩阵秩的讨论,基本方法是将其作初等变换化为对角矩阵讨论.于是对A作初等变换:

$$A = \begin{pmatrix} a & b & b & b & b \\ b & a & b & b & b \\ b & b & a & b & b \\ b & b & b & a & b \\ b & b & b & b & a \end{pmatrix} \xrightarrow[i=2,\cdots,5]{r_i - r_1} \begin{pmatrix} a & b & b & b & b \\ b-a & a-b & 0 & 0 & 0 \\ b-a & 0 & a-b & 0 & 0 \\ b-a & 0 & 0 & a-b & 0 \\ b-a & 0 & 0 & 0 & a-b \end{pmatrix}$$

$$\xrightarrow{c_1+(c_2+\cdots+c_5)}\begin{pmatrix}a+4b & b & b & b & b\\ 0 & a-b & 0 & 0 & 0\\ 0 & 0 & a-b & 0 & 0\\ 0 & 0 & 0 & a-b & 0\\ 0 & 0 & 0 & 0 & a-b\end{pmatrix},$$

由 $\boldsymbol{A}$ 与等价的阶梯形矩阵知

当 $a=b=0$ 时，$\boldsymbol{A}=\boldsymbol{O}$，$R(\boldsymbol{A})=0$；当 $a=b\neq 0$ 时，$R(\boldsymbol{A})=1$；

当 $a=-4b\neq 0$ 时，$R(\boldsymbol{A})=4$；当 $a\neq -4b$ 且 $a\neq b$ 时，$R(\boldsymbol{A})=5$.

(19)（数学一）**【考点】** 向量空间基的概念，向量空间中向量在一个基下的坐标，线性方程组的求解.

【解析】 （Ⅰ）验证 $\boldsymbol{\alpha}_1,\boldsymbol{\alpha}_2,\boldsymbol{\alpha}_3$ 是 $\mathbf{R}^3$ 的一个基，即验证 $\boldsymbol{\alpha}_1,\boldsymbol{\alpha}_2,\boldsymbol{\alpha}_3$ 线性无关.

由
$$|\boldsymbol{\alpha}_1,\boldsymbol{\alpha}_2,\boldsymbol{\alpha}_3|=\begin{vmatrix}1&1&1\\0&1&1\\0&0&1\end{vmatrix}=1\neq 0$$

知 $\boldsymbol{\alpha}_1,\boldsymbol{\alpha}_2,\boldsymbol{\alpha}_3$ 线性无关，又向量个数等于 $\mathbf{R}^3$ 的维数，故 $\boldsymbol{\alpha}_1,\boldsymbol{\alpha}_2,\boldsymbol{\alpha}_3$ 是 $\mathbf{R}^3$ 的一个基.

（Ⅱ）设向量 $\boldsymbol{\alpha}$ 关于基 $\boldsymbol{\alpha}_1,\boldsymbol{\alpha}_2,\boldsymbol{\alpha}_3$ 的坐标为 $\boldsymbol{x}=(x_1,x_2,x_3)^{\mathrm{T}}$，即有 $x_1\boldsymbol{\alpha}_1+x_2\boldsymbol{\alpha}_2+x_3\boldsymbol{\alpha}_3=\boldsymbol{\alpha}$.

下面用两种方法求解.

法 1 化为线性方程组求解. 求解方程组：

$$\begin{cases}x_1+x_2+x_3=1,\\ x_2+x_3=3,\\ x_3=2,\end{cases}$$

解得 $x_1=-2,x_2=1,x_3=2$，即得 $\boldsymbol{x}=(-2,1,2)^{\mathrm{T}}$.

法 2 化为矩阵方程求解，即由

$$\begin{pmatrix}1&1&1\\0&1&1\\0&0&1\end{pmatrix}\begin{pmatrix}x_1\\x_2\\x_3\end{pmatrix}=\begin{pmatrix}1\\3\\2\end{pmatrix},$$

解得
$$\boldsymbol{x}=\begin{pmatrix}1&1&1\\0&1&1\\0&0&1\end{pmatrix}^{-1}\begin{pmatrix}1\\3\\2\end{pmatrix}=\begin{pmatrix}1&-1&0\\0&1&-1\\0&0&1\end{pmatrix}\begin{pmatrix}1\\3\\2\end{pmatrix}=\begin{pmatrix}-2\\1\\2\end{pmatrix}.$$

（数学二、数学三）**【考点】** 正交变换下化二次型为标准形，特征值与特征向量的计算.

【解析】 由 f 的标准形为 $f=9y_3^2$，故 $\boldsymbol{A}$ 的特征值为 $\lambda_1=\lambda_2=0,\lambda_3=9$.

故
$$|\lambda\boldsymbol{E}-\boldsymbol{A}|=\begin{vmatrix}\lambda-1&2&-2\\2&\lambda-4&-a\\-2&-a&\lambda-4\end{vmatrix}=\lambda^2(\lambda-9),$$

令 $\lambda=0$，则 $\begin{vmatrix}-1&2&-2\\2&-4&-a\\-2&-a&-4\end{vmatrix}=0$，解之 $a=-4$.

由此
$$\boldsymbol{A}=\begin{pmatrix}1&-2&2\\-2&4&-4\\2&-4&4\end{pmatrix}.$$

对于 $\lambda_1=\lambda_2=0$ 有

$$0\boldsymbol{E}-\boldsymbol{A}=\begin{pmatrix}-1&2&-2\\2&-4&4\\-2&4&-4\end{pmatrix}\sim\begin{pmatrix}1&-2&2\\0&0&0\\0&0&0\end{pmatrix},$$

可得 $\boldsymbol{A}$ 的两个正交特征向量 $\boldsymbol{\xi}_1=(2,2,1)^{\mathrm{T}},\boldsymbol{\xi}_2=(-2,1,2)^{\mathrm{T}}$.

对于 $\lambda_3=9$,可得 $\boldsymbol{A}$ 的特征向量为 $\boldsymbol{\xi}_3=(1,-2,2)^{\mathrm{T}}$.

将特征向量单位化得,

$$\boldsymbol{P}_1=\frac{1}{3}(2,2,1)^{\mathrm{T}},\boldsymbol{P}_2=\frac{1}{3}(-2,1,2)^{\mathrm{T}},\boldsymbol{P}_3=\frac{1}{3}(1,-2,2)^{\mathrm{T}}.$$

则 $\boldsymbol{P}=(\boldsymbol{P}_1,\boldsymbol{P}_2,\boldsymbol{P}_3)=\frac{1}{3}\begin{pmatrix}2&-2&1\\2&1&-2\\1&2&2\end{pmatrix}$ 为正交矩阵,

所作的正交变换 $\boldsymbol{X}=\boldsymbol{PY}$ 为 $\boldsymbol{X}=\frac{1}{3}\begin{pmatrix}2&-2&1\\2&1&-2\\1&2&2\end{pmatrix}\boldsymbol{Y}$.

【说明】 因特征向量选择的不同,正交矩阵 $\boldsymbol{P}$ 不唯一.

(20) **【考点】** 非齐次线性方程组的求解及解的结构,齐次线性方程组的基础解系及其计算.

【解析】 对增广矩阵施以初等行变换,化为行阶梯形矩阵:

$$(\boldsymbol{A}\mid\boldsymbol{b})=\left(\begin{array}{cccc|c}1&5&-1&-1&-1\\1&-2&1&3&3\\3&8&-1&1&1\\1&-9&3&7&7\end{array}\right)\overset{\substack{r_2-r_1\\r_3-3r_1\\r_4-r_1}}{\sim}\left(\begin{array}{cccc|c}1&5&-1&-1&-1\\0&-7&2&4&4\\0&-7&2&4&4\\0&-14&4&8&8\end{array}\right)$$

$$\overset{\substack{r_3-r_2\\r_4-2r_2}}{\sim}\left(\begin{array}{cccc|c}1&5&-1&-1&-1\\0&-7&2&4&4\\0&0&0&0&0\\0&0&0&0&0\end{array}\right)\overset{\substack{r_1+\frac{1}{2}r_2\\\frac{1}{2}r_2}}{\sim}\left(\begin{array}{cccc|c}1&3/2&0&1&1\\0&-7/2&1&2&2\\0&0&0&0&0\\0&0&0&0&0\end{array}\right),$$

知 $R(\boldsymbol{A})=R(\boldsymbol{A}\mid\boldsymbol{b})=2$,方程组有无穷多解.

取自由未知量为 x_2,x_4 并分别取值为 $2c_1,c_2$,解得

$$\begin{cases}x_1=1-3c_1-c_2,\\x_2=2c_1,\\x_3=2+7c_1-2c_2,\\x_4=c_2,\end{cases}\quad 即\begin{pmatrix}x_1\\x_2\\x_3\\x_4\end{pmatrix}=\begin{pmatrix}1\\0\\2\\0\end{pmatrix}+c_1\begin{pmatrix}-3\\2\\7\\0\end{pmatrix}+c_2\begin{pmatrix}-1\\0\\-2\\1\end{pmatrix}=\boldsymbol{\xi}+c_1\boldsymbol{\eta}_1+c_2\boldsymbol{\eta}_2,$$

其中 $\boldsymbol{\eta}_1=(-3,2,7,0)^{\mathrm{T}},\boldsymbol{\eta}_2=(-1,0,-2,1)^{\mathrm{T}}$ 为对应的齐次线性方程组的基础解系,其中 c_1,c_2 为任意常数.

【说明】 求解非齐次线性方程组是线性代数的基本题型,首先要做的是对增广矩阵施以初等行变换,化为最简行阶梯形式;其次根据增广矩阵和系数矩阵秩的关系确定方程组是否有解,进而在有解的情况下讨论解的结构. 这一步计算的准确性极为重要. 第二步给出通解,若要用基础解系表示通解(如本题),有两种方法:

法 1 先给出通解,并在该基础上归纳整理为用基础解系表示的结构形式,并给出基础解系.

法 2 在简化后的原方程组的同解方程组中，将自由未知量取不同值，解出原方程组的特解和导出组的基础解系，再给出通解.
第二步的计算选择适当的自由未知量对简化运算极为重要. 如本题，选择自由未知量为 x_2, x_4 比选择 x_3, x_4 更能避免出现复杂的分数运算.

(21)【考点】 矩阵的特征值与特征向量的概念，特征值的计算.

【解析】 (Ⅰ)由

$$|\lambda \boldsymbol{E}-\boldsymbol{A}| = \begin{vmatrix} \lambda+1 & -2 & -2 \\ -2 & \lambda+1 & 2 \\ -2 & 2 & \lambda+1 \end{vmatrix} = \begin{vmatrix} \lambda-1 & \lambda-1 & 0 \\ -2 & \lambda+1 & 2 \\ -2 & 2 & \lambda+1 \end{vmatrix}$$

$$= \begin{vmatrix} \lambda-1 & 0 & 0 \\ -2 & \lambda+3 & 2 \\ -2 & 4 & \lambda+1 \end{vmatrix} = (\lambda-1)(\lambda^2+4\lambda-5) = (\lambda-1)^2(\lambda+5),$$

故 $\boldsymbol{A}$ 的特征值为 $1,1,-5$.

(Ⅱ)**法 1** 利用定义. 设 $\boldsymbol{A}\boldsymbol{\xi}=\lambda\boldsymbol{\xi}$，由(Ⅰ)知 $\boldsymbol{A}$ 可逆，两边乘 $\boldsymbol{A}^{-1}$ 得

$$\boldsymbol{A}^{-1}\boldsymbol{A}\boldsymbol{\xi}=\lambda\boldsymbol{A}^{-1}\boldsymbol{\xi}, \boldsymbol{A}^{-1}\boldsymbol{\xi}=\frac{1}{\lambda}\boldsymbol{\xi},$$

又

$$\boldsymbol{E}\boldsymbol{\xi}=\boldsymbol{\xi},$$

两式相加得

$$(\boldsymbol{E}+\boldsymbol{A}^{-1})\boldsymbol{\xi}=\left(1+\frac{1}{\lambda}\right)\boldsymbol{\xi},$$

故 $\boldsymbol{E}+\boldsymbol{A}^{-1}$ 有特征值 $1+\frac{1}{\lambda}$，当 $\lambda=1,1,-5$ 时，$\boldsymbol{E}+\boldsymbol{A}^{-1}$ 有特征值 $2,2,\frac{4}{5}$.

法 2 利用特征方程. 由(Ⅰ)知，$\boldsymbol{A}$ 有特征值 λ，则有 $|\lambda\boldsymbol{E}-\boldsymbol{A}|=0$. 因 $\boldsymbol{A}$ 可逆，故

$$|\boldsymbol{A}||\lambda\boldsymbol{A}^{-1}-\boldsymbol{E}| = \lambda^3|\boldsymbol{A}|\left|\boldsymbol{A}^{-1}-\frac{1}{\lambda}\boldsymbol{E}\right| = -\lambda^3|\boldsymbol{A}|\left|\frac{1}{\lambda}\boldsymbol{E}-\boldsymbol{A}^{-1}\right|$$

$$= -\lambda^3|\boldsymbol{A}|\left|\left(\frac{1}{\lambda}+1\right)\boldsymbol{E}-(\boldsymbol{E}+\boldsymbol{A}^{-1})\right| = 0,$$

因 $-\lambda^3|\boldsymbol{A}|\neq 0$，因此 $\boldsymbol{E}+\boldsymbol{A}^{-1}$ 有特征值 $1+\frac{1}{\lambda}$，当 $\lambda=1,1,-5$ 时，$\boldsymbol{E}+\boldsymbol{A}^{-1}$ 有特征值 $2,2,\frac{4}{5}$.

(22)【考点】 矩阵方程，矩阵的相似性，矩阵特征值的计算，矩阵对角化的判别.

【解析】 本题虽然没有给出矩阵 $\boldsymbol{A}$，但问题(Ⅰ)提供了解题的渠道，即提供了与 $\boldsymbol{A}$ 相似的矩阵 $\boldsymbol{B}$，通过对矩阵 $\boldsymbol{B}$ 的讨论就可以解决其特征值的计算和对角化的问题.

(Ⅰ)由题设不难得到

$$\boldsymbol{A}(\boldsymbol{\alpha}_1,\boldsymbol{\alpha}_2,\boldsymbol{\alpha}_3)=(\boldsymbol{\alpha}_1,\boldsymbol{\alpha}_2,\boldsymbol{\alpha}_3)\begin{pmatrix} 1 & 0 & 0 \\ 1 & 2 & 2 \\ 1 & 1 & 3 \end{pmatrix},$$

从而知

$$\boldsymbol{B}=\begin{pmatrix} 1 & 0 & 0 \\ 1 & 2 & 2 \\ 1 & 1 & 3 \end{pmatrix}.$$

(Ⅱ)记 $\boldsymbol{P}=(\boldsymbol{\alpha}_1,\boldsymbol{\alpha}_2,\boldsymbol{\alpha}_3)$，由于 $\boldsymbol{\alpha}_1,\boldsymbol{\alpha}_2,\boldsymbol{\alpha}_3$ 线性无关，故 $\boldsymbol{P}$ 可逆，即有 $\boldsymbol{A}=\boldsymbol{P}\boldsymbol{B}\boldsymbol{P}^{-1}$，$\boldsymbol{A}$ 与 $\boldsymbol{B}$ 相似，因此，$\boldsymbol{A}$ 的特征值即为 $\boldsymbol{B}$ 的特征值. 由

$$|\lambda \boldsymbol{E}-\boldsymbol{B}|=\begin{vmatrix}\lambda-1 & 0 & 0\\ -1 & \lambda-2 & -2\\ -1 & -1 & \lambda-3\end{vmatrix}=(\lambda-1)^2(\lambda-4),$$

知 $\boldsymbol{B}$ 的特征值为 1,1,4,所以 $\boldsymbol{A}$ 的特征值为 1,1,4.

(Ⅲ) 首先,$\boldsymbol{B}$ 与对角矩阵相似的充要条件是对于二重根 1,$\boldsymbol{B}$ 对应有两个线性无关的特征向量,即秩 $R(\boldsymbol{E}-\boldsymbol{B})=1$. 因此,由 $\boldsymbol{E}-\boldsymbol{B}=\begin{pmatrix}0&0&0\\-1&-1&-2\\-1&-1&-2\end{pmatrix}\sim\begin{pmatrix}-1&-1&-2\\0&0&0\\0&0&0\end{pmatrix}$,可以确定 $\boldsymbol{B}$ 必与对角矩阵 $\begin{pmatrix}1&&\\&1&\\&&4\end{pmatrix}$ 相似,根据矩阵相似的传递性,$\boldsymbol{A}$ 也能与对角矩阵 $\begin{pmatrix}1&&\\&1&\\&&4\end{pmatrix}$ 相似.

(23)**【考点】** 二次型的正定性,齐次线性方程组解的讨论,范德蒙德行列式.

【解析】 讨论 $\boldsymbol{B}=\boldsymbol{A}^{\mathrm{T}}\boldsymbol{A}$ 的正定性,首先验证其对称性,即有

$$\boldsymbol{B}^{\mathrm{T}}=(\boldsymbol{A}^{\mathrm{T}}\boldsymbol{A})^{\mathrm{T}}=\boldsymbol{A}^{\mathrm{T}}(\boldsymbol{A}^{\mathrm{T}})^{\mathrm{T}}=\boldsymbol{B}.$$

下面进一步讨论 $\boldsymbol{B}=\boldsymbol{A}^{\mathrm{T}}\boldsymbol{A}$ 的正定性. 考虑到 $\boldsymbol{B}=\boldsymbol{A}^{\mathrm{T}}\boldsymbol{A}$ 的结构特点,问题的讨论只能从正定二次型的定义入手,即对于任意 s 维非零向量 $\boldsymbol{x}$,若要 $\boldsymbol{B}$ 正定,必须有 $f=\boldsymbol{x}^{\mathrm{T}}\boldsymbol{A}^{\mathrm{T}}\boldsymbol{A}\boldsymbol{x}>0$,也即 $\boldsymbol{A}\boldsymbol{x}\neq\boldsymbol{0}$,因此,$\boldsymbol{B}=\boldsymbol{A}^{\mathrm{T}}\boldsymbol{A}$ 是否正定,关键在于齐次线性方程组 $\boldsymbol{A}\boldsymbol{x}=\boldsymbol{0}$ 是否仅有零解. 于是:

当 $n=s$ 时,系数矩阵 $\boldsymbol{A}$ 的行列式为范德蒙德行列式,在 $x_i\neq x_j$ 条件下,$|\boldsymbol{A}|\neq 0$,从而知 $\boldsymbol{A}\boldsymbol{x}=\boldsymbol{0}$ 仅有零解,所以,$f=\boldsymbol{x}^{\mathrm{T}}\boldsymbol{A}^{\mathrm{T}}\boldsymbol{A}\boldsymbol{x}$ 为正定二次型,$\boldsymbol{B}=\boldsymbol{A}^{\mathrm{T}}\boldsymbol{A}$ 为正定矩阵;

当 $n>s$ 时,系数矩阵 $\boldsymbol{A}$ 为列满秩矩阵,$R(\boldsymbol{A})=s$,知 $\boldsymbol{A}\boldsymbol{x}=\boldsymbol{0}$ 仅有零解,所以,$f=\boldsymbol{x}^{\mathrm{T}}\boldsymbol{A}^{\mathrm{T}}\boldsymbol{A}\boldsymbol{x}$ 仍然为正定二次型,$\boldsymbol{B}=\boldsymbol{A}^{\mathrm{T}}\boldsymbol{A}$ 为正定矩阵;

当 $n<s$ 时,$R(\boldsymbol{A})=n$,知 $\boldsymbol{A}\boldsymbol{x}=\boldsymbol{0}$ 有非零解,所以,$f=\boldsymbol{x}^{\mathrm{T}}\boldsymbol{A}^{\mathrm{T}}\boldsymbol{A}\boldsymbol{x}$ 不是正定二次型,$\boldsymbol{B}=\boldsymbol{A}^{\mathrm{T}}\boldsymbol{A}$ 非正定.